"十二五"职业教育国家规划教材

经全国职业教育教材审定委员会审定

全国高职高专机械设计制造类工学结合"十二五"规划系列教材

丛书顾问　陈吉红

CAD/CAM 技术——UG 应用

（第二版）

主　编　冯　伟　谢晓华

副主编　邓宇锋　罗　辉　熊运星　陈国亮

参　编　江道银　沈　峰　承　善

U0333687

华中科技大学出版社

中国·武汉

内 容 简 介

本书从工程应用出发,以典型零件为主线,结合目前世界主流应用软件 UG,引导学生进行实例训练,理解相关专业知识,掌握该软件的应用。

本书结构新颖,打破了传统的学科知识体系,以一个个典型项目为载体组织教学,有针对性地选择内容。采用以相关理论知识为基础、相关实践知识为重点,详细讲解各工作任务的操作步骤,使学生在掌握专业基础知识的同时掌握软件操作技能和技巧,通过实战训练提高学生工程实践综合分析能力。

本教材编入了典型机械零件和模具零件三维建模、典型冲压模具三维装配、典型模具零件工程图设计、典型注射模具设计、典型模具零件的数控加工自动编制等项目。并且在每个模块后安排了练习,供学生练习用。本书配有教学资源,可以帮助读者获得最佳的学习效果。

本书可作为高职高专及成人院校模具类专业的 CAD/CAM 教材,以及社会相关培训班学员的教材。

图书在版编目(CIP)数据

CAD/CAM 技术:UG 应用/冯伟,谢晓华主编.—2 版.—武汉:华中科技大学出版社,2017.1(2023.8 重印)
全国高职高专机械设计制造类工学结合"十二五"规划系列教材
ISBN 978-7-5680-2437-2

Ⅰ.①C… Ⅱ.①冯… Ⅲ.①计算机辅助设计-应用软件-高等职业教育-教材 ②计算机辅助制造-应用软件-高等职业教育-教材 Ⅳ.①TP391.7

中国版本图书馆 CIP 数据核字(2016)第 303577 号

CAD/CAM 技术——UG 应用(第二版)　　　　　　　　冯　伟　谢晓华　主编
CAD/CAM Jishu——UG Yingyong(Di-er Ban)

策划编辑:万亚军
责任编辑:吴　晗
封面设计:原色设计
责任校对:何　欢
责任监印:周治超
出版发行:华中科技大学出版社(中国·武汉)　　　电话:(027)81321913
　　　　　武汉市东湖新技术开发区华工科技园　　　邮编:430223
录　　排:武汉楚海文化传播有限公司
印　　刷:武汉市籍缘印刷厂
开　　本:787mm×1092mm　1/16
印　　张:23
字　　数:551 千字
版　　次:2012 年 8 月第 1 版　2023 年 8 月第 2 版第 4 次印刷
定　　价:68.00 元

序

目前我国正处在改革发展的关键阶段,深入贯彻落实科学发展观,全面建设小康社会,实现中华民族伟大复兴,必须大力提高国民素质,在继续发挥我国人力资源优势的同时,加快形成我国人才竞争比较优势,逐步实现由人力资源大国向人才强国的转变。

《国家中长期教育改革和发展规划纲要(2010—2020 年)》提出:"发展职业教育是推动经济发展、促进就业、改善民生、解决'三农'问题的重要途径,是缓解劳动力供求结构矛盾的关键环节,必须摆在更加突出的位置。职业教育要面向人人、面向社会,着力培养学生的职业道德、职业技能和就业创业能力。"

高等职业教育是我国高等教育和职业教育的重要组成部分,在建设人力资源强国和高等教育强国的伟大进程中肩负着重要使命并具有不可替代的作用。自从 1999 年党中央、国务院提出大力发展高等职业教育以来,培养了 1300 多万高素质技能型专门人才,为加快我国工业化进程提供了重要的人力资源保障,为加快发展先进制造业、现代服务业和现代农业作出了积极贡献;高等职业教育紧密联系经济社会,积极推进校企合作、工学结合人才培养模式改革,办学水平不断提高。

"十一五"期间,在教育部的指导下,教育部高职高专机械设计制造类专业教学指导委员会根据《高职高专机械设计制造类专业教学指导委员会章程》,积极开展国家级精品课程评审推荐、机械设计与制造类专业规范(草案)和专业教学基本要求的制定等工作,积极参与了教育部全国职业技能大赛工作,先后承担了"产品部件的数控编程、加工与装配"、"数控机床装配、调试与维修"、"复杂部件造型、多轴联动编程与加工"、"机械部件创新设计与制造"等赛项的策划和组织工作,推进了双师队伍建设和课程改革,同时为工学结合的人才培养模式的探索和教学改革积累了经验。2010 年,教育部高职高专机械设计制造类专业教学指导委员会数控分委会起草了《高等职业教育数控专业核心课程设置及教学计划指导书(草案)》,并面向部分高职高专院校进行了调研。根据各院校反馈的意见,教育部高职高专机械设计制造类专业教学指导委员会委托华中科技大学出版社联合国家示范(骨干)高职院校、部分重点高职院校、武汉华中数控股份有限公司和部分国家精品课程负责人、一批层次较高的高职院校教师组成编委会,组织编写全国高职高专机械设计制造类工学结合"十二五"规划系列教材。

本套教材是各参与院校"十一五"期间国家级示范院校的建设经验以及校企结合的办学模式、工学结合的人才培养模式改革成果的总结,也是各院校任务驱动、项目导向等教学做一体的教学模式改革的探索成果。因此,在本套教材的编写中,着力构建具有机械类高等职业教育特点的课程体系,以职业技能的培养为根本,紧密结合企业对人才的需求,力求满足知识、技能和教学三方面的需求;在结构上和内容上体现思想性、科学性、先进性和实用性,把握行业岗位要求,突出职业教育特色。

具体来说,力图达到以下几点。

(1) 反映教改成果,接轨职业岗位要求。紧跟任务驱动、项目导向等教学做一体的教学改革步伐,反映高职高专机械设计制造类专业教改成果,引领职业教育教材发展趋势,注意满足企业岗位任职知识、技能要求,提升学生的就业竞争力。

(2) 创新模式,理念先进。创新教材编写体例和内容编写模式,针对高职高专学生的特点,体现工学结合特色。教材的编写以纵向深入和横向宽广为原则,突出课程的综合性,淡化学科界限,对课程采取精简、融合、重组、增设等方式进行优化。

(3) 突出技能,引导就业。注重实用性,以就业为导向,专业课围绕高素质技能型专门人才的培养目标,强调促进学生知识运用能力,突出实践能力培养原则,构建以现代数控技术、模具技术应用能力为主线的实践教学体系,充分体现理论与实践的结合,知识传授与能力、素质培养的结合。

当前,工学结合的人才培养模式和项目导向的教学模式改革还需要继续深化,体现工学结合特色的项目化教材的建设还是一个新生事物,处于探索之中。随着这套教材投入教学使用和经过教学实践的检验,它将不断得到改进、完善和提高,为我国现代职业教育体系的建设和高素质技能型人才的培养作出积极贡献。

谨为之序。

教育部高职高专机械设计制造类专业教学指导委员会主任委员
国家数控系统技术工程研究中心主任　陈吉红
华中科技大学教授、博士生导师

2012年1月于武汉

前　言

UG NX 是美国 UGS 公司开发的面向产品开发领域的 CAD/CAM/CAE 软件,现已成为世界上最流行的 CAD/CAM/CAE 软件之一。UG NX 先后推出了多个版本,每次发布的最新版本,都代表着世界同行业制造技术的前沿水平,很多现代设计方法和理念,都能较快地在新版本中反映出来,使其灵活性与协调性更好,以降低产品生产成本、提高产品的设计和制造质量。

本书讲述目前世界主流应用软件 UG 的实际应用与操作,并根据在校学生及工程技术人员的知识特点和接受能力,在教材编写上以满足学生专业能力的培养和符合工程实践需要为原则。

本书整体结构按工作任务划分,体现"任务驱动""项目导向"的教改要求。本书主要内容由六个项目组成:项目一介绍模具制品和机械零件三维模型的建模,使学生掌握三维建模的基本方法;项目二介绍模具零件及轮子装配体组件工程图的绘制,使学生掌握模具零件和装配体工程图样的创建与编辑方法;项目三介绍典型冲压模具装配图的创建,使学生掌握模具装配图的创建方法及爆炸图生成方法;项目四介绍电源开关按钮注塑模具设计,使学生掌握三板式点浇口注射模设计方法;项目五介绍仪表外壳注塑模具设计,使学生掌握具有内抽芯和外抽芯侧向分型机构的模具设计方法;项目六介绍模具零部件的数控加工,使学生掌握UG 加工模块中刀具路径生成方法,并掌握对刀轨进行后置处理的方法。每个项目后都提供相关的实践练习题,供学生课后练习,以便更深入地掌握所学内容。本书每个任务均以案例导入,注重提高学生独立思考问题、分析问题、解决问题的能力。

本书在编写过程中注重理论与实践的结合,将科学的设计方法贯穿于工作过程的始终,给读者一种亲切感和现场感。通过实用性、针对性的训练,体现能力本位的原则。

本书还配有供读者使用的学习课件,如有需要,可向华中科技大学出版社索取(电子邮箱:171447782@qq.com;电话:027-81339688-587)。

本书适用于模具设计爱好者自学和从事模具设计的初、中级用户自学,也可作为高等院校相关专业课程的教材,以及社会相关培训班学员的教材。

本书由冯伟、谢晓华主编,冯伟统稿。具体分工如下:湖南永州职业技术学院谢晓华、罗辉编写项目一中任务一、任务二和任务三;浙江工商职业技术学院熊运星编写项目一中任务四;常州机电职业技术学院冯伟编写项目二;常州机电职业技术学院陈国亮编写项目三;江苏信息职业技术学院邓宇锋编写项目四;襄阳职业技术学院沈峰编写项目五;合肥通用职业技术学院江道银、常州机电职业技术学院冯伟编写项目六中任务一;常州机电职业技术学院承善编写项目六中任务二。在本书编写的过程中得到了常州博赢模具有限公司张照远工程师、常州新科模具有限公司邵豪杰工程师的大力支持和帮助,在此表示衷心的感谢!

尽管我们在教材建设的特色方面做了许多努力,力求精益求精,但由于水平有限,书中难免存在一些不足之处,敬请广大读者在使用本教材时多提宝贵意见。

编　者
2016 年 10 月

目　　录

项目一　模具制品和机械零件三维模型的建模

任务一　蜗轮蜗杆箱体三维建模

一、教学目标

（1）掌握创建特征命令：回转、拉伸命令。

（2）掌握创建基准特征命令：基准平面、基准轴、基准坐标命令。

（3）掌握特征操作命令：修剪体、孔、镜像特征、阵列面、对特征形成图样命令。

（4）掌握细节特征的创建：边倒圆、倒斜角命令。

（5）掌握视图操作：编辑工作截面、剪切工作截面操作。

二、工作任务

正确分析图 1-1-1 所示的蜗轮蜗杆箱体零件图，按尺寸要求，建立正确的建模思路，在 UG 建模模块中依次完成图 1-1-2 所示的各分解特征，由回转、拉伸创建实体，通过修剪

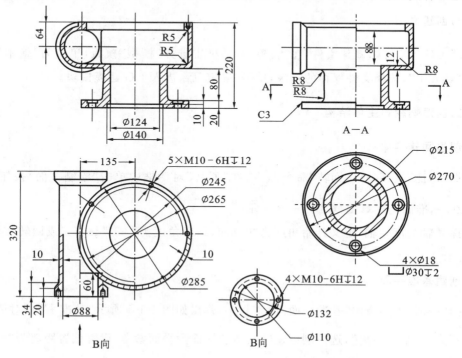

图 1-1-1　蜗轮蜗杆箱体零件图

体、孔、镜像特征、阵列面、对特征形成图样、拔模、布尔运算等特征操作,完成产品的三维建模。

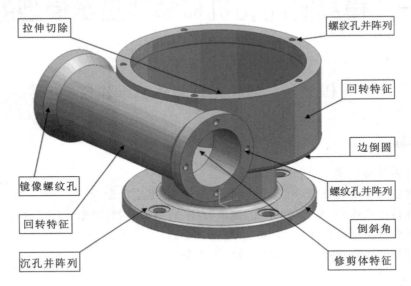

拉伸切除
螺纹孔并阵列
回转特征
边倒圆
镜像螺纹孔
螺纹孔并阵列
回转特征
倒斜角
沉孔并阵列
修剪体特征

图 1-1-2 特征分解

三、相关实践知识

(一)创建文档

启动 UG NX 8.0,新建文件,在"新建"对话框中选择"模型"模板,单位为"毫米",输入文件名"xiangti",选择文件保存的目录,单击"确定"后,进入 UG 建模模块。

(二)创建蜗轮箱主体结构

1. 创建回转实体

选择"特征"工具条中"回转"命令，在"回转"对话框中单击"绘制截面"按钮，在 XC-ZC 基准面创建草图,如图 1-1-3 所示。

选择 Z 轴为旋转轴,定义开始角度为"0"deg,结束角度为"360"deg,完成回转实体如图 1-1-4 所示。

2. 创建基准平面

选择"特征"工具条中"基准平面"命令，弹出如图 1-1-5 所示"基准平面"对话框,选择"类型"为"按某一距离",选择刚创建的实体顶平面为平面参考,设置偏置距离为"64"mm,建立基准平面如图 1-1-6 所示。

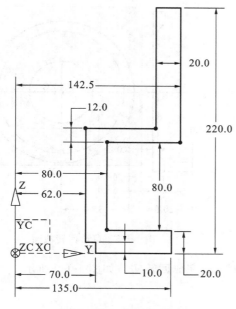

图 1-1-3　创建草图

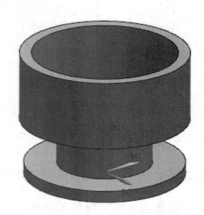

图 1-1-4　回转实体

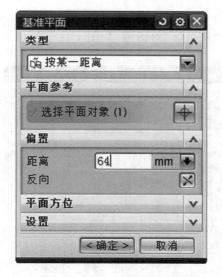

图 1-1-5　"基准平面"对话框

图 1-1-6　创建基准平面

3. 创建回转实体

选择"特征"工具条中"回转"命令 ，在"回转"对话框中单击"绘制截面"按钮 ，在刚创建的基准面中创建草图，先创建两条实线并选中后右击，选择"转换为参考"，如图1-1-7所示。

草绘回转截面，可先按尺寸绘制下半部分，再用"草绘"工具的"镜像曲线"命令 完成上半部分，如图1-1-8所示。

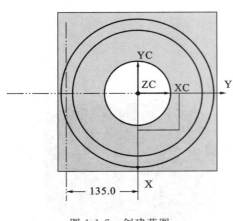

图 1-1-7　创建草图

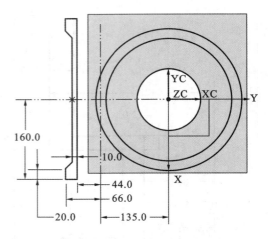

图 1-1-8　草绘回转截面

定义开始角度为"0"deg,结束角度为"360"deg,完成回转实体如图 1-1-9 所示。

(三)创建蜗轮蜗杆箱内部结构

1.修剪蜗杆箱内部结构

选择"特征"工具条中"修剪体"命令 ⬛,打开"修剪体"对话框,如图 1-1-10 所示。

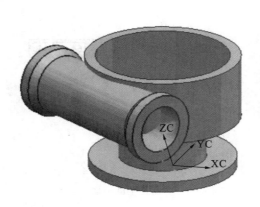

图 1-1-9　回转实体

图 1-1-10　"修剪体"对话框

在"修剪体"对话框单击"目标"中的"选择体",选择右边的蜗轮箱体为"选择体",如图 1-1-11 所示。

在"修剪体"对话框中单击"工具"中的"工具选项",选择"面或平面"选项,将工具栏下方的"面规则"下拉框设置为"单个面",选择左边的蜗杆箱内孔面为"工具",单击"确定",完成内孔修剪,如图 1-1-12 所示。

图 1-1-11　选择修剪体目标

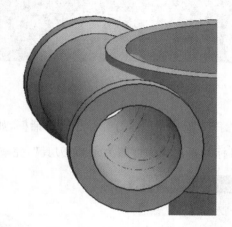

图 1-1-12　内孔修剪后效果

2.修剪蜗轮箱内部结构

选择"特征"工具条中"修剪体"命令 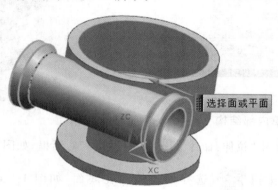，打开"修剪体"对话框，在"修剪体"对话框中选择左边的蜗杆箱为"目标"，如图 1-1-13 所示。

图 1-1-13　选择修剪体目标

在"修剪体"对话框中,单击"工具"中的"工具选项",选择"面或平面"选项,将工具栏下方的"面规则"下拉框设置为"单个面",选择右边的蜗轮箱内孔面为"工具",单击"确定",完成内孔修剪,如图 1-1-14 所示。

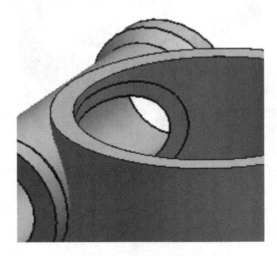

图 1-1-14　内孔修剪后效果

3. 合并蜗轮蜗杆箱

选择"特征"工具条中"求和"命令 ，打开"求和"对话框,如图 1-1-15 所示。

选择蜗轮箱为求和"目标",再选择蜗杆箱为求和"刀具",完成求和后如图 1-1-16 所示。

图 1-1-15　"求和"对话框

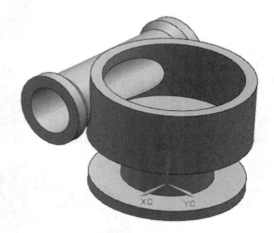

图 1-1-16　实体求和后效果

4. 拉伸蜗轮蜗杆箱内部结构

选择"特征"工具条中"拉伸"命令 ，打开"拉伸"对话框,如图 1-1-17 所示。

单击"绘制截面"按钮 ，选择蜗轮箱内孔底面,如图 1-1-18 所示,创建草图,如图 1-1-19所示。

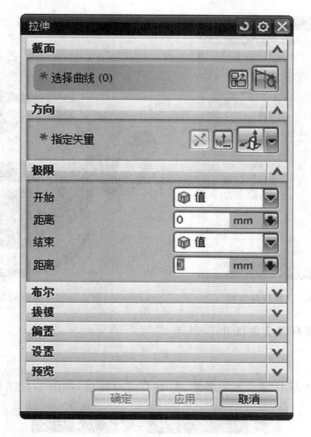

图 1-1-17 "拉伸"对话框

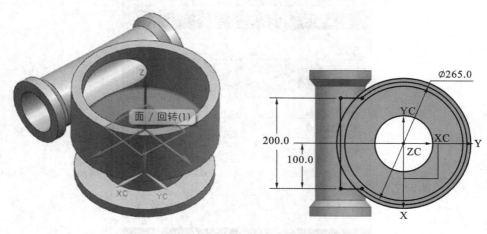

图 1-1-18 选择蜗轮箱内孔底面　　　图 1-1-19 绘制截面

"拉伸"对话框中定义开始距离为 0,结束距离为 88 mm,"布尔"下拉框中选择"求差"方式,如图 1-1-20 所示,完成拉伸后实体如图 1-1-21 所示。

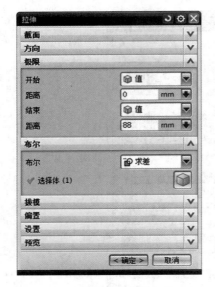

图 1-1-20　设置拉伸参数

图 1-1-21　拉伸后效果

(四)创建蜗轮蜗杆箱安装沉孔 4×φ18

1. 创建孔 φ18

选择"特征"工具条中"孔"命令 ，打开"孔"对话框,如图 1-1-22 所示。

图 1-1-22　"孔"对话框

选择类型为"常规孔",单击"绘制截面"按钮 ，选择蜗轮箱安装底板上表面创建草
图,先作 φ215 mm 的圆并选中,然后右击,选择"转换为参考",将实线转换成双点画线。在

圆 φ215 mm 的右象限点上创建一点,如图 1-1-23 所示,完成草图。形状尺寸设置如图 1-1-24 所示,自动选择箱体进行求差。

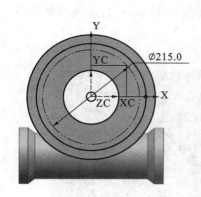

图 1-1-23　绘制草图

图 1-1-24　孔参数设置及效果

2. 创建安装沉孔 4×φ18

选择"特征"工具条中"阵列面"命令 ，打开"阵列面"对话框,如图 1-1-25 所示,选择圆形阵列,再选择沉头孔的 3 个面,选择 Z 基准轴为圆形阵列的旋转轴,定义"角度"为 90 deg,"圆数量"为 4,完成阵列,如图 1-1-26 所示。

图 1-1-25　"阵列面"对话框

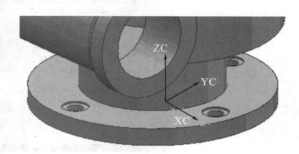

图 1-1-26　阵列后效果

(五)创建蜗杆箱螺纹孔

1. 创建蜗杆箱前端面螺纹孔

选择"特征"工具条中"孔"命令 ，在"孔"对话框中选择类型为"螺纹孔"，单击"绘制截面"按钮 ，选择蜗杆箱的前端面创建草图，在 φ110 mm 双点画线圆的右象限点上创建 1 个基准点，如图 1-1-27 所示，完成草图。

螺纹大小选择 M10×1.5，螺纹深度为 12 mm，螺纹孔深度为 15 mm，自动选择箱体进行求差。完成后如图 1-1-28 所示。

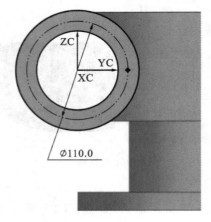
图 1-1-27 确定孔位置

图 1-1-28 创建螺纹孔

2. 创建蜗杆箱内孔的基准轴

选择"特征"工具条中"基准轴"命令 ，在"基准轴"对话框中，选择蜗杆箱内孔表面，建立基准轴，如图 1-1-29、图 1-1-30 所示。

图 1-1-29 "基准轴"对话框

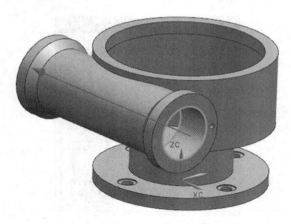

图 1-1-30　创建基准轴

3. 创建蜗杆箱前端面螺纹孔

选择"特征"工具条中"对特征形成图样"命令 ，打开"对特征形成图样"对话框，如图 1-1-31 所示，选择螺纹孔，选择"圆形"布局，再选择刚创建基准轴为旋转轴，定义数量为"4"，节距角为"90"deg，完成阵列，如图 1-1-32 所示。

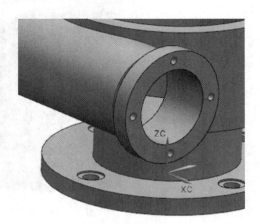

图 1-1-31　"对特征形成图样"对话框　　　　图 1-1-32　螺纹孔阵列后效果

4. 创建蜗杆箱后端面螺纹孔

选择"特征"工具条中"镜像特征"命令 ，打开"镜像特征"对话框，如图 1-1-33 所示。

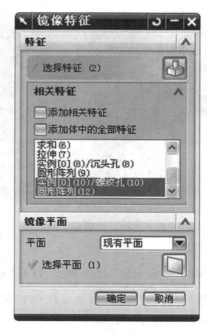

图 1-1-33 "镜像特征"对话框

在"镜像特征"对话框中,从模型树中选择刚创建的 M10 螺纹孔和阵列特征为镜像特征,选择面 YC-ZC 基准面为镜像平面,完成蜗杆箱后端面 4×M10 螺纹孔的创建,如图 1-1-34 所示。

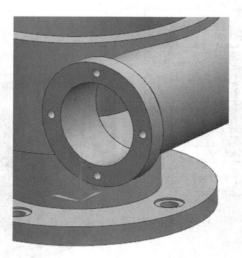

图 1-1-34 螺纹孔镜像到后端面

(六)创建蜗轮箱螺纹孔

1. 创建蜗轮箱螺纹孔

选择"特征"工具条中"孔"命令 ,在"孔"对话框中选择类型为"螺纹孔"。

单击"绘制截面"按钮 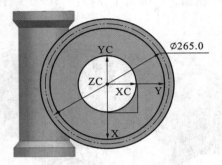，选择蜗轮箱上端面创建草图，先作 φ265 mm 圆并选中，然后右击，选择"转换为参考"，将实线转换成双点画线。在 φ265 mm 圆的右象限点上创建一点，如图 1-1-35 所示，完成草图。

图 1-1-35　确定孔位置

螺纹大小选择 M10×1.5，螺纹深度为 12 mm，螺纹孔深度为 15 mm，自动选择箱体进行求差。完成后如图 1-1-36 所示。

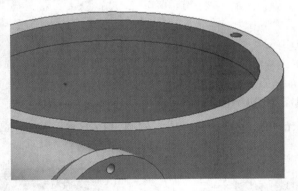

图 1-1-36　创建螺纹孔

2. 创建蜗轮箱上端面螺纹孔 5×M10

选择"特征"工具条中"对特征形成图样"命令 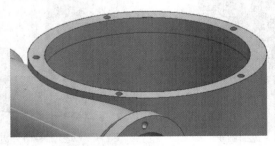，打开"对特征形成图样"对话框，选择螺纹孔，选择"圆形"布局，再选择 Z 基准轴为旋转轴，定义数量为"5"，节距角为"72"deg，完成阵列，如图 1-1-37 所示。

图 1-1-37　螺纹孔阵列

(七)创建倒圆角

1. 查看箱体的内部结构

单击下拉菜单"视图"→"截面"→"编辑工作截面"(Ctrl＋H),查看箱体的内部结构,如图 1-1-38 所示。

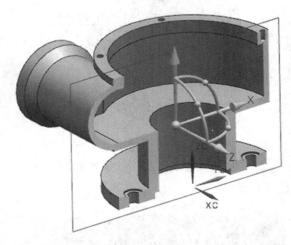

图 1-1-38　查看箱体内部结构

2. 创建倒圆角

选择"特征"工具条中"边倒圆"命令 ,在"边倒圆"对话框中输入倒圆半径为 5 mm,选择如图 1-1-39 所示的边线进行倒圆。输入倒圆半径为 8 mm,选择如图 1-1-40 所示的边线进行倒圆。

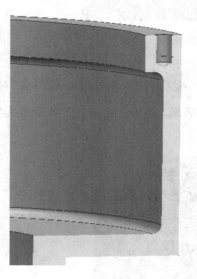

图 1-1-39　边倒圆 R5

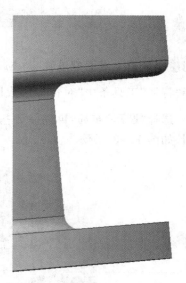

图 1-1-40　边倒圆 R8

3. 创建倒斜角 C3

选择"特征"工具条中"倒斜角"命令 ，在"倒斜角"对话框中定义偏置距离为 3 mm，横截面为对称方式，选择如图 1-1-41 所示的边线进行倒斜角。

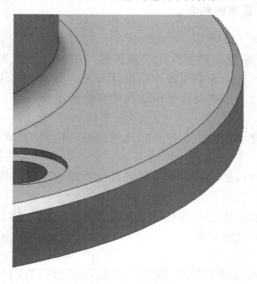

图 1-1-41　倒斜角

4. 取消查看箱体的内部结构，完成蜗轮蜗杆箱体建模

单击下拉菜单"视图"→"截面"→"剪切工作截面"，取消查看箱体的内部结构，完成箱体建模，如图 1-1-42 所示。

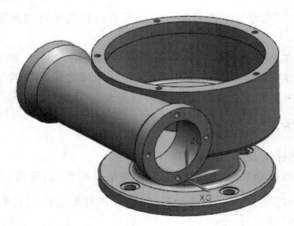

图 1-1-42　完成蜗轮蜗杆箱体建模

四、相关理论知识

（一）产品建模时创建特征的一般过程

（1）从拉伸、回转或扫掠等设计特征开始定义基本形状。这些特征通常使用草图定义截面。

(2)继续添加其他特征以设计模型。

(3)最后添加边倒圆、倒斜角和拔模等详细特征以完成模型。

(二)UG NX 中几个重要的概念

1.自底向上和自顶向下设计

NX 有助于自底向上或自顶向下设计产品装配。在自底向上设计中,将创建部件模型,然后将其添加到装配中。这是最常用的产品设计方式。在自顶向下设计中,将在设计部件之前创建产品装配结构。大多数设计采用这两种方法的组合。

2.关联性

关联性是指能够更改部件中的几何或非几何信息,并自动将该更改传播到受部件影响的其他产品。

例如,编辑部件参数时,更改就自动传播到其他视图、特征、部件和装配。不必在多处进行更改。

关联性可应用于曲线和体之类的几何对象以及属性(如颜色)、文本(如尺寸标注)和视图(如制图视图)之类的非几何对象。

3.重用性

UG NX 提供多种方法,将子装配、部件和特征设计为可重用的模块化单元,这样就可节省重新创建部件的工作。

4.设计意图

在 UG NX 中,可以创建关联的参数、表达式和约束以捕捉设计意图,从而以可预测的方式修改模型。

在无历史记录模式下,设计意图规则是根据现有几何关系自动判断的。

5.主模型

产品设计通常是在 NX 建模和装配应用模块中创建的。制图、高级仿真和加工以往被视为下游应用模块。在并行工程工作流中,可在设计完成之前开始这些应用模块中的工作。NX 使用主模型技术在下游应用模块中支持和启用并行工作流。

(三)选择对象的方法

(1)逐个单击要选择的对象,不限顺序。

(2)可以设置"类型过滤器"来指定要选择的对象的类型,如曲线、实体、片体等。

(3)从选择条中选择套索 ⬭ 多选动作选项,并围绕要选择的对象绘制手绘轮廓线。

(4)从选择条中选择矩形 ⬚ 多选动作选项,并围绕要选择的对象绘制矩形。

(5)根据选择意图,在"选择条"上选择支持此命令的"面或曲线规则",如相切曲线、相连曲线、面的边缘等,然后选择该部分的种子面或曲线。

(四)拉伸命令

使用拉伸命令,通过选择曲线的截面、边、面、草图或曲线特征并将它们延伸一段线性距离,可以创建实体或片体。

1. 拉伸的实体与片体

要获得实体,此截面必须为封闭轮廓截面或偏置的开放轮廓截面。如果使用偏置截面,则将无法获得片体。

在创建或编辑拉伸特征时,在某些情况下,可以将一些现有拉伸的片体更改为实体,反之亦然。

2. 拉伸的方式

拉伸对话框的"限制"选项可定义拉伸的起点与终点,从截面进行测量。

1)值

为拉伸特征的起点与终点指定数值。在截面上方的值为正,在截面下方的值为负。可以在截面的任一侧拖动限制手柄,或直接在距离框或屏显输入框中键入值。

2)直至下一个

将拉伸特征沿方向路径延伸到下一个体。

3)直至选定对象

将拉伸特征延伸到选定的面、基准平面或体。

如果拉伸截面延伸到选定的面以外,或不完全与选定的面相交,则 UG NX 会将截面拉伸到所选面的相邻面上。如果选定的面及其相邻面仍不完全与拉伸截面相交,则拉伸将失败,这时可以尝试"直到被延伸"选项。

4)直到被延伸

在截面延伸超过所选面的边时,将拉伸特征(如果是体)修剪到该面。

如果拉伸截面延伸到选定的面以外,或不完全与选定的面相交时,如果可能,则 UG NX 会将选定的面在数学上进行延伸,然后应用修剪。某个所选的平面会无限延伸,以使修剪成功;不过,B 样条曲面无法延伸。

5)对称值

将开始限制距离转换为与结束限制相同的值。

6)贯通

沿指定方向的路径,延伸拉伸特征,使其完全贯通所有的可选体。

(五)回转命令

回转命令可通过绕轴旋转截面曲线来创建倒圆或部分倒圆特征。

1. 回转的实体与片体

(1)回转以下对象时可以获取实体:

一个封闭截面(体类型设置为实体);

一个开口截面,且总的回转角度等于 $360°$;

一个开口截面,具有任何值的偏置。

(2)回转以下对象时可以获取片体:

一个封闭截面(体类型设置为片体);

一个开口截面,且角度小于 $360°$,没有偏置。

2. 回转的方式

起始和终止限制用于限制回转体的相对两端,其值在绕旋转轴 0°～360°范围内。

1)值

可供指定旋转角度的值。

选定曲线所在的平面的位置视为零度位置。输入的起始角大于终止角时,会导致系统沿负方向回转。

2)直至选定对象

该项用于指定作为回转的起始或终止位置的面、实体、片体或相对基准平面。

如果为截面选择关联的曲线、面或片体,则在对原始截面进行更改时,回转特征会正确更新。不过,参考该回转特征的面或边的其他特征可能无法正确更新。

(六)孔命令

使用孔命令可在部件或装配中添加以下类型的孔特征。

(1)常规孔　指定尺寸的简单孔、沉头孔、埋头孔或锥孔特征。常规孔的类型包括盲孔、通孔、直至选定对象或直至下一个。

(2)钻形孔　使用 ANSI 或 ISO 标准创建简单钻形孔特征。

(3)螺钉间隙孔　创建简单、沉头或埋头通孔,它们是为具体应用而设计的,例如螺钉的间隙孔。

(4)螺纹孔　创建螺纹孔,其尺寸标注由标准、螺纹尺寸和径向进刀定义。

(5)孔系列　创建起始、中间和结束孔尺寸一致的多形状、多目标体的对齐孔。在使用 JIS 标准创建孔系列时,尺寸的值会依据 JIS B 1001—1985 标准确定。

(七)阵列面

阵列面命令用于创建面或面集的矩形、圆形或镜像阵列。

(1)矩形阵列　通过复制一个面或一组面来创建这些面的线性图样。

(2)圆形阵列　通过复制一个面或一组面来创建这些面的圆形图样。

(3)镜像　通过复制一个面或一组面来创建这些面的镜像图样。

(八)镜像特征和镜像体

镜像特征命令用来镜像某个体内的一个或多个特征。用于构建对称部件。

镜像体命令可以跨基准平面镜像整个体。例如,可以使用此命令来形成左侧或右侧部件的另一侧的部件。

在镜像体中,镜像特征与原始体关联。不能在镜像体中编辑任何参数。

可以指定镜像特征的时间戳记,以使稍后添加到原始体中的任何特征都不反映到该镜像体中。

五、相关练习

(1)拉伸特征及基准特征练习。根据如图 1-1-43 所示工程图创建三维模型。

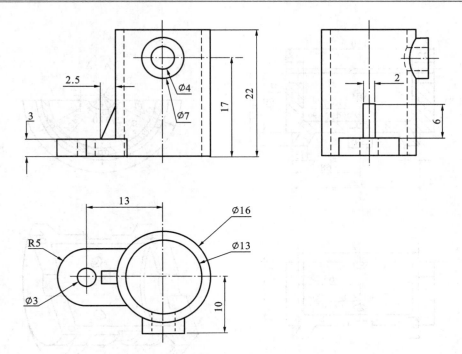

图 1-1-43 拉伸特征及基准特征练习

（2）回转特征及孔特征练习。根据如图 1-1-44、图 1-1-45 所示工程图创建三维模型。

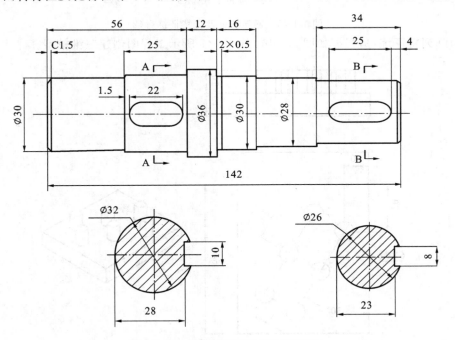

图 1-1-44 回转特征及孔特征练习（1）

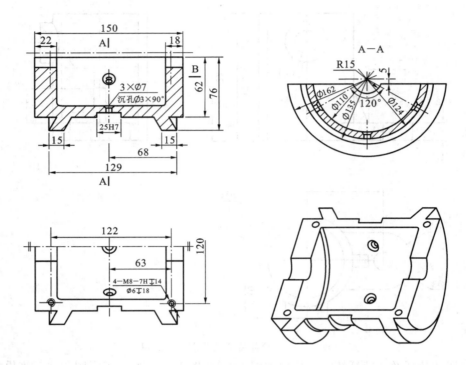

铸造圆角半径为R3

图 1-1-45   回转特征及孔特征练习(2)

(3)阵列特征练习,根据如图 1-1-46、图 1-1-47 所示工程图创建三维模型。

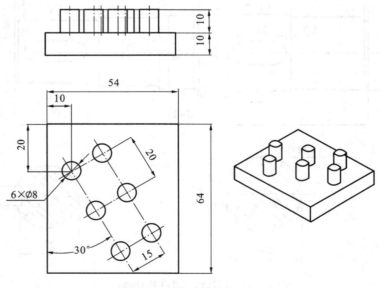

图 1-1-46   阵列特征练习(1)

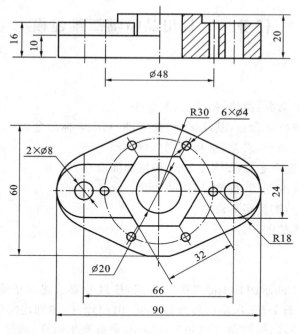

图 1-1-47 阵列特征练习(2)

(4)综合练习。根据如图 1-1-48 所示工程图创建三维模型。

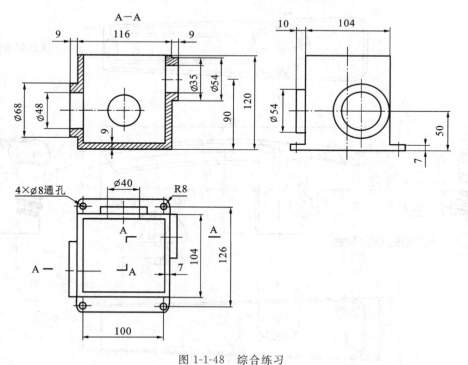

图 1-1-48 综合练习

<h1 style="text-align:center">任务二　日用品喷嘴三维建模</h1>

一、教学目标

(1)掌握创建特征命令:拉伸、扫掠、凸起命令。

(2)掌握创建基准特征命令:基准平面、基准轴、基准坐标命令。

(3)掌握特征操作命令:求差、求和、修剪体命令。

(4)掌握曲线、曲面命令:螺旋线、文本、偏置曲面命令。

(5)掌握细节特征的创建:拔模、边倒圆命令。

(6)掌握分析命令:测量距离命令。

(7)掌握立体文本的创建方法。

二、工作任务

正确分析图 1-2-1 所示的日用品喷嘴零件图,按尺寸要求建立正确的建模思路,在 UG 建模模块中依次完成图 1-2-2 所示的各分解特征,由扫掠、拉伸创建实体,由草绘文本、凸起建立立体文字,由螺旋线、扫掠命令建立螺纹结构,通过布尔运算、拔模、边倒圆等特征操作,完成最终产品的三维建模。

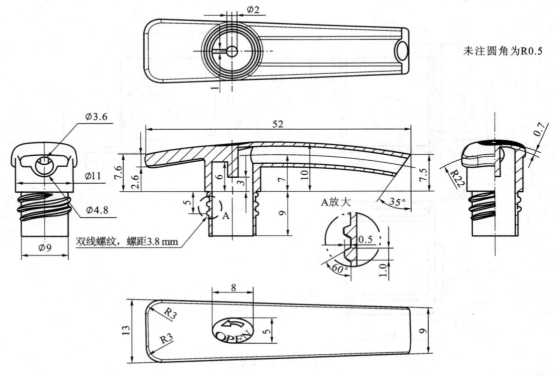

图 1-2-1　日用品喷嘴零件图

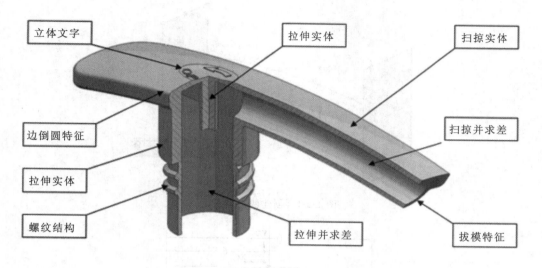

图 1-2-2　特征分解

三、相关实践知识

(一)创建文档

启动 UG NX 8.0,新建文件,在"新建"对话框中选择"模型"模板,单位为"毫米",输入文件名"penzui",选择文件保存的目录,单击"确定"按钮,进入 UG 建模模块。

(二)创建喷嘴主体结构

1. 草绘引导线

在 ZC-YC 基准面创建轨迹线,如图 1-2-3 所示。

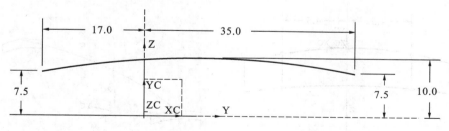

图 1-2-3　草绘引导线

2. 创建两基准平面

在基准平面对话框中,同时选择 ZC-XC 和刚创建的轨迹线左端点,建立基准平面;同时选择 ZC-XC 和刚创建的轨迹线右端点,建立另一基准平面,如图 1-2-4 所示。

3. 创建截面草图 1

在左边基准平面上创建截面草图,如图 1-2-5 所示。

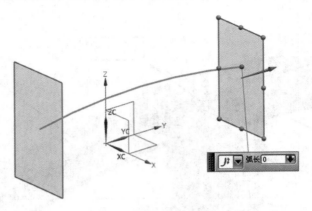

图 1-2-4　创建两基准平面

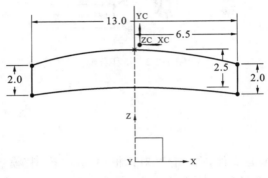

图 1-2-5　截面草图 1

4. 创建截面草图 2

在右基准平面上创建截面草图,选择"草图工具"工具条中"投影曲线"命令 ,选择上下两圆弧,画两条垂线并修剪,如图 1-2-6、图 1-2-7 所示。

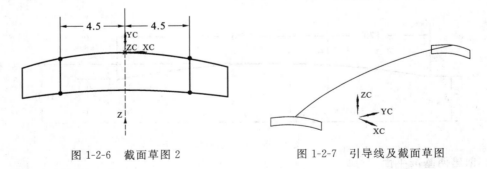

图 1-2-6　截面草图 2　　　　　　　　图 1-2-7　引导线及截面草图

5. 创建扫掠特征

选择"曲面"工具条中"扫掠" 命令,在"扫掠"对话框中选择左截面的 4 条线,单击"添加新集"按钮后,再选择右截面的 4 条线,如果起点和方向不一致,可以通过"反向"和"指定原始曲线"进行修改,最后选择连接两截面的轨迹线,完成扫掠特征,如图 1-2-8 所示。

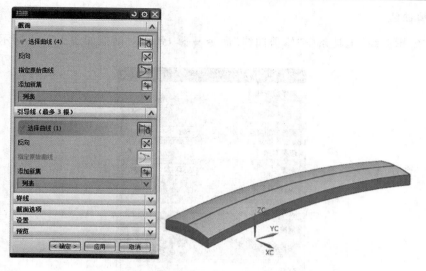

图 1-2-8　扫掠特征

6. 创建投影曲线

选择"曲线"工具条中"投影曲线" 命令，弹出对话框如图 1-2-9 所示。

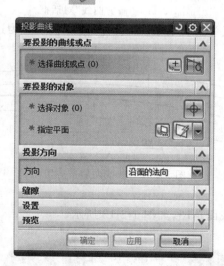

图 1-2-9　"投影曲线"对话框

选择喷嘴顶面的轨迹线为要投影的曲线，选择喷嘴下曲面为投影的对象，完成的投影线如图 1-2-10 所示。

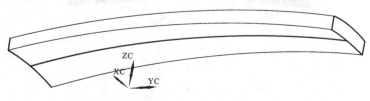

图 1-2-10　投影线效果

7. 修剪曲线

选择"编辑曲线"工具条中"修剪曲线"命令 ，弹出对话框如图 1-2-11 所示。

图 1-2-11 "修剪曲线"对话框

选择刚投影得到的曲线为要修剪的曲线,并选择 XC-ZC 为边界对象 1,将曲线左侧剪切后如图 1-2-12 所示。

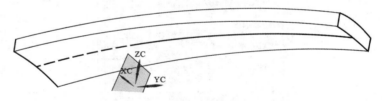

图 1-2-12 曲线左侧被剪切

8. 创建截面草图

在喷嘴的前端面创建截面草图,如图 1-2-13 所示。

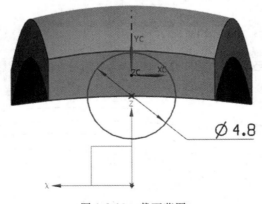

图 1-2-13 截面草图

9. 创建扫掠特征

选择"曲面"工具条中"扫掠" 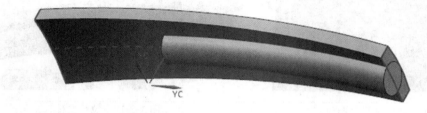 命令,在"扫掠"对话框中选择刚创建的草图为截面,选择刚修剪后留下的曲线为引导线,确定后如图 1-2-14 所示。

图 1-2-14 扫掠特征

10. 创建拉伸实体

选择"特征"工具条中"拉伸" 命令,对话框如图 1-2-15 所示。

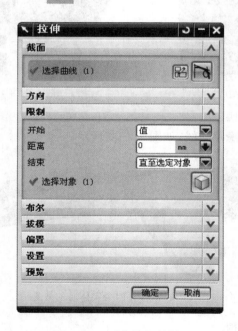

图 1-2-15 "拉伸"对话框

在 XC-YC 基准面创建草图,如图 1-2-16 所示,定义开始数值为"0"mm,结束类型为"直至选定对象",并选择喷嘴的下曲面为选定对象,完成拉伸实体,如图 1-2-17 所示。

11. 创建拉伸实体

选择"特征"工具条中"拉伸" 命令,选择刚创建实体的底面创建草图,如图 1-2-18 所示,定义开始数值为"0"mm,结束类型为"9"mm,完成拉伸实体,如图 1-2-19 所示。

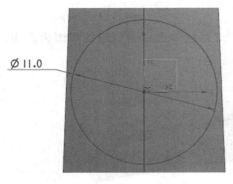

图 1-2-16　创建草图(1)

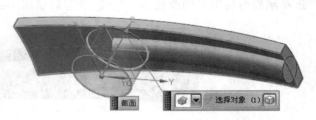

图 1-2-17　拉伸实体(1)

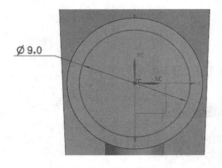

图 1-2-18　创建草图(2)

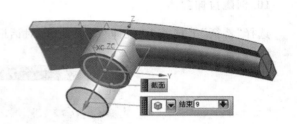

图 1-2-19　拉伸实体(2)

12. 合并实体,隐藏曲线

合并前面四个实体并隐藏曲线,如图 1-2-20 所示。

图 1-2-20　合并四个实体后的效果

(三)创建喷嘴内部结构

1. 创建扫掠特征

先在喷嘴的前侧面绘制草图,如图 1-2-21 所示。

选择"曲面"工具条中"扫掠"　　命令,在"扫掠"对话框中选择图 1-2-21 中的草绘圆为截面,再选择前面得到修剪后留下的曲线为引导线,单击"确定"按钮,得到扫掠实体如图 1-2-22所示。

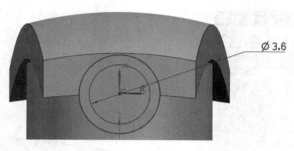

图 1-2-21 绘制草图

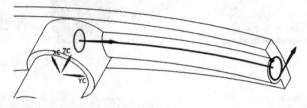

图 1-2-22 扫掠实体

2. 求差

选择"特征"工具条中"求差" 命令,选择喷嘴实体为目标体,刚创建的扫掠实体为刀具体进行求差操作,如图 1-2-23、图 1-2-24 所示。

图 1-2-23 "求差"对话框

图 1-2-24 求差后效果

3. 创建偏置曲面

选择"特征"工具条中"偏置曲面" 命令,弹出如图 1-2-25 所示对话框。

选择喷嘴顶面为要偏置的曲面,在对话框中设偏置值为"0.7"mm,方向箭头向下,得到的偏置曲面如图 1-2-26 所示。

4. 创建拉伸实体

选择"特征"工具条中"拉伸" 命令,选择刚创建实体的底面创建草图,如图 1-2-27 所示,定义开始数值为"0"mm,结束类型为"直至选定对象",选择刚得到的偏置曲面,布尔运算选择"求差",选择喷嘴实体,完成拉伸实体,如图 1-2-28 所示。

图 1-2-25 "偏置曲面"对话框   图 1-2-26 偏置曲面

图 1-2-27 拉伸实体

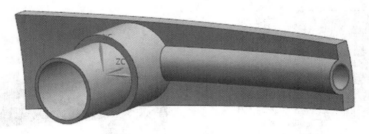

图 1-2-28 求差后效果

5. 创建基准平面

在距离 XC-YC 基准平面 3 mm 的位置创建一基准平面,如图 1-2-29 所示。

图 1-2-29 创建基准平面

6. 创建拉伸实体

选择"特征"工具条中"拉伸" 命令,在刚创建的基准面上创建草图,如图 1-2-30 所示。定义开始数值为"0"mm,结束类型为"直至下一个",布尔运算选择"求和",并选择喷嘴实体,完成拉伸实体,如图 1-2-31 所示。

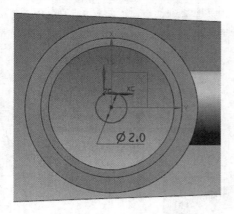

图 1-2-30 创建草图

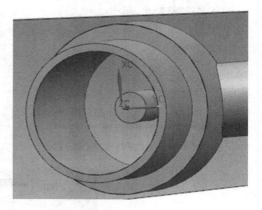

图 1-2-31 拉伸实体

7. 创建拉伸实体

选择"特征"工具条中"拉伸" 命令,在刚创建的基准面上创建草图,如图 1-2-32 所示。定义开始数值为 3 mm,结束类型为"直至下一个",布尔运算选择"求和",并选择喷嘴实体,完成拉伸实体,如图 1-2-33 所示。

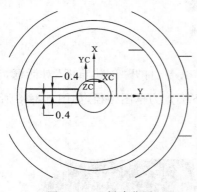

图 1-2-32 创建草图

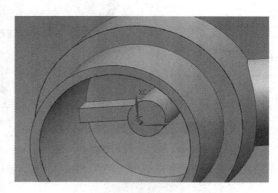

图 1-2-33 拉伸实体

(四)创建喷嘴螺纹结构

1. 创建螺旋线

单击"插入"→"曲线"→"螺旋线 ",打开"螺旋线"对话框,设置"圈数"为 1.3,"螺距"为 3.8 mm,"半径"为 4.5 mm,如图 1-2-34 所示。

单击"点构造器",打开"点"对话框,设置 ZC 为 −5.5 mm,如图 1-2-35 所示,两次确定后创建如图 1-2-36 所示的螺旋线。

图 1-2-34 "螺旋线"对话框   图 1-2-35 "点"对话框

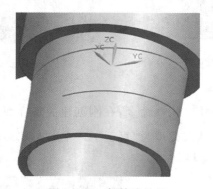

图 1-2-36 螺旋线效果

2. 创建截面草图

单击下拉菜单"插入"→"任务环境中的草图 "命令,打开"创建草图"对话框,设置类型为"基于路径",如图 1-2-37 所示。选择螺旋线的下端点为草图路径,如图 1-2-38 所示。

图 1-2-37 "创建草图"对话框   图 1-2-38 选择草图路径

绘制梯形截面如图 1-2-39 所示，完成的截面草图如图 1-2-40 所示。

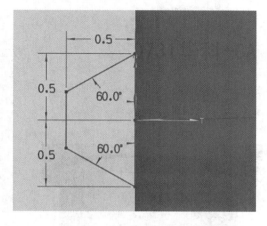

图 1-2-39　绘制梯形截面　　　　　　　　　　图 1-2-40　截面草图效果

3. 测量截面的周长

单击下拉菜单"分析"→"测量距离"，打开"测量距离"对话框，如图 1-2-41 所示，测量类型设置为"长度"，选择梯形截面的所有边，得到截面周长为 2.5774 mm。

图 1-2-41　"测量距离"对话框

4. 创建扫掠特征

选择"曲面"工具条中"扫掠" 命令，打开"扫掠"对话框，如图 1-2-42 所示。在"扫掠"对话框中选择刚创建的梯形草图为扫掠截面，再选择前面得到螺旋线为引导线，如图 1-2-43所示。

在"扫掠"对话框的"截面选项"中，设置定位方法为"强制方向"，并指定为 Z 轴方向。设置截面的缩放方法为"周长规律"，并指定规律类型为"沿脊线的线性"，沿着脊线的位置方式为"%圆弧长"，如图 1-2-44 所示。

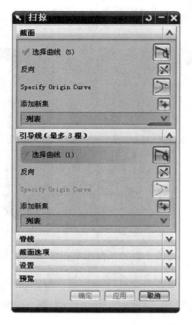

图 1-2-42 "扫掠"对话框

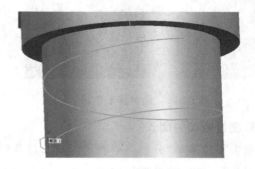

图 1-2-43 选择扫掠截面和引导线

选择螺旋线下端点,截面周长设为 0 mm;选择螺旋线,脊线上的位置为 6％,截面周长设为 2.5774 mm;选择螺旋线,脊线上的位置为 94％,截面周长设为 2.5774 mm;选择螺旋线上端点,截面周长设为 0 mm,如图 1-2-45 所示。完成的扫掠特征如图 1-2-46 所示。

图 1-2-44 定义扫掠参数

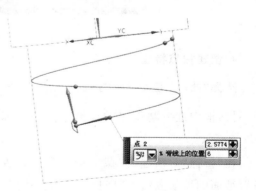

图 1-2-45 扫掠截面位置及周长

图 1-2-46　扫掠特征效果

5. 复制扫掠特征

单击下拉菜单"编辑"→"移动对象"命令,打开"移动对象"对话框,选择扫掠特征为复制对象,变换框中的"运动"设置为"角度"、"指定矢量"选择 Z 轴、角度"设置为 180 deg,"结果"设置为"复制原先的","非关联副本数"设置为 1,如图 1-2-47 所示。单击"确定"按钮,得到如图 1-2-48 所示的螺纹结构。

图 1-2-47　"移动对象"对话框

图 1-2-48　复制后的螺纹结构

(五)创建曲面上的文字

1. 在 YC-ZC 基准面上创建草图

在 YC-ZC 基准面上创建草图,如图 1-2-49 所示。

2. 在 XC-ZC 基准面上创建草图

在 XC-ZC 基准面上创建草图,如图 1-2-50 所示,R20 的圆心约束到 ZC 基准轴上,圆弧与刚创建的圆弧相交。

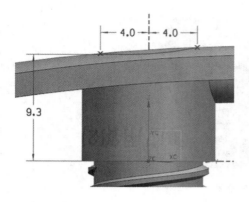
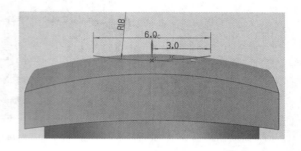

图 1-2-49　在 YC-ZC 基准面上创建草图　　　　图 1-2-50　在 XC-ZC 基准面上创建草图

3. 创建扫掠特征

选择"曲面"工具条中"扫掠" 命令,在"扫掠"对话框中选择刚创建的草绘曲线为扫掠截面,另一草绘曲线为扫掠引导线,确定后如图 1-2-51 所示。

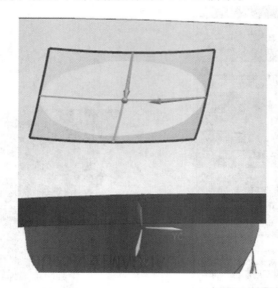

图 1-2-51　扫掠特征

4. 创建修剪体特征

选择"特征"工具条中"修剪体" 命令,弹出"修剪体"对话框,如图 1-2-52 所示。"目标"选项选择喷嘴体,"工具"选项选择刚创建的扫掠曲面,注意修剪的方向箭头向上,单击"确定"按钮,隐藏曲面和曲线,效果如图 1-2-53 所示。

5. 文本创建于 XC-YC 平面

首先设置坐标系在 ZC＝12 mm 高度处,以便观察,如图 1-2-54 所示。

图 1-2-52　"修剪体"对话框

图 1-2-53　修剪后效果

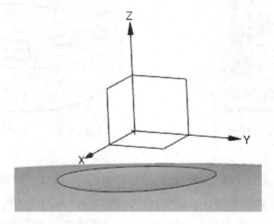

图 1-2-54　调整后的 WCS 位置

6.草绘箭头图形和半个椭圆

在 XC-YC 基准面上创建如图 1-2-55 所示草图,半个椭圆可用"草图工具"中的"投影曲线"命令  来完成。

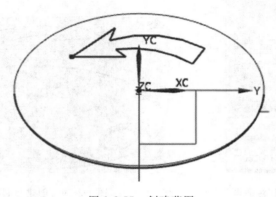

图 1-2-55　创建草图

7. 创建文字草图

在"曲线"工具条中选择"文本" 命令,打开并设置"文本"对话框,"类型"设置为"在曲线上","文本属性"文本框内输入"OPEN",相邻字母留一空格,文本尺寸的"偏置"设置为 0.4 mm、长度设置为 8 mm、高度设置为 1 mm,如图 1-2-56 所示。完成后的文本如图 1-2-57 所示。

图 1-2-56　"文本"对话框　　　　　　　图 1-2-57　创建文本效果

8. 创建凸起特征

选择"特征"工具条中"凸起" 命令,弹出"凸起"对话框,"截面"选择字母"O"的草图,"要凸起的面"选择凹下的椭圆曲面,"端盖"的"几何体"选择"凸起的面","距离"设置为 0.1 mm,"拔模"选择"无",如图 1-2-58 所示。单击"应用"按钮后创建如图 1-2-59 所示的立体文字。

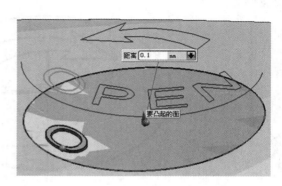

图 1-2-58　"凸起"对话框　　　　　　　图 1-2-59　创建凸起特征

同理创建如图 1-2-60 所示的其他立体文字和箭头。

图 1-2-60　立体文字和箭头

（六）创建其他细节特征

1. 创建拔模特征

选择"特征"工具条中"拔模" 命令，打开"拔模"对话框，如图 1-2-61 所示。"脱模方向"选择 Z 轴，"固定面"选择喷嘴上圆弧的中点，如图 1-2-62 所示，"要拔模的面"选择喷口端面，角度为"－35"deg，得到如图 1-2-63 所示的拔模特征。

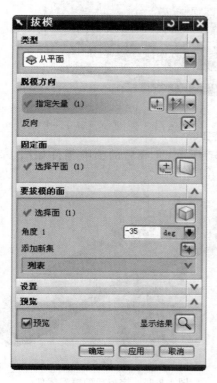

图 1-2-61　"拔模"对话框

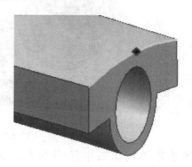

图 1-2-62　选择固定面

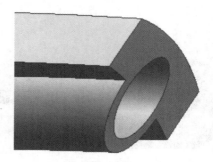

图 1-2-63　拔模后效果

2.创建边倒圆特征

选择"特征"工具条中"边倒圆" 命令，打开"边倒圆"对话框，定义喷嘴后部两边线倒圆半径为 3 mm，如图 1-2-64 所示。

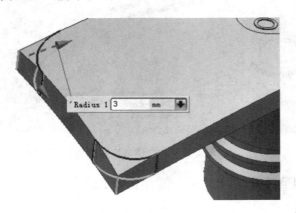

图 1-2-64　边倒圆特征(1)

喷嘴下部边线倒圆半径为 0.5 mm，如图 1-2-65 所示。

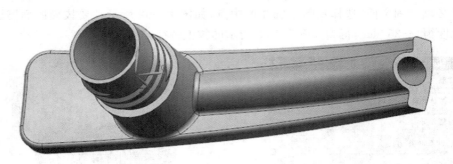

图 1-2-65　边倒圆特征(2)

喷嘴上部边线倒圆半径为 0.5 mm，如图 1-2-66 所示，完成后的喷嘴零件如图 1-2-67 所示。

图 1-2-66　边倒圆特征(3)　　　　　　　　图 1-2-67　完成后的喷嘴零件

四、相关理论知识

(一)扫掠命令

扫掠命令可通过沿一条、两条或三条引导线串扫掠一个或多个截面,来创建实体或片体。

1. 扫掠的实体与片体

扫掠要获取实体,截面线串必须形成闭环。

2. 截面的定位方法中固定和矢量方向的区别

(1)固定　在截面沿引导线移动时,保持固定的方位,且结果是平行的或平移的简单扫掠。

(2)矢量方向　在截面沿引导线移动时,使用矢量来固定剖切平面的方位。

3. 截面的缩放方法

在截面沿引导线进行扫掠时,可以增大或减小该截面的大小。

1)在使用一条引导线时的常用缩放方法

(1)恒定　可以指定沿整条引导线保持恒定的比例因子。

(2)倒圆功能　在指定的起始与终止比例因子之间允许线性或三次缩放,这些比例因子对应于引导线串的起点与终点。

(3)另一条曲线　类似于"方位组"中的"另一条曲线"。此处,"在任意给定点的比例"以引导线串和其他曲线或实体边缘之间的直纹线长度为基础。

(4)一个点　与"另一条曲线"相同。在此,使用点而非曲线。如果构造三面扫掠,则在对方位控制使用相同的点时,选择此形式的比例控制。

(5)面积规律　使用规律子函数来控制扫掠体的横截面积。

(6)周长规律　类似于面积规律,不同之处在于可以控制扫掠体的横截面周长,而不是它的面积。

2)在使用两条引导线时可用选项

(1)均匀　可在横向和竖直两个方向缩放截面线串。

(2)横向　仅在横向上缩放截面线串。

(二)修剪体命令

修剪体命令可以用于通过面或平面来修剪一个或多个目标体。可以指定要保留的体部分以及要舍弃的部分。

修剪体命令相关要求如下:

①必须至少选择一个目标体;

②可以从相同的体选择单个面或多个面,或选择基准平面来修剪目标体;

③可以定义新平面来修剪目标体。

(三)边倒圆命令

边倒圆命令可用于在两个面之间倒圆锐边。

用于控制边倒圆的形状和方法如下：

①将单个边倒圆特征添加到多条边；

②创建具有恒定半径或可变半径的边倒圆；

③添加拐角回切点以更改边倒圆拐角的形状；

④调整拐角回切点到拐角顶点的距离，可以使用拐角回切来创建球头铣刀圆角，例如可以在无样式曲面的钣金冲压中起辅助作用；

⑤添加突然停止点，以终止不含特定点的边倒圆。

(四)拔模命令

拔模命令用于将拔模应用于相对于指定矢量的面或体，创建拔模的方法如下。

(1)从平面　可供指定固定面。拔模操作对固定平面处的体的横截面不进行任何更改。

(2)从边　可供所选的边集作为固定边，并指定拥有这些边且要以指定的角度进行拔模的面。当需要固定的边不包含在垂直于方向矢量的平面中时，此选项非常有用。

(3)与多个面相切　可供在保持所选面相切时应用拔模。对于在塑模部件或铸件中补偿可能的模锁而言，此选项非常有用。

(4)至分型边　可供根据选定的分型边集、指定的角度及固定面来创建拔模面。固定面可以确定保留的横截面。此拔模类型用于创建垂直于参考方向和边缘的突出部分的面。

(五)凸起命令

凸起命令用于在相连的面上创建凸起特征。凸起特征对于刚性对象和定位对象很有用。有许多方法可以用来控制和管理凸起及其端盖与侧壁的形状和方位。

1. 要创建凸起必须指定的参数

①指定一个封闭的截面。

②指定要凸起的面。

③指定凸起方向(或接受默认值，即垂直于截面)。

2. 凸起提供的多个选项

用于控制和管理凸起及其端盖和侧壁的形状与方位。

(1)截面　凸起的基本形状，根据目标上或目标外的封闭曲线集、边缘集或草图，在平面或其他面上创建。这个截面通常是平的，但它也可以是3维的。可以用选择意图来指定截面。

(2)要凸起的面　需要在其上创建凸起的曲面(或曲面集)。可以用选择意图来指定目标。

(3)端盖　凸起的终止曲面。用于指定端盖的参数是得到的几何体的底部面(腔体)或顶部面(垫块)。指定用于端盖的几何体不必是所修改的体的一部分。

(4)侧壁　凸起的壁面将要凸起的面与端盖曲面连接。这些曲面可以是拔模曲面或未拔模的直纹曲面。

(5)拔模选项　用于创建侧壁的选项，指出截面从何处开始拔模或投影到何处。

五、相关练习

(1)扫掠特征练习,根据如图 1-2-68、图 1-2-69 所示工程图创建三维模型。

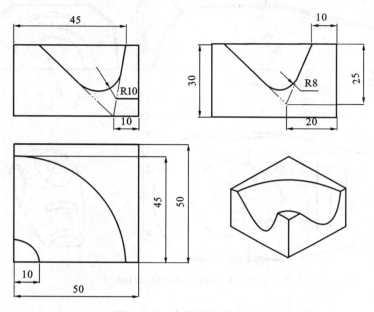

图 1-2-68 扫掠特征练习(1)

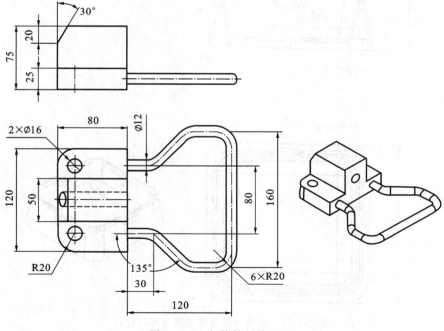

图 1-2-69 扫掠特征练习(2)

(2)抽壳特征及拔模特征练习,根据如图 1-2-70、图 1-2-71 所示工程图创建三维模型。

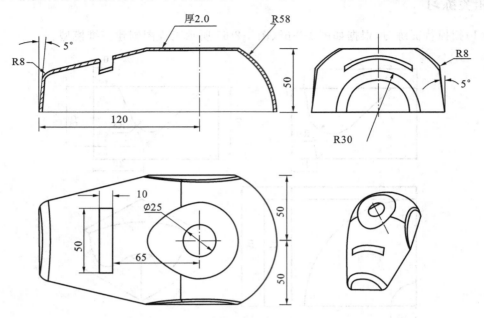

图 1-2-70　抽壳特征及拔模特征练习(1)

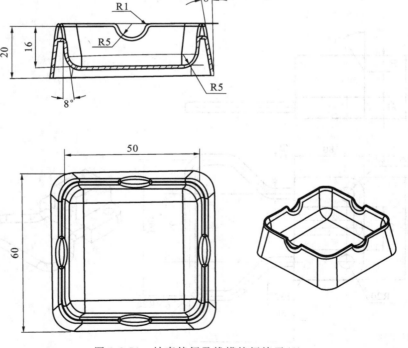

图 1-2-71　抽壳特征及拔模特征练习(2)

（3）综合练习，根据如图 1-2-72、图 1-2-73 和图 1-2-74 所示工程图创建三维模型。

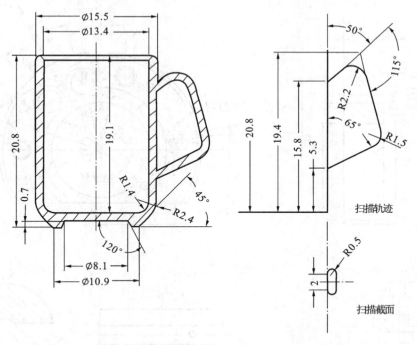

图 1-2-72　综合练习（1）

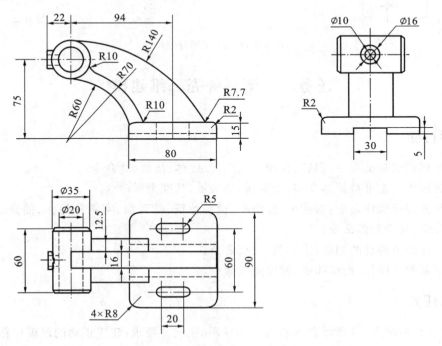

图 1-2-73　综合练习（2）

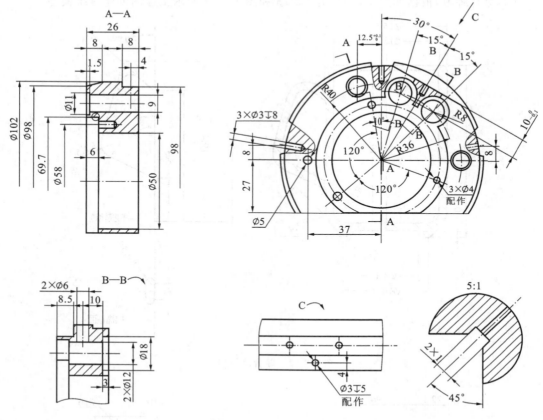

图 1-2-74　综合练习(3)

任务三　塑料外壳三维建模

一、教学目标

(1)掌握创建特征命令:回转、拉伸、孔、凸台、腔体、垫块、球命令。

(2)掌握创建基准特征命令:基准平面、基准轴、基准坐标命令。

(3)掌握特征操作命令:修剪体、分割面、镜像特征、阵列面、实例几何体、抽壳、求差、求和、特征分组、移动对象命令。

(4)掌握细节特征的创建:边倒圆、拔模命令。

(5)掌握曲线操作:投影曲线、偏置曲线命令。

二、工作任务

正确分析如图 1-3-1 所示的塑料外壳零件图,按尺寸要求,建立正确的建模思路,在 UG 建模模块中依次完成如图 1-3-2 所示的各分解特征,由拉伸、回转、凸台命令创建实体,通过修剪体、孔、镜像特征、阵列面、拔模、布尔运算等特征操作,完成产品的三维建模。

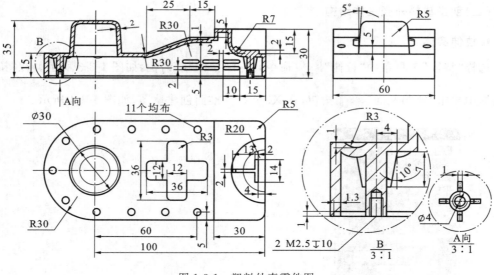

图 1-3-1 塑料外壳零件图

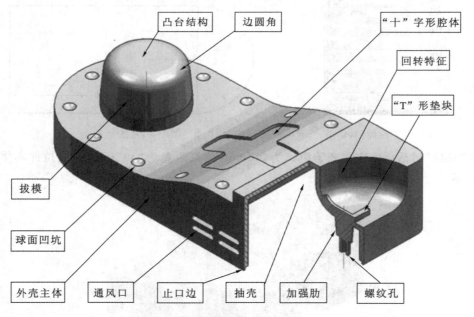

图 1-3-2 特征分解

三、相关实践知识

(一)创建文档

启动 UG NX 8.0,新建文件,在"新建"对话框中选择"模型"模板,单位为 mm,输入文件名"waike",选择文件保存的目录,单击"确定"后,进入 UG 建模模块。

(二)创建塑料外壳主体结构

1.拉伸实体

选择"特征"工具条中"拉伸" 命令,打开"拉伸"对话框,如图 1-3-3 所示。在"拉伸"对话框中单击"绘制截面" 按钮,在 XC-YC 基准面创建草图,如图 1-3-4 所示。

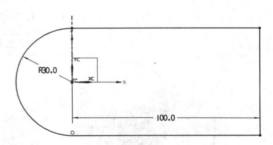

图 1-3-3 "拉伸"对话框　　　　　　图 1-3-4 绘制截面

在"拉伸"对话框中定义开始距离为"0"mm,结束距离为"30"mm,完成拉伸实体,如图 1-3-5所示。

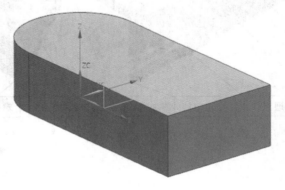

图 1-3-5 拉伸实体效果

2.拉伸曲面

选择"特征"工具条中"拉伸" 命令,在"拉伸"对话框中单击"绘制截面" 按钮,在 XC-YC 基准面创建草图,如图 1-3-6 所示。

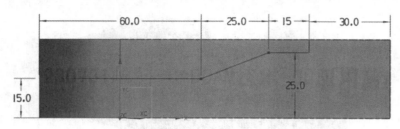

图 1-3-6　绘制截面

在"拉伸"对话框中定义拉伸限制方式为"对称值",距离为"40"mm,完成拉伸曲面,如图 1-3-7 所示。

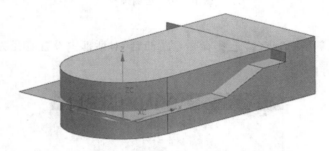

图 1-3-7　拉伸曲面后效果

3. 修剪实体

选择"特征"工具条中"修剪体"　![icon]　命令,打开"修剪体"对话框,如图 1-3-8 所示。在"修剪体"对话框中选择刚创建的实体为"目标",选择刚创建的曲面为"工具",单击"确定"按钮,完成实体的修剪,隐藏曲面后如图 1-3-9 所示。

图 1-3-8　"修剪体"对话框

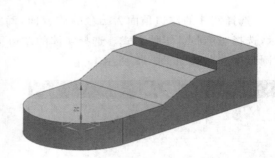

图 1-3-9　实体修剪后效果

4. 创建倒圆角

选择"特征"工具条中"边倒圆"　![icon]　命令,在"边倒圆"对话框中输入倒圆半径为"30"mm,选择如图 1-3-10 所示的边线进行倒圆。

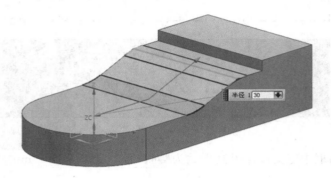

图 1-3-10　边倒圆

5. 创建凸台

选择"特征"工具条中"凸台" 命令,在"凸台"对话框中设置直径为"30"mm,高度为"20"mm,如图 1-3-11 所示。

图 1-3-11　"凸台"对话框

选择实体的左边顶面为凸台的放置面,确定后系统打开"定位"对话框,如图 1-3-12 所示,选择"点到点"定位方式。选择实体的左边顶面圆弧,在"设置圆弧的位置"对话框中选择"圆弧中心",如图 1-3-13 所示。

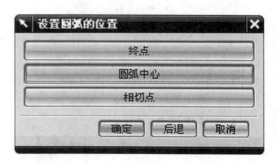

图 1-3-12　"定位"对话框　　　　　　　　图 1-3-13　"设置圆弧的位置"对话框

完成凸台的创建,如图 1-3-14 所示。

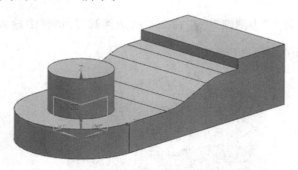

图 1-3-14 完成凸台的创建

6. 创建回转实体

选择"特征"工具条中"回转" 命令,在"回转"对话框中单击"绘制截面"按钮 ,在 XC-YC 基准面创建草图如图 1-3-15 所示。

选择右边的直线为旋转轴,如图 1-3-16 所示,定义开始角度为"0"deg,结束角度为"360"deg,布尔运算为"求差",完成回转实体的求差,如图 1-3-17 所示。

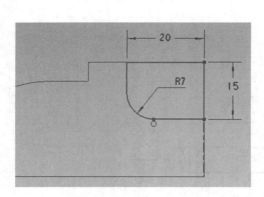

图 1-3-15 创建草图

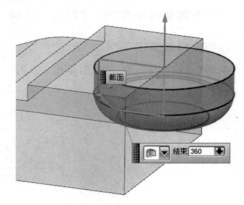

图 1-3-16 创建回转实体

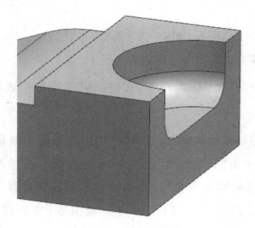

图 1-3-17 回转实体求差

7. 创建倒圆角

选择"特征"工具条中"边倒圆" 命令,在"边倒圆"对话框中输入倒圆半径为"5"mm,选择如图 1-3-18 所示的边线进行倒圆。

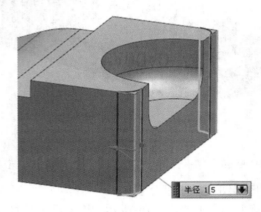

图 1-3-18　边倒圆 R5

(三)创建塑料外壳"十"字形腔体结构

1. 创建截面草图

在塑料外壳顶面创建截面草图,如图 1-3-19 所示。

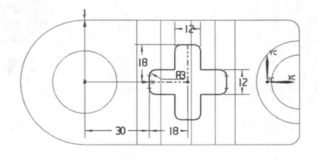

图 1-3-19　截面草图

2. 创建"十"字形腔体

选择"特征"工具条中"腔体" 命令,在"腔体"对话框中选择"常规",打开"常规腔体"对话框,如图 1-3-20 所示。

在"选择条"工具栏中,将"面规则"设置为"相切面",选择倒圆角后的相切曲面为"放置面"。在"选择条"工具栏中将"曲线规则"设置为"相连曲线",选择刚创建的"十"字草图为"放置面轮廓曲线"。定义底面为偏置"1"mm。在"底面轮廓曲线"选项中设置锥角为"0"deg,"相对于"设置为"底面法线"。确定后再隐藏曲线,完成腔体的创建,如图 1-3-21所示。

图 1-3-20　"常规腔体"对话框

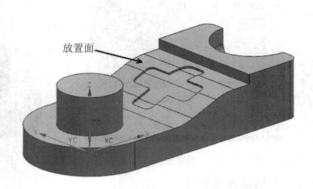

图 1-3-21　完成腔体的创建

（四）创建球面凹坑结构

1. 创建截面草图

选择塑料外壳顶面创建截面草图，如图 1-3-22 所示。

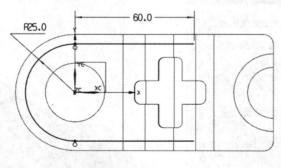

图 1-3-22　截面草图

2. 创建投影曲线

在"曲线"工具条选择"投影曲线" ![icon] 命令，打开并设置"投影曲线"对话框，如图1-3-23 所示。选择刚创建的曲线为"要投影的曲线"，选择如图 1-3-24 所示的曲面为"要投影的对象"，选择－ZC 为"投影方向"，确定后完成投影曲线的创建。

图 1-3-23 "投影曲线"对话框

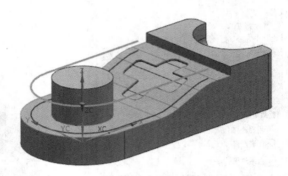

图 1-3-24 选择要投影的曲线和投影面

3. 创建偏置曲线

先隐藏前面创建的截面草图,在"曲线"工具条中选择"偏置曲线" 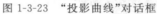 命令,打开"偏置曲线"对话框,如图 1-3-25 所示,设置类型为"3D 轴向",选择刚创建的曲线为要偏置的曲线,选择距离为"2"mm,选择 ZC 为"偏置方向"(向上偏置),如图 1-3-26 所示。确定后完成偏置曲线的创建。

图 1-3-25 "偏置曲线"对话框

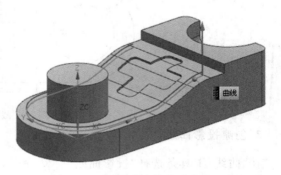

图 1-3-26 选择要偏置的曲线和偏置方向

4. 创建球体

单击下拉菜单"插入"→"设计特征"→"球" 命令,打开"球"对话框,如图 1-3-27 所示。设置类型为"中心点和直径",选择刚创建的偏置曲线的一个端点为球的中心,直径为"6"mm,确定后完成球的创建,如图1-3-28所示。

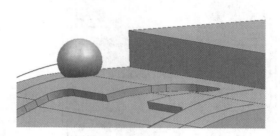

图1-3-27 "球"对话框   图1-3-28 完成球的创建

5.将球体沿曲线阵列

选择"特征"工具条中"实例几何体" ![icon] 命令,打开"实例几何体"对话框,设置类型为"沿路径","引用的几何体"选择刚创建的球体,路径选择刚创建的偏置曲线,副本数设置为"10",如图1-3-29、图1-3-30所示。确定后完成球的创建,如图1-3-31所示。

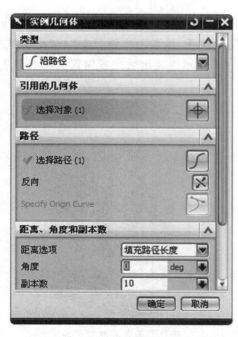

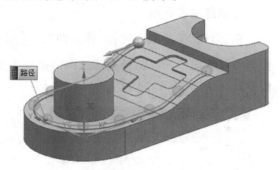

图1-3-30 选择球的中心和偏置方向

图1-3-29 "实例几何体"对话框

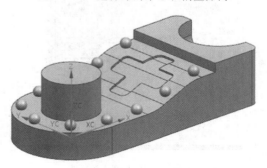

图1-3-31 完成球体沿曲线阵列

6. 用球体对塑料外壳主体求差

选择"特征"工具条中"求差" 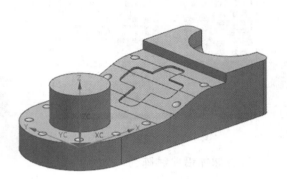 命令,打开"求差"对话框,如图 1-3-32 所示。"目标"选择塑料外壳主体,"刀具"选择刚创建的 10 个球体,完成 11 个球面凹坑的创建,如图 1-3-33所示。

图 1-3-32 "求差"对话框

图 1-3-33 完成 11 个球面凹坑的创建

(五)细化凸台顶部结构

1. 创建偏置曲线

在"曲线"工具条中选择"偏置曲线" 命令,打开并设置"偏置曲线"对话框,设置类型为"3D 轴向",选择凸台顶部的圆形边缘为要偏置的曲线,偏置距离设置为"15"mm,选择偏置方向为"-ZC"(向下偏置),如图 1-3-34、图 1-3-35 所示。确定后完成偏置曲线的创建。

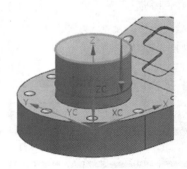

图 1-3-34 "偏置曲线"对话框

图 1-3-35 选择要偏置的曲线和偏置方向

2. 分割凸台的圆柱面

在"特征"工具条中选择"分割面" 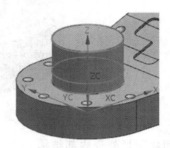 命令,打开并设置"分割面"对话框。要分割的面选择凸台的圆柱面,分割对象选择刚创建的偏置曲线,投影方向选择"垂直于面",如图1-3-36、图1-3-37所示。

图1-3-36　"分割面"对话框　　　　　　　　　　图1-3-37　分割凸台的圆柱面

3. 对凸台的圆柱面拔模

选择"特征"工具条中"拔模" 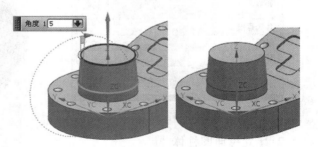 命令,打开"拔模"对话框,如图1-3-38所示。"类型"选择"从边","脱模方向"选择凸台的顶面,"固定边缘"选择被分割的上圆柱面的下边缘,角度设置为"5"deg,创建拔模特征如图1-3-39所示。

图1-3-38　"拔模"对话框　　　　　　　　　　图1-3-39　拔模效果

4.创建倒圆角

选择"特征"工具条中"边倒圆" 命令,在"边倒圆"对话框中,要倒圆的边选择凸台顶面边缘,倒圆半径为"5"mm,完成倒圆后的效果如图 1-3-40 所示。

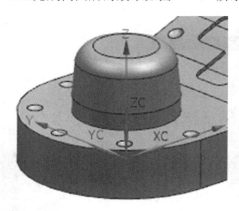

图 1-3-40 倒圆角 R5

(六)创建塑料外壳内部结构

1.创建抽壳特征

选择"特征操作"工具条中"抽壳" 命令,打开"壳"对话框,如图 1-3-41 所示。在"壳"对话框中,"类型"选择"移除面,然后抽壳","要穿透的面"选择塑料外壳的底面,厚度为"2"mm,确定后完成抽壳特征,如图 1-3-42 所示。

图 1-3-41 "壳"对话框

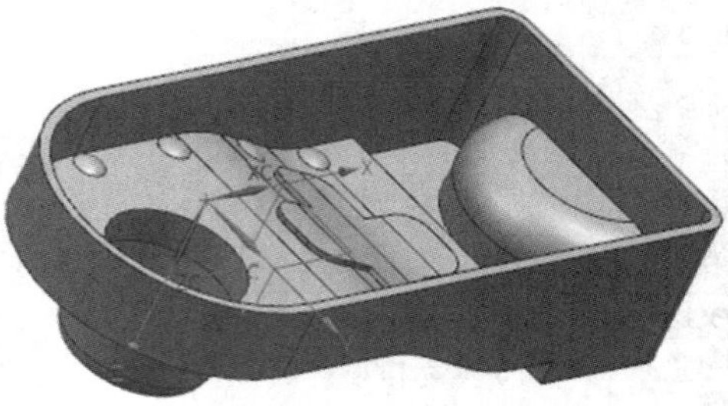

图 1-3-42 完成抽壳特征

2.建立拉伸圆柱体

选择"特征"工具条中"拉伸" 命令,在"拉伸"对话框中单击"绘制截面" 按钮,选择塑料外壳底面创建草图(ϕ4 的圆),如图 1-3-43 所示。向壳体内部拉伸"直至下一个",完成的圆柱体如图 1-3-44 所示。

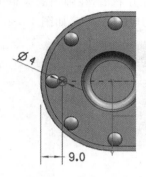 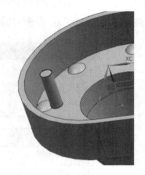

图 1-3-43　绘制截面　　　　　　　　　　图 1-3-44　完成的圆柱体

3. 建立拉伸长方体

选择"特征"工具条中"拉伸" 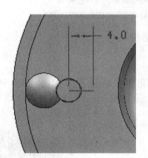 命令,选择塑料外壳底面创建草图(长为 4 mm 的直线),如图 1-3-45 所示。"结束距离"为"7"mm,布尔运算为"无","偏置"为"对称","开始和结束"输入"0.4"mm。完成的长方体如图 1-3-46 所示。

图 1-3-45　绘制截面　　　　　　　　　　图 1-3-46　完成的长方体

4. 创建拔模角

选择"特征"工具条中"拔模"  命令,脱模方向选择圆柱的顶面,固定面选择底面,角度为"10"deg,如图 1-3-47 所示。完成拔模特征,如图 1-3-48 所示。

图 1-3-47　创建拔模角　　　　　　　　　图 1-3-48　完成拔模特征

5. 创建长方体和拔模特征的特征组

在"部件导航器"中选择刚创建的长方体和拔模特征并右击,在弹出的菜单中选择"特征分组"选项,在"特征分组"对话框中输入特征组的名称"JQJ"并确定,如图 1-3-49 所示。

图 1-3-49 "特征集"对话框

6. 创建圆柱体的基准轴

选择"特征"工具条中"基准轴" ↑ 命令,打开"基准轴"对话框,如图 1-3-50 所示,选择圆柱体表面,建立基准轴,如图 1-3-51 所示。

图 1-3-50 "基准轴"对话框

图 1-3-51 创建基准轴

7. 创建加强肋阵列

选择"特征"工具条中"实例几何体" 🐾 命令,打开"实例几何体"对话框,如图 1-3-52 所示,"类型"选择"旋转","要生成实例的几何体"选择"JQJ"特征集,选择刚创建的基准轴为旋转轴,角度为"90"deg,副本数为"3"。完成阵列后的效果如图 1-3-53 所示。

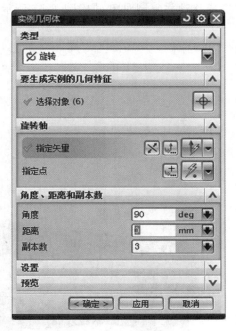

图 1-3-52　"实例几何体"对话框

图 1-3-53　阵列后效果

8. 合并圆柱和四个加强肋

选择"特征操作"工具条中"求和" 命令,打开"求和"对话框,如图 1-3-54 所示。"目标"选择圆柱体,"刀具"选择四个加强肋,完成求和,如图 1-3-55 所示。

图 1-3-54　"求和"对话框

图 1-3-55　合并圆柱和四个加强肋

9. 移动对象

单击下拉菜单"编辑"→"移动对象" 命令,打开"移动对象"对话框,如图 1-3-56 所示。对象选择刚创建的合并特征和基准轴,运动方式设置为"增量 XYZ","XC"输入"112"mm,

"结果"设置为"复制原先的",副本数为"1"。完成移动并复制对象,如图 1-3-57 所示。

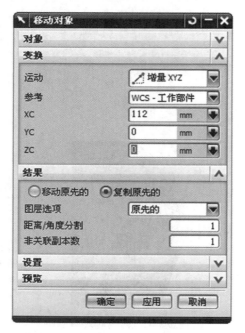

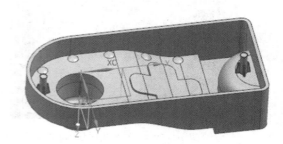

图 1-3-56 "移动对象"对话框

图 1-3-57 移动并复制对象

10. 建立螺纹孔特征

选择"特征操作"工具条中"孔" 命令,打开"孔"对话框,如图 1-3-58 所示。选择类型为"螺纹孔"。在"形状和尺寸"选项中设置螺纹尺寸为"M2.5×0.45",螺纹深度为"5"mm。"位置"选择左边圆柱顶面的中心,应用后选择右边圆柱顶面的中心,建立两个螺纹孔特征,如图 1-3-59 所示。

图 1-3-58 "孔"对话框

图 1-3-59 建立两个螺纹孔

11. 创建止口边

通过拉伸实体边缘及布尔求差操作,切除宽为 1.3 mm、深为 1 mm 的止口边,如图 1-3-60 所示。

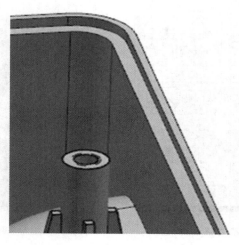

图 1-3-60　创建止口边

(七)创建塑料外壳前后通风口

1. 拉伸实体并求差

选择"特征"工具条中"拉伸" ▥ 命令,在"拉伸"对话框中,单击"绘制截面"按钮 ▦ ,在塑料外壳前平面创建草图,如图 1-3-61 所示,方向指向塑料外壳内部,拉伸距离为 2 mm,布尔求差,完成拉伸求差特征,如图 1-3-62 所示。

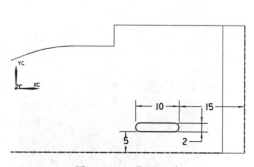

图 1-3-61　草图尺寸　　　　　　　　　　图 1-3-62　拉伸求差特征

2. 创建坐标系并设置为工作坐标系

选择"特征"工具条中"基准 CSYS" ⿻ 命令,打开"基准 CSYS"对话框,如图 1-3-63 所示。"类型"选择"原点,X 点,Y 点","原点"选择"1"点,"X 轴点"选择"2"点,"Y 轴点"选择"3"点。确定后完成坐标系的创建,如图 1-3-64 所示。

选择刚创建的坐标系右击,在弹出的菜单中单击"将 WCS 设置为基准 CSYS",目的是将此坐标系设置为工作坐标系。

图 1-3-63 "基准 CSYS"对话框

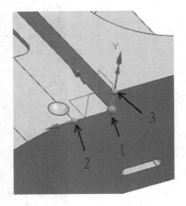

图 1-3-64 创建坐标系

3. 创建阵列特征

选择"特征"工具条中"阵列面"命令 ，打开"阵列面"对话框，"类型"选择"矩形阵列"，再选择通风口的 4 个面，"X 向"选择 X 轴，"Y 向"选择 Y 轴，其他参数如图 1-3-65 所示。完成阵列后的效果如图 1-3-66 所示。

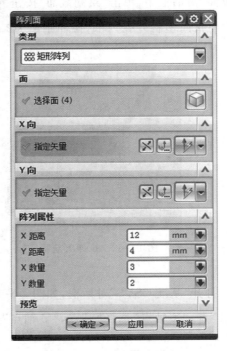

图 1-3-65 "阵列面"对话框

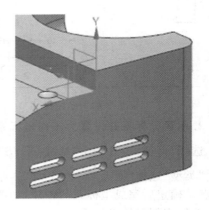

图 1-3-66 阵列后效果

4. 创建镜像特征

选择"特征"工具条中"镜像特征" 命令,打开"镜像特征"对话框,如图 1-3-67 所示。

在"镜像特征"对话框中,从模型树中选择刚创建的拉伸和阵列特征为镜像特征,选择面 YC-ZC 基准面为镜像平面,完成外壳后面通风口的创建,如图 1-3-68 所示。

图 1-3-67　"镜像特征"对话框

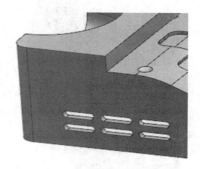

图 1-3-68　通风口镜像到后端面

(八)创建"T"形垫块

1. 创建截面草图

在塑料外壳顶面创建截面草图,如图 1-3-69 所示。

2. 创建"T"形垫块

选择"特征"工具条中"垫块" 命令,在"垫块"对话框中选择"常规",打开"常规垫块"对话框,如图 1-3-70 所示。

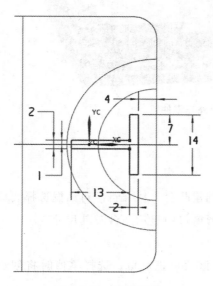

图 1-3-69　截面草图

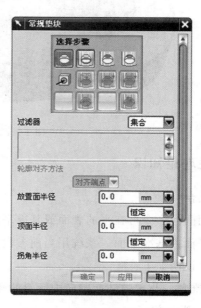

图 1-3-70　"常规垫块"对话框

选择放置面为图 1-3-71 所示曲面,选择放置面轮廓为刚创建的"T"形草图,"顶面偏置"设置为"2"mm,"顶部轮廓曲线"中的"锥角"设置为"0"deg,"相对于"设置为"面的法线"。确定后再隐藏曲线,完成"T"形垫块的创建,如图 1-3-72 所示。

图 1-3-71　选择放置面　　　　　　　　　　图 1-3-72　"T"形垫块

最后完成的塑料外壳零件如图 1-3-73 所示。

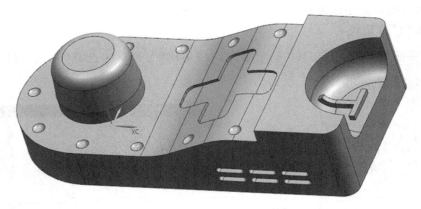

图 1-3-73　塑料外壳零件

四、相关理论知识

1. 凸台

利用凸台命令可在平的表面或基准平面上创建凸台。从"凸台"对话框选择要放置凸台的放置平面或基准平面。系统用当前参数在图形窗口中显示凸台及其尺寸。

选项说明如下:

(1)锥角　凸台的柱面壁向内倾斜的角度。该值可正可负。选择零值时将创建没有锥度的竖直圆柱壁。

(2)反侧　如果选择了基准平面作为放置平面,则此按钮可用。单击此按钮使当前方向矢量反向,同时重新创建凸台的预览。

2.腔体

腔体特征的种类如下:

(1)圆柱形　定义一个圆形的腔体,有一定的深度,有或没有圆角的底面,具有直面或斜面。

(2)矩形　定义一个矩形的腔体,有一定的长度、宽度和深度,在拐角和底面处有指定的半径,具有直面或斜面。

(3)常规　在定义腔体时,该选项比圆柱形的腔体和矩形的腔体选项有更大的灵活性。

3.垫块

(1)矩形　定义一个有指定长度、宽度和深度,在拐角处有指定半径,具有直面或斜面的垫块。

(2)常规　定义一个比矩形垫块选项更有灵活性的垫块。

4.实例几何体

在保持与父几何体的关联性的同时,可使用实例几何体命令来创建实体、片体、面、边、曲线、点和基准的副本。

1)创建实例几何体的种类

(1)来源/目标　创建从一个点或 CSYS 位置到另一个点或 CSYS 位置的几何体。

(2)镜像　跨平面镜像几何体。

(3)平移　在指定的方向平移几何体。

(4)旋转　绕指定的轴旋转几何体。可以添加偏置距离以实现螺旋放置。

(5)沿路径　沿曲线或边路径创建几何体。可以为每个实例添加偏置旋转角度以达到螺旋效果。

2)选项说明

(1)关联　创建完全关联的实例几何体特征。如果清除此复选框,则获取原始几何体的单独的、非参数化的副本。

(2)隐藏原先的　隐藏已选定的要创建实例的几何体。可以使用编辑菜单上的显示和隐藏命令,来显示所隐藏的对象。

5.布尔命令

1)求和

求和命令可将两个或多个工具实体的体积组合为一个目标体。目标体和工具体必须重叠或共享面,这样才会生成有效的实体。

选项说明如下:

(1)目标　用于选择目标实体以与一个或多个工具实体加在一起。

（2）工具　用于选择一个或多个工具实体以修改选定的目标体。

（3）保持目标　将目标体的副本以未修改状态保存。

（4）保持工具　将工具体的副本以未修改状态保存。

2）求差

求差命令可用于从目标体中移除一个或多个工具体的体积。

如果工具体将目标体完全拆分为多个实体,则所得实体为参数化特征。

3）求交

求交可创建包含目标体与一个或多个工具体的共享体积或区域的体。

可以将实体与实体、片体与片体以及片体与实体相交,如果工具体将目标体完全拆分为多个实体,则所得实体为参数化特征。

正常结果为包含目标体与所有工具体实体的相交体积的实体。

6. 文本

利用文本命令可根据本地 Windows 字体库中的字体生成 NX 曲线。

选项说明如下。

（1）平面　用于在平面上创建文本。

（2）曲线上　用于沿相连曲线串创建文本。每个文本字符后面都跟有曲线串的曲率。可以指定所需的字符方向。如果曲线是直线,则必须指定字符方向。

（3）在面上　用于在一个或多个相连面上创建文本。

7. 抽壳

使用抽壳命令可挖空实体,通过指定壁厚来创建壳体。也可以为面指派单独的厚度或移除单独的面。设置抽壳的壁厚和方向的方法说明如下。

（1）可以拖动厚度手柄,也可以在厚度屏显输入框或对话框中输入厚度数值。

（2）要更改单个壁厚,可使用备选厚度组中的选项。

（3）抽壳的厚度方向,可以在对话框中左键单击厚度方向箭头来定义,也可在绘图区中直接双击方向箭头进行反向。

8. 特征分组(特征组)

特征分组命令用来组织已命名集合中的特征,以更易于标识它们并在下游操作中使用它们。可以抑制、删除、移动及复制特征组。这些操作适用于特征组中的所有成员。

特征组作为可扩展的节点显示在部件导航器中,可以简化部件导航器中历史记录树的结构。可以将一个特征添加到多个特征组,将一个特征组添加到其他特征组。

五、相关练习

（1）拉伸特征及基准特征练习。根据图 1-3-74 所示工程图创建三维模型。

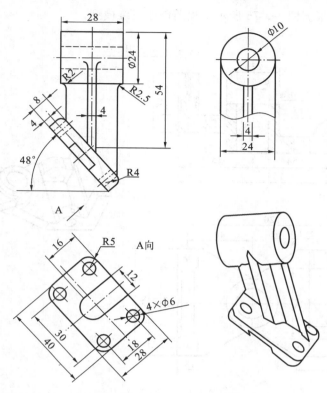

图 1-3-74　拉伸特征及基准特征练习

（2）回转特征及孔特征练习。根据图 1-3-75 所示工程图创建三维模型。

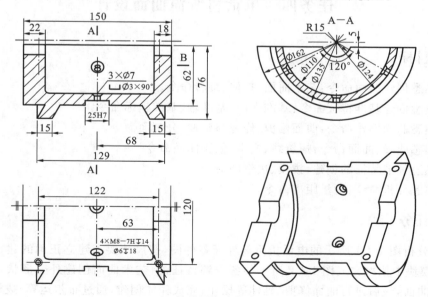

铸造圆角半径为R3

图 1-3-75　回转特征及孔特征练习

(3)综合练习,根据图 1-3-76 所示工程图创建三维模型。

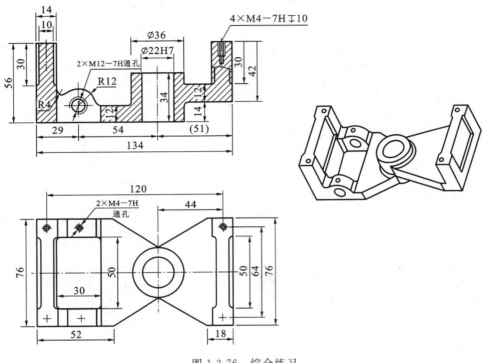

图 1-3-76　综合练习

任务四　电话机听筒曲面设计

一、教学目标

(1)熟悉创建曲面命令:艺术曲面、拉伸、旋转命令。

(2)熟悉创建基准特征命令:基准平面、基准轴、基准坐标命令。

(3)熟悉曲面操作命令:曲面修剪、修剪与延伸、分割面命令。

(4)熟悉曲线、曲面命令:螺旋线、文本、偏置曲面命令。

(5)熟悉细节特征的创建:拔模、边倒圆命令。

(6)熟悉分析命令:测量距离命令。

二、工作任务

正确分析图 1-4-1 所示的电话机听筒外壳零件图,按尺寸要求建立正确的建模思路,在 UG 建模模块中依次完成图 1-4-2 所示的各分解特征,由艺术曲面创建外壳形状,拉伸曲面得到周围曲面,最后进行曲面修剪、延伸等操作,完成壳体创建,通过布尔运算、拔模、边倒圆等特征操作,完成最终产品的三维建模。

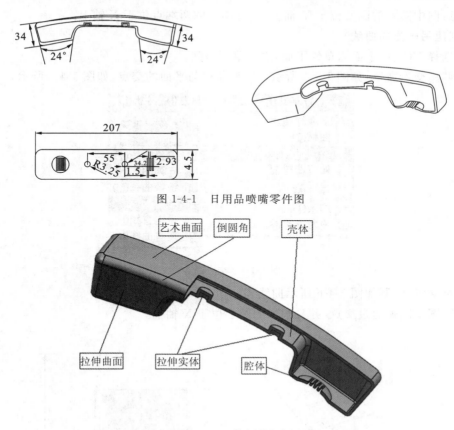

图 1-4-1　日用品喷嘴零件图

图 1-4-2　特征分解

三、相关实践知识

(一)创建文档

启动 UG NX 8.0,新建文件,在"新建"对话框中选择"模型"模板,单位为 mm,输入文件名"PH",选择文件保存的目录,点击"确定"后,进入 UG 建模模块。

(二)创建听筒曲面

1.草绘引导线

在 XC-YC 基准面创建轨迹线,如图 1-4-3 所示。

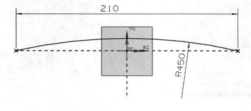

图 1-4-3　草绘引导线

注意:图中圆弧的圆心位于 Y 轴上,并且圆弧的两端点位于 X 轴上。

2. 创建另一方向曲线

(1)选择 YC-ZC 平面为草绘平面,进入草图空间。

(2)调用交点命令,如图 1-4-4 所示。选择曲线与平面的交点,如图 1-4-5 所示。

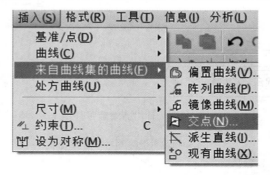

图 1-4-4 交点命令

(3)过交点,绘制如图 1-4-6 所示曲线。

注意:图中圆弧通过交点,并且圆弧的圆心位于 X 轴上。

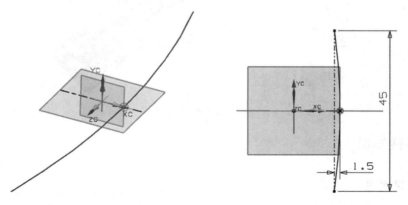

图 1-4-5 创建的交点   图 1-4-6 创建的曲线

3. 创建平面

选用"基准平面"命令,创建与 XC-ZC 平面距离为 4.5 mm 的平面,如图 1-4-7 所示。

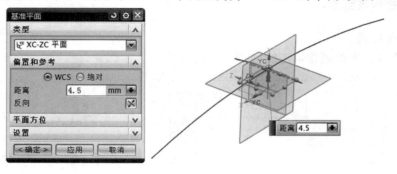

图 1-4-7 基准平面

4. 镜像创建的曲线

选用"镜像曲线" 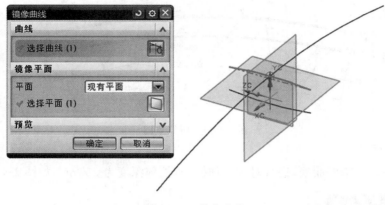命令,选择图 1-4-7 中的曲线,镜像平面选择刚创建的基准平面,确定完成曲线的镜像,如图 1-4-8 所示。

图 1-4-8　镜像曲线

5. 创建艺术曲面

选用"艺术曲面" 命令,选择图 1-4-3 所示的曲线作为主线串,选择图 1-4-6 所示草绘引导线作为交叉线串,完成曲面的创建,如图 1-4-9 所示。

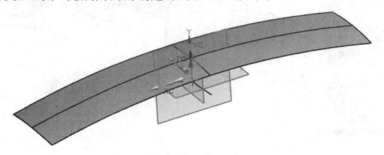

图 1-4-9　艺术曲面

6. 创建艺术曲面

选用"艺术曲面" 命令,选择图 1-4-8 所示的镜像曲线作为主线串,选择图 1-4-3 所示草绘引导线作为交叉线串,完成曲面的创建,如图 1-4-10 所示。

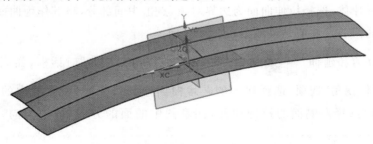

图 1-4-10　艺术曲面

注意:上述两步操作中创建艺术曲面时,用户选择的交叉线串与主线串不可以互换。

7. 创建拉伸曲线

选择缺省的 XC-YC 基准平面,绘制如图 1-4-11 所示草图曲线。

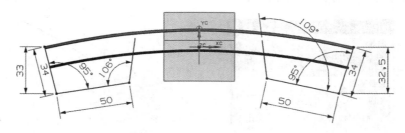

图 1-4-11　听筒草图

8. 拉伸曲面

选择图 1-4-11 草图曲线,进行对称拉伸操作,拉伸深度为 25 mm,如图 1-4-12 所示。

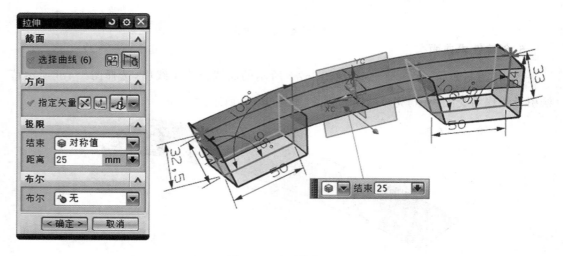

图 1-4-12　听筒曲面

(三)曲面的修剪

(1)选用"修剪的片体" 命令,系统弹出如图 1-4-13 所示"修剪片体"对话框。选择艺术曲面为目标片体,选择拉伸曲面为边界对象,点击中间部分,将其作为曲面保留区域,确定后完成片体的修剪。修剪结果如图 1-4-14 所示。

(2)选用"修剪和延伸" 命令,系统弹出"修剪和延伸"对话框,如图 1-4-15 所示。"类型"选择"制作拐角"选项,选择底部的艺术曲面作为目标面,注意图中的面的方向(箭头方向),工具面选择左侧面的拉伸曲面,注意图中的面的方向(箭头方向),完成曲面的修剪。

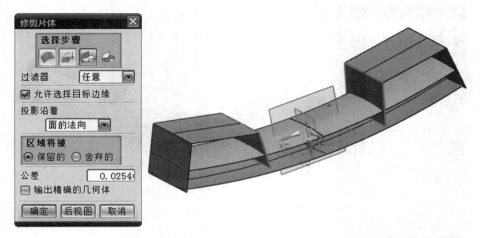

图 1-4-13　艺术曲面的修剪

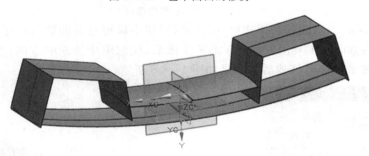

图 1-4-14　修剪结果

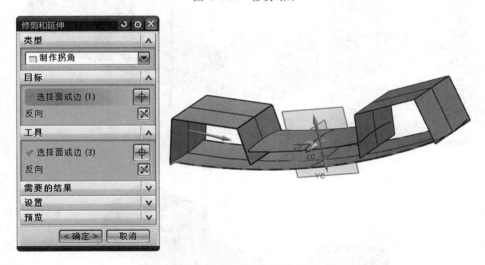

图 1-4-15　修剪曲面(1)

(3)操作如第(2)步前部选择选项,选择第(2)步中修剪过的曲面为目标面,注意图中的面的方向(箭头方向),工具面选择右侧面的拉伸曲面,注意图中的面的方向(箭头方向),完成曲面的修剪,如图 1-4-16 所示。

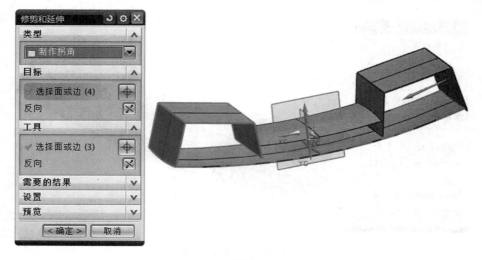

图 1-4-16　修剪曲面(2)

(4)操作如第(2)步前部选择选项,选择第(3)步中修剪过的曲面为目标面,注意图中的面的方向(箭头方向),工具面选择上步的艺术曲面,注意图中的面的方向(箭头方向),如图1-4-17所示。完成曲面的修剪后的效果如图 1-4-18 所示。

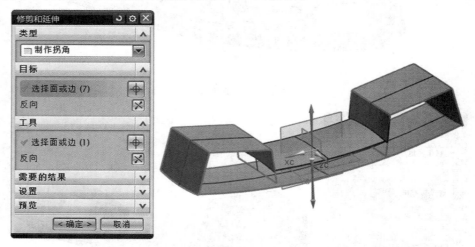

图 1-4-17　修剪曲面(3)

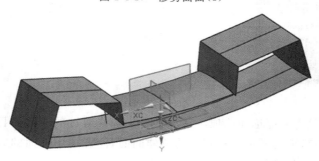

图 1-4-18　修剪完成后的效果

(5)选用"拉伸" 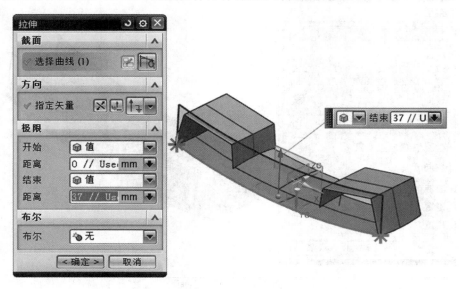 命令,选择图中高亮显示的边缘线作为拉伸对象,定义拉伸方向为 "－YC轴",拉伸深度为37 mm,完成拉伸片体,如图1-4-19所示。

图1-4-19　创建拉伸面

(6)运用"镜像体"命令,选择步骤(5)拉伸的片体为"选择体",选择XC-YC基准平面为镜像平面,单击"确定"按钮,完成镜像片体,如图1-4-20所示。

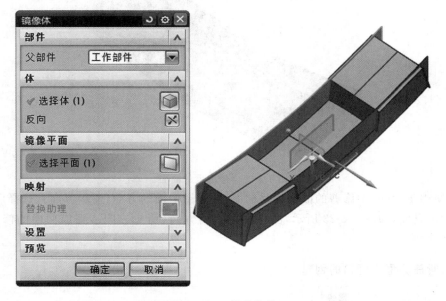

图1-4-20　镜像片体

(7)选用"修剪和延伸"命令,选择上述修剪的曲面为目标面,注意图中的面的方向(箭头方向),选择前侧拉伸曲面作为工具面,如图1-4-21所示,注意图中的面的方向(箭头方向),完成曲面的修剪,如图 1-4-22 所示。

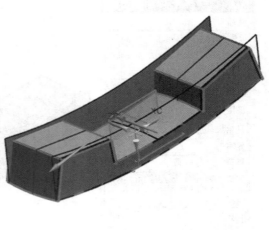

图 1-4-21 修剪曲面

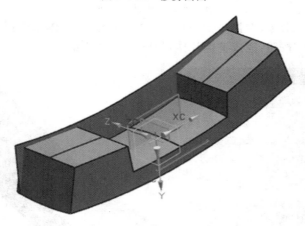

图 1-4-22 修剪后的曲面

(8)使用步骤(6)中修剪的曲面为目标面,注意图中面的方向(箭头方向),选择后侧拉伸曲面作为工具面,如图 1-4-23 所示,注意图中面的方向(箭头方向),完成曲面的修剪,如图 1-4-24 所示。

(四)听筒分型线(面)的创建

(1)选用"偏置曲线" 命令,如图 1-4-25 所示,选择图中高亮的曲线作为要偏置的曲线,"类型"选择"距离"。注意图中箭头,如果箭头反向,单击对话框中的反向按钮,输入偏置距离"6.5"mm,如图 1-4-26 所示。

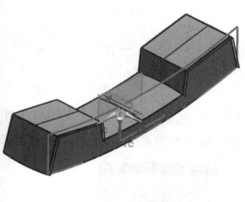

图 1-4-23　修剪曲面

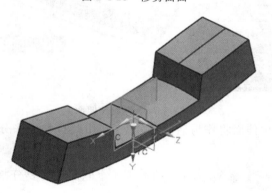

图 1-4-24　修剪效果

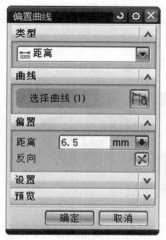
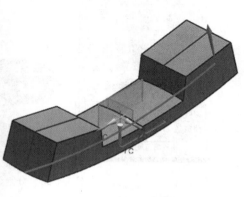

图 1-4-25　曲线偏置

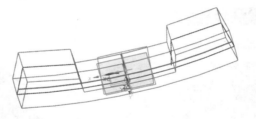

图 1-4-26　偏置的分型线

(2)选用"拉伸" 命令,选择步骤中的偏置曲线作为拉伸曲线,定义拉伸方向为"ZC 轴",选择对称拉伸,深度为"37"mm,完成拉伸面的创建,如图 1-4-27 所示。

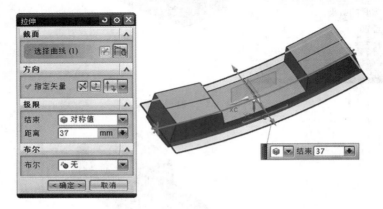

图 1-4-27　创建拉伸面

注意:该步骤中的拉伸面将作为话筒的分型面,用此拉伸面来分割整个话筒,得到上下两个部件。

(3)选用"分割面" 命令,选择话筒周围 4 个侧面作为要分割的面,选择拉伸的分型面作为边界对象,完成对周围侧面的分割,如图 1-4-28 所示。

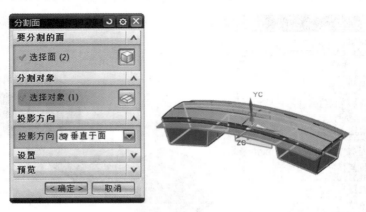

图 1-4-28　分割面

(4)选用"拔模角" 命令,"类型"选择"从边"选项,指定矢量为"－YC 轴",固定边缘选择步骤(3)中分割面得到周围的前边缘线,定义角度为 3 deg,完成曲面拔模角的创建,如图1-4-29所示。

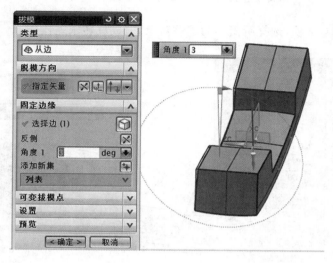

图 1-4-29　创建拔模角

(五)细节特征创建

(1)选用"草图" 命令,选择系统默认的 XY 基准平面作为草图平面,绘制图示的草图曲线,标注并修改尺寸约束,如图 1-4-30 所示,完成并退出草图模块。

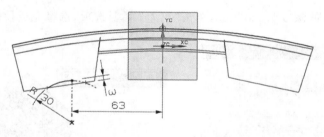

图 1-4-30　约束草图曲线(1)

(2)重新选用"草图" 命令,选择系统默认的 ZC-XC 平面作为草图平面,绘制图示的草图曲线,标注并修改尺寸约束,如图 1-4-31 所示。

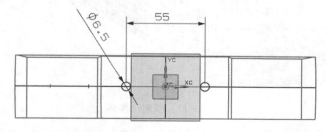

图 1-4-31　约束草图曲线(2)

注意:图中两个圆的圆心位于 X 基准轴上。

(3)选用"回转" 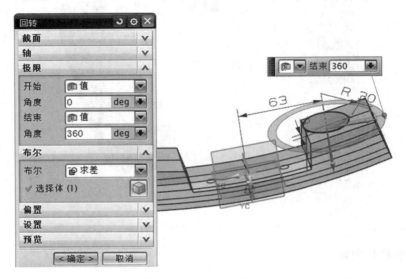 命令,选择图 1-4-32 中的圆弧作为剖面,选中虚线作为回转中心线,单击"求差" 选项,选择听筒作为求差对象,完成旋转求差操作。

图 1-4-32　创建旋转体

(4)选用"拉伸" 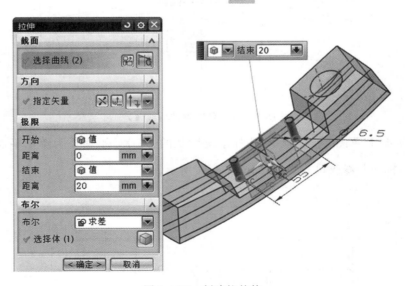 命令,选择如图 1-4-33 所示中的草图圆作为拉伸对象,定义拉伸方向为"－YC 轴",拉伸深度为"20"mm,单击"求差" 选项,选择完成拉伸体求差操作。

图 1-4-33　创建拉伸体

(5)选用"边倒圆" 命令,弹出"边倒圆"对话框,选择图 1-4-34 中的高亮显示的边缘线作为要倒圆的边,单击指定新的位置,捕捉图中的下断点作为断点 1,指定半径为 4 mm,捕捉图中的上断点作为断点 2,指定半径为 5.5 mm,单击"确定"按钮,完成边倒圆操作。

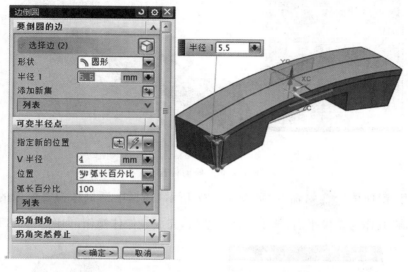

图 1-4-34　边倒圆操作(1)

　　(6)选用"边倒圆" <svg>□</svg> 命令,弹出"边倒圆"对话框,选择图 1-4-35 中高亮显示的边缘线作为要倒圆的边,单击指定新的位置,捕捉图中的下断点作为断点 1,指定半径为 4 mm,捕捉图中的上断点作为断点 2,指定半径为 5 mm,单击"确定"按钮,完成边倒圆操作。

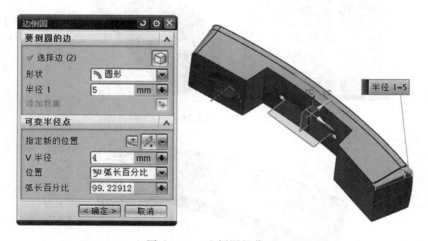

图 1-4-35　边倒圆操作(2)

　　(7)选用"修剪体" <svg>□</svg> 命令,选择电话机作为要修剪的对象(目标体),单击 XY 基准面作为修剪的面(刀具),单击 <svg>✕</svg> 按钮,指定修剪的方向(修剪后保留的一侧为倒圆角的一侧),如图 1-4-36 所示,完成修剪体操作。

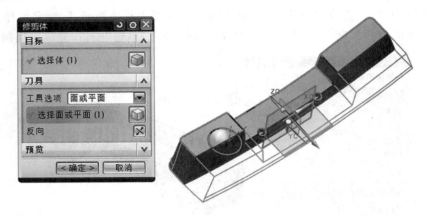

图 1-4-36　修剪体操作

　　(8)选用"镜像体" 命令,如图 1-4-37 所示,选择电话机作为要镜像的实体,单击 XY 基准面,将其作为镜像平面,单击"确定"按钮,完成镜像体操作,如图 1-4-38 所示。

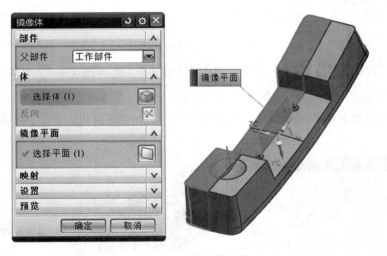

图 1-4-37　镜像体操作

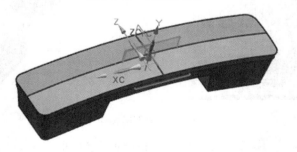

图 1-4-38　镜像后

　　(9)选用"求和" 命令,选择系统中任一实体作为目标体,选择另外一个实体作为工具体,单击"确定"按钮,完成两个实体的合并操作,如图 1-4-39 所示。

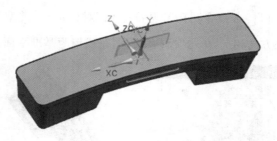

图 1-4-39 求和

(10)选用"边倒圆" 命令,选择图 1-4-40 中高亮显示的边作为要倒角的边,设定半径为 5 mm,单击添加新集;选择图 1-4-41 中高亮显示的边作为要倒角的边,设定半径为 3 mm,单击"确定"按钮,完成边倒圆操作。

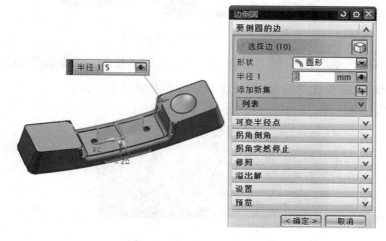

图 1-4-40 边倒圆操作(3)

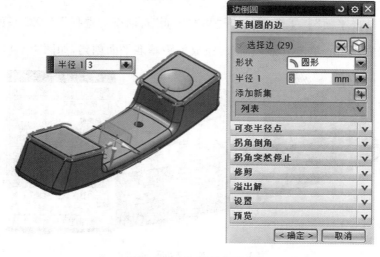

图 1-4-41 边倒圆操作(4)

(11)选用"基准平面" 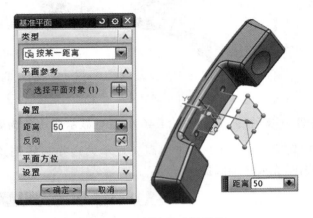 命令,打开"基准平面"对话框。"类型"选择 XC-ZC 平面,"距离"设定为 50 mm,如果方向相反,单击"反向"箭头,完成偏距基准平面创建,如图 1-4-42 所示。

图 1-4-42　创建基准平面(1)

(12)选用"草图" 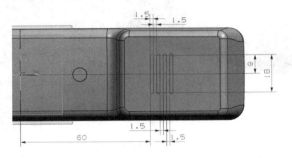 命令,选择步骤(11)中创建的基准平面为草绘平面,绘制图 1-4-43 所示的草图曲线,完成草图的绘制,同时隐藏绘制草图的基准平面。

图 1-4-43　创建草图

(13)选用"基准平面" 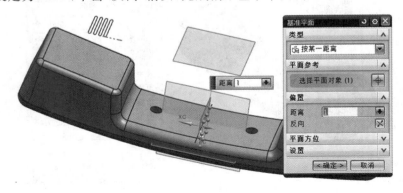 命令,打开"基准平面"对话框。选择 YC-ZC 平面作为基准平面,"距离"设定为 1 mm,单击"反向"箭头,完成偏距基准平面创建,如图 1-4-44 所示。

图 1-4-44　创建基准平面(2)

（14）选用"镜像曲线" 命令，选择草图的曲线作为镜像曲线，镜像平面选择图 1-4-45 中的偏距曲面，完成曲线的镜像。

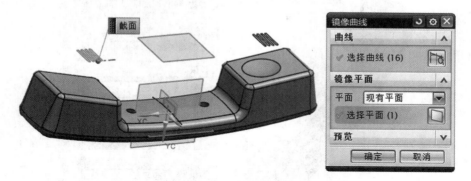

图 1-4-45　镜像曲线

（15）选用"抽壳" 命令，选择"类型"为"对所有面抽壳"，选择图 1-4-46 中的电话机，设定厚度为 2 mm，完成抽壳操作。

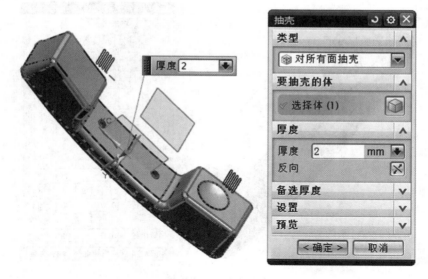

图 1-4-46　抽壳操作

（16）选用"拉伸" 命令，选择镜像曲线作为拉伸对象，定义拉伸方向为 YC 轴，起始距离为 0 mm，结束距离为 30 mm，选择"求差"操作，选中图中的实体作为求差的实体，完成拉伸体求差操作，如图 1-4-47 所示。

（17）选用"腔体" 命令，系统弹出"腔体"对话框，单击对话框中的"常规"按钮，系统弹出如图 1-4-48 所示"常规腔体"对话框，选择图中的高亮显示平面为腔体放置面，单击放置轮廓，选择图中右侧第一个封闭曲线作为放置面轮廓。

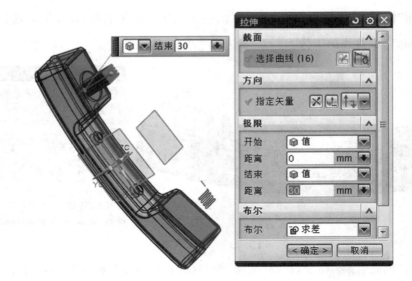

图 1-4-47　拉伸求差操作

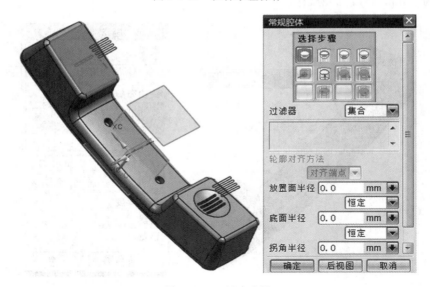

图 1-4-48　创建腔体

(18)选用"阵列面" 命令,弹出"阵列面"对话框,选择腔体的 5 个内侧面作为要阵列的面,"X 向"选择图中的横向边,"Y 向"选择图中的纵向边,"X 距离"设定为 3 mm,"Y 距离"设定为 0 mm,"X 数量"设定为 4,"Y 数量"设定为 1,完成面的阵列,如图 1-4-49 所示。

(19)选用"移动至图层"命令,选择图中所有的曲线,移动至 255 层。

(20)选用"草图"命令,选择如图 1-4-50 所示的基准平面为草绘平面,绘制图示草图曲线。

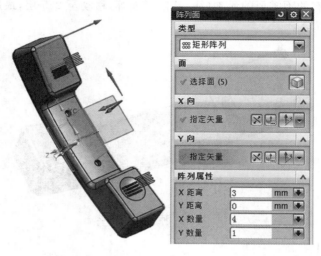

图 1-4-49　"阵列面"对话框及完成面的列阵

图 1-4-50　草图

（21）选用"拉伸" 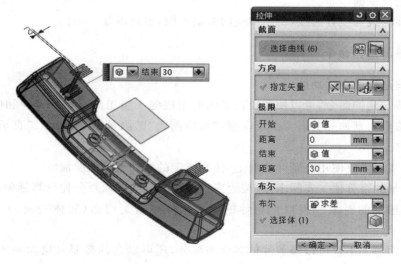 命令，以图 1-4-50 所示草图作为拉伸对象，定义拉伸方向为 YC 轴，起始距离为 0 mm，结束距离为 30 mm，选择"求差"操作，选中图中的实体作为求差的实体，完成拉伸求差操作，如图 1-4-51 所示。

图 1-4-51　拉伸求差操作

(22)将图中所有的不需要的元素(线、基准平面等)移动至 255 层,最后完成话筒的外形设计,如图 1-4-52 所示。

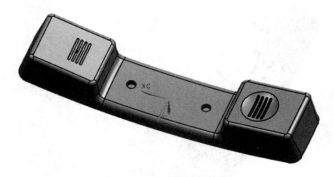

图 1-4-52　话筒最终外形

四、相关理论知识

(一)艺术曲面命令

艺术曲面命令结合了通过曲线组、通过曲线网格、扫掠等命令的特点,可以创建各种类型的曲面。创建艺术曲面,用户可以选择多组曲线作为剖面,也可以选择多组曲线作为引导线,可以通过添加或者删除剖面和引导线来改变曲面的形状。设置面连续性也可以从 G0～G2,一共有 4 个约束。创建曲面的类型可以归纳为 3 类。

1. 通过曲线组创建曲面

只能使用截面曲线,曲线在两条以上,它们之间大致为平行关系。

2. 通过曲线网格创建曲面

使用截面曲线和引导曲线,每组曲线至少两条。

3. 扫掠创建曲面

使用截面曲线和引导曲线,每组曲线的数量不限,也可以是一条。

(二)修剪与延伸命令

1. 修剪与延伸命令的功能

利用修剪与延伸命令,可以使用由边或曲面组成的一组工具对象来延伸和修剪一个或多个曲面。修剪与延伸一共有 4 个子类型:"按距离"、"已测量的百分比"、"直至选定对象"和"制作拐角"。

(1)按距离　主要使用在延伸曲面上,按照指定的延伸值延伸曲面。

(2)已测量的百分比　实际上是"按距离"方式的演变,是以百分比计算延伸的长度。

(3)直至选定的对象　可以把延伸的边缘延伸到指定的面(实体表面、片体、基准平面等)。

(4)制造拐角　不仅可以修剪片体多余的部分,还可以合并参照对象为一体,甚至还带有智能化的延伸功能。

2. 延伸与修剪对话框相关参数的含义

(1)需要的结果　当类型为"直至选定对象"或"制作拐角时出现",可以选择相应选项保留或删除修剪材料。

(2)保持　显示在工具上的箭头指向为将在目标上保持的面的方向。必须首先指定面或边为限制工具才能显示该箭头。

(3)删除　显示在工具上的箭头指向为将在目标上放弃的面的方向。必须首先指定面或边为限制工具才能显示该箭头。

(4)延伸方法　指定延伸操作的连续类型,有三种类型:"自然相切"、"自然曲率"、"镜像的"。

作为新面延伸将原始边保留在目标面或工具面上。仅当为输入选择边时,此选项才起作用。输入边缘不会受修剪或延伸操作的影响,且保持在其原始状态。新边缘是基于该操作的输出而创建的,且被添加为新对象。

(三)分割面命令

利用分割面命令可以通过曲线、边缘和面等,将现有实体或片体的面(一个或多个)进行分割。分割面通常用于模具、冷冲模上的模型的分型面上。实物本身的几何、物体特性没有改变。

(四)修剪的片体命令

修剪的片体命令同修剪体命令一样,用于对物体进行修剪,在操作中需选择要保留对象的一部分,不同的是修剪的目标只能是片体。

(1)目标　选择要修剪的目标片体。选择目标片体的光标位置同时也指定了区域点。

(2)修剪对象　对象可以是面、边、曲线和基准平面。

(3)投影矢量　修剪对象投影目标的方向。

(五)偏置曲线命令

利用偏置曲线命令能偏置出与原曲线类似的曲线。曲线的类型包括直线、圆弧、边缘、二次曲线、样条等。在操作中以垂直选定的参照曲线计算偏置的大小。偏置曲线带有关联性,在需要更改时可以很方便地编辑原参数。

五、相关练习

(1)扫掠曲面、拉伸曲面、可变圆角等命令练习。根据如图 1-4-53 所示工程图创建三维模型。

(2)网格曲面、直纹曲面、可变圆角等命令练习。根据如图 1-4-54 所示工程图创建三维模型。

(3)拉伸、基本建模练习。根据如图 1-4-55 和图 1-4-56 所示工程图创建三维模型。

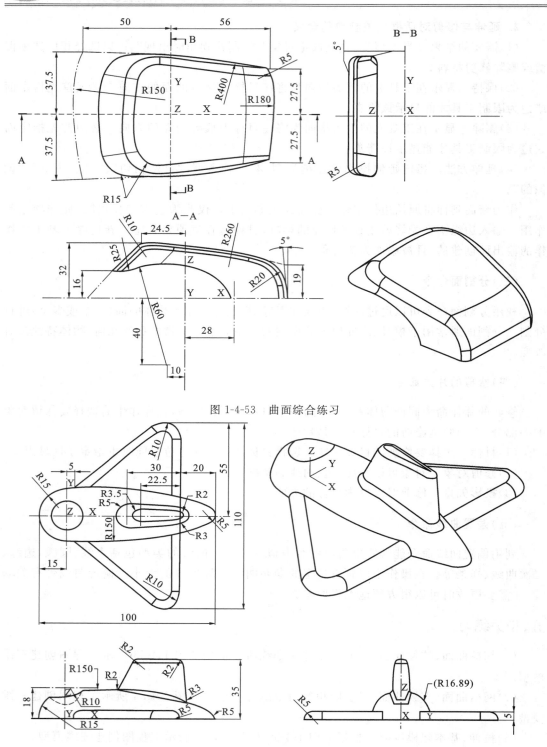

图 1-4-53　曲面综合练习

图 1-4-54　网格曲面练习

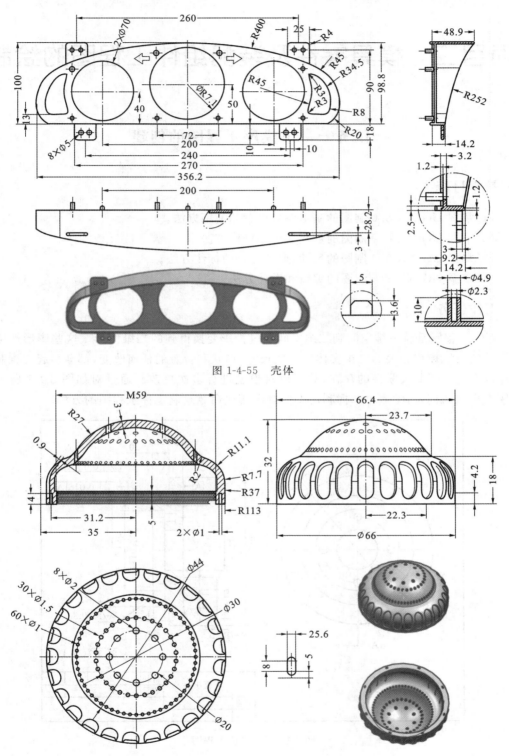

图 1-4-55　壳体

图 1-4-56　花洒头

项目二　模具零件及装配组件工程图的绘制

任务一　下模座工程图的创建

一、教学目标

(1)掌握 UG NX 8.0 制图的基本参数设置和使用方法。

(2)掌握 UG NX 8.0 制图的创建与视图操作方法。

(3)掌握 UG NX 8.0 制图的尺寸、形位公差的标注方法。

(4)掌握 UG NX 8.0 制图的编辑和设计方法。

二、工作任务

UG 工程图是从三维空间到二维空间经过投影变换得到的二维图形。这些图形严格地与零件的三维模型相关。三维实体模型的尺寸、形状和位置的任何改变,都会引起二维制图自动改变。由于此关联性的存在,故可以对模型进行多次更改。通过对如图 2-1-1 所示下模座工程图的创建,学生可掌握利用 UG 制图模块命令绘制零件工程图的方法。

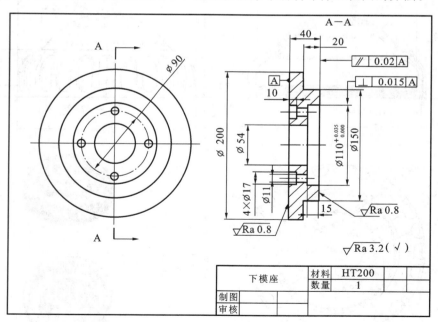

图 2-1-1　下模座工程图

三、相关实践知识

1. 启动 UG NX 8.0

单击主菜单"文件"→"实用工具"→"用户默认设置"按钮,弹出如图 2-1-2 所示"用户默认设置"对话框,"常规"默认单位选"毫米"。

图 2-1-2 "用户默认设置"对话框

2. 预设置

单击"制图"→"常规"→"标准"按钮,单击"用户自定义"按钮 Customize Standard ,在弹出的"制图标准"对话框中进行设置。

(1)单击"常规"→"图纸","正交投影角"选项设置为"第一象限",如图 2-1-3 所示。

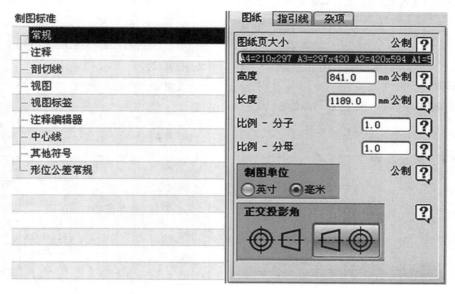

图 2-1-3 "正交投影角"选项设置

(2)单击"注释","尺寸"选项卡设置如图 2-1-4 所示,"窄尺寸"选项卡设置如图2-1-5 所示。

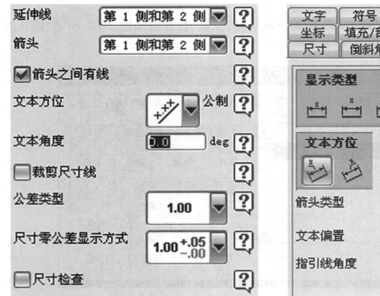

图 2-1-4 "尺寸"选项卡设置   图 2-1-5 "窄尺寸"选项卡设置

(3)"直线/箭头"选项卡设置如图 2-1-6 所示。"文字"选项卡中尺寸文本、对称公差文本、附加文本、常规文本的设置一样,公差框高度因子设置为 2.0 mm(在工程图中单独设置),如图 2-1-7 所示。

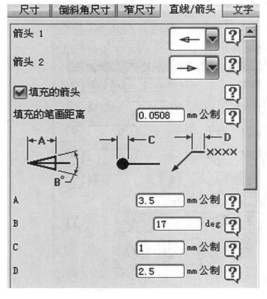

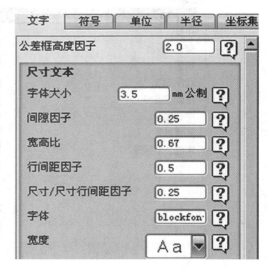

图 2-1-6 "直线/箭头"选项卡设置   图 2-1-7 "文字"选项卡设置

（4）"单位"选项卡设置如图 2-1-8 所示。

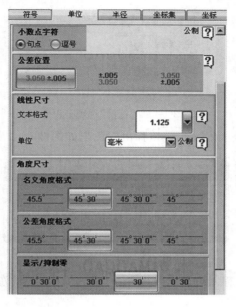

图 2-1-8　"单位"选项卡设置

（5）"半径"选项卡设置如图 2-1-9 所示。

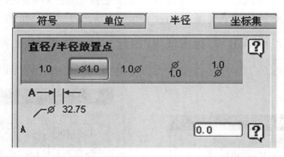

图 2-1-9　"半径"选项卡设置

（6）单击"注释编辑器"，"几何公差符号"选项卡设置如图 2-1-10 所示。

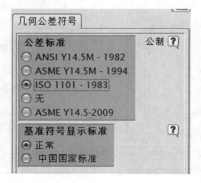

图 2-1-10　"几何公差符号"选项卡设置

(7)单击"中心线","标准"选项卡设置如图 2-1-11 所示。

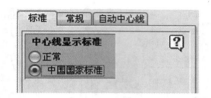

图 2-1-11　"标准"选项卡设置

上述设置结束,单击图标 Save As ,弹出对话框如图 2-1-12 所示。

图 2-1-12　"另存为制图标准"对话框

输入用户自定义的工程图设置名"b",单击"确定"保存。重新启动 UG 软件。

3. 进入制图模块

打开配套源文件 x:2\1\xiamuzuo.prt 文件,选择"开始"→"制图"选项,进入制图模块。

(1)选择"首选项"→"可视化"选项,打开"可视化首选项"对话框,在对话框中选择"颜色设置"选项卡,在"图纸部件设置"选项中勾选"单色显示"复选框,如图 2-1-13 所示。

(2)在"图纸"工具栏中单击"新建图纸页"图标 ,打开"图纸页"对话框,如图 2-1-14 所示,在"大小"选项中选择"A4-210×297"选项,单击"确定"按钮。选择"插入"→"视图"→

图 2-1-13　"颜色设置"选项卡设置

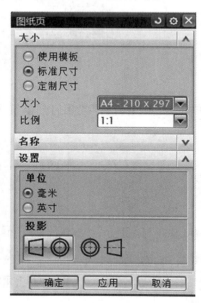

图 2-1-14　"图纸页"对话框

"基本(B)",弹出"基本视图"对话框,在"比例"选项中选择"1：2",如图 2-1-15 所示。移动鼠标,将俯视图放到合适位置,如图 2-1-16 所示,单击左键,再按"Esc"退出。

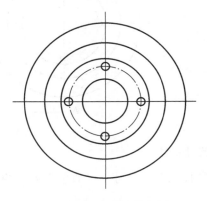

图 2-1-15　"基本视图"对话框　　　　　图 2-1-16　下模座俯视图

（3）选择"首选项"→"制图"选项,打开"制图首选项"对话框,如图 2-1-17 所示,在"边界"选项中取消勾选"显示边界"复选框,不显示边界。选择"首选项"→"截面线"选项,打开"截面线首选项"对话框,选项设置如图 2-1-18 所示。

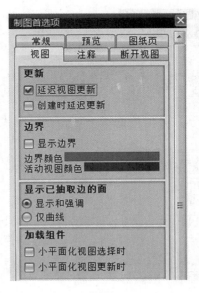

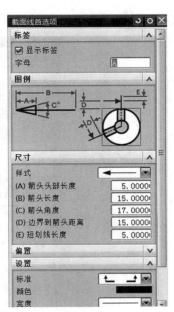

图 2-1-17　"制图首选项"对话框　　　　图 2-1-18　"截面线首选项"对话框

4. 添加剖视图

单击"剖视图" 按钮,弹出"剖视图"对话框,选择俯视图为父视图,圆心为剖切位置,鼠标向右移动到合适位置,单击左键,放置全剖视图,如图 2-1-19 所示。

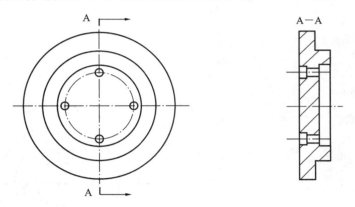

图 2-1-19　添加剖视图

5. 尺寸标注

选择"插入"→"尺寸"→"直径" 按钮,弹出"直径尺寸"对话框,选取圆形中心线,放置尺寸"$\phi90$"到主视图合适位置。选择"插入"→"尺寸"→"水平"按钮 ,选择左右两端面端点,标注水平尺寸"40 mm",同理标注其他水平尺寸。选择"插入"→"尺寸"→"圆柱" 按钮,标注"$\phi150$"、"$\phi54$"、"$\phi200$"、"$\phi11$"的圆柱尺寸。标注"$4\times\phi17$"时,单击"圆柱尺寸"对话框中"文本" 按钮,弹出"文本编辑器"对话框,如图 2-1-20 所示,单击"附加文本"中"在前

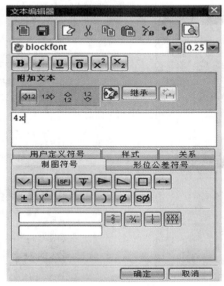

图 2-1-20　"文本编辑器"对话框

面"按钮,文本框中输入"4×",单击"确定"按钮,放置尺寸线到合适位置。标注"$\phi110_0^{+0.035}$"

时,单击 按钮,选择公差方式为 ,设置公差精度为小数点后 3 位,单击 ±.XX 按

钮,如图 2-1-21 所示,设置上公差为"+0.035",在合适位置放置尺寸。尺寸标注如图 2-1-22 所示。

图 2-1-21　"圆柱尺寸"对话框

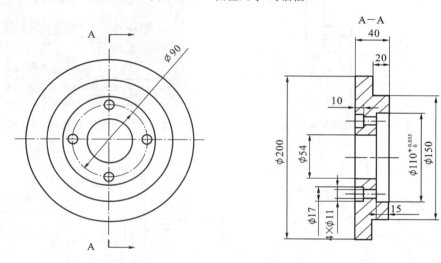

图 2-1-22　尺寸标注

6. 标注形位公差

（1）选择"插入"→"注释"→"基准特征符号"选项,打开"基准特征符号"对话框,如图2-1-23所示。在"基准标识符"选项组中的"字母"文本框中输入"A",选择工作区中左侧直线,最后放置基准符号到合适位置,如图2-1-24所示。

（2）选择"插入"→"注释"→"特征控制框"选项,打开"特征控制框"对话框,如图 2-1-25 所示。在"框"选项组的"特性"中选择"平行度","框样式"选择"单框",然后在"公差"文本框中输入数值"0.02","第一基准参考"选择"A"。选择好放置位置,单击鼠标左键,按住鼠标左键拖到合适位置,单击鼠标左键,放置平行度形位公差图框。同理创建垂直度形位公差,如图 2-1-26 所示。

图 2-1-23　"基准特征符号"对话框

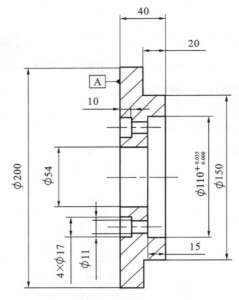

图 2-1-24 添加基准符号

图 2-1-25 "特征控制框"对话框

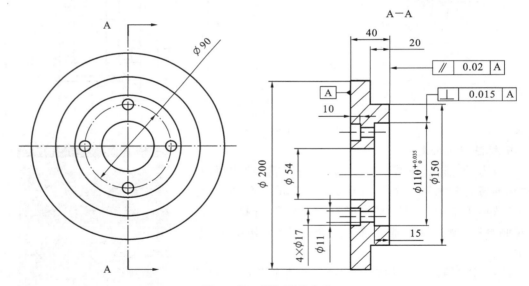

图 2-1-26 添加形位公差

7. 标注表面粗糙度符号

选择"插入"→"注释"→"表面粗糙度符号"选项。打开"表面粗糙度"对话框,如图 2-1-27 所示,选择"材料移除"中"√" 修饰符,需要去除材料",在"波纹(c)"文本框中输入表面粗糙度数值"Ra0.8",选择放置边,拖拉鼠标左键选择合适的放置位置后单击左键,创建表面粗糙度为 Ra0.8。同理创建表面粗糙度为 Ra 3.2 的符号,选择放置位置,表面粗糙度符号标注结果如图 2-1-28 所示。

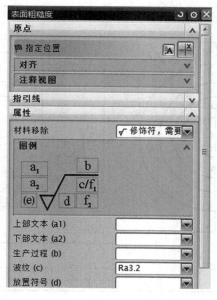

图 2-1-27　"表面粗糙度"对话框

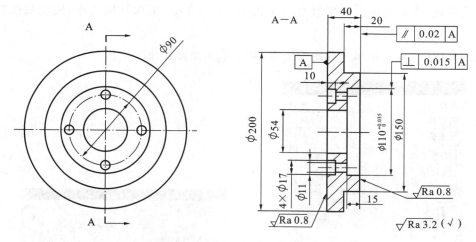

图 2-1-28　表面粗糙度符号标注

8. 调用图框

单击"文件"→"导入"→"部件"按钮,弹出"导入部件"对话框。单击"确定"按钮,选择源文件中 x:\cp2\A4tukuang. prt。单击"OK"按钮,弹出"点"对话框,选用默认值,单击"确定"按钮,将图框导入,如图 2-1-29 所示。

9. 添加文本

单击"插入"→"注释"→"注释" 按钮,弹出"注释"对话框,在"格式化"下面选择"chinesef",在文本框中输入"下模座",如图 2-1-30 所示。单击"样式"中的 按钮,弹出"样式"对话框,如图 2-1-31 所示。将"字符大小"改为 7,单击"确定"按钮,移动鼠标将文本

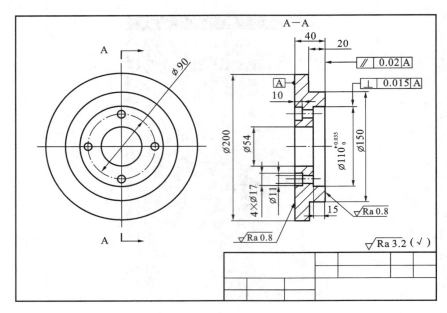

图 2-1-29　调用图框

移到合适位置,单击左键。同样修改文本内容、字符大小,添加其他文本,完成后按"Esc"
退出。

　　至此完成图 2-1-1 所示工程图的创建,单击 保存文件。

图 2-1-30　"注释"对话框

图 2-1-31　"样式"对话框

四、相关理论知识

(一)工程图的管理

1. 建立工程图

在 UG 基本环境中的"标准"工具条上选择"开始"→"制图"命令,进入制图工作环境,首先弹出如图 2-1-32 所示的"图纸页"对话框,让用户进行图纸参数的设置。该对话框中主要选项的功能及含义如下。

(1)大小　"大小"选项用于指定图样的尺寸规格。确定图纸规格可直接在"大小"下拉列表框中选择与实体模型相适应的图纸规格。图纸规格随所选工程图单位的不同而不同,如果选择了"毫米"单位,则为公制规格;如果选择了"英寸"单位,则为英制规格。

(2)比例　该选项用于设置工程图中各类视图的比例大小,系统默认的设置比例是 1：1。

(3)图纸页名称　该文本框用于输入新建工程图的名称。系统会自动排号为 Sheet 1、Sheet 2 等。也可以根据需要指定相应的名称。

(4)投影　该选项用于设置视图的投影角度方式。系统提供的投影角度有两种:第一象限角投影和第三象限角投影。按我国的制图标准,应选择第一象限角投影的方式和毫米公制选项。

2. 打开工程图

如果对同一个实体模型采用不同的图样图幅尺寸和比例建立了多张二维工程图,当要编辑其中一张或多张工程图时,必须将工程图先打开。

单击"图纸"工具栏的 ![按钮] 按钮,弹出如图 2-1-33 所示"打开图纸页"对话框。对话框上部为过滤器,中部为工程图列表,在图名列表框中选择需要打开的工程图,单击"确定"按钮。或者在部件导航器中选择要打开的图纸,单击鼠标右键,在弹出的快捷菜单中选择"打开"命令,即可打开所需的图纸。

图 2-1-32　"图纸页"对话框

图 2-1-33　"打开图纸页"对话框

3.删除工程图

若要删除某张工程图纸,可以在部件导航器中选择要删除的图纸,单击鼠标右键,然后在弹出的快捷菜单中选择"删除"命令,即可删除该工程图。

4.编辑工程图

在添加视图的过程中,如果发现原来设置的工程图参数不合要求(如图幅大小或比例不适当等),可以对工程图的有关参数进行相应修改。在图纸导航器中选择要进行编辑的图纸,单击鼠标右键,在弹出的快捷菜单中选择"编辑图纸页"命令,修改工程图的名称、尺寸、比例和单位等参数。

5.导航器操作

在 UG NX 中还提供了部件导航器,它位于绘图工作区左侧的"部件导航器"中,如图 2-1-34所示。对应于每一幅图纸有相应的父子关系和细节窗口可以显示。部件导航器同样有很强大的鼠标右键功能。对应于不同的层次,单击鼠标右键后弹出的快捷菜单是不一样的。

(1)在根节点上单击鼠标右键,弹出快捷菜单如图 2-1-35 所示。

图 2-1-34　部件导航器

图 2-1-35　根节点快捷菜单

①栅格:将整个图纸背景显示栅格。

②单色:选中该选项,图纸以黑白显示。

③插入图纸页:添加一张新的图纸。

④折叠:展开或收缩结构树。

⑤过滤器:用于确定在结构树上是否显示节点和显示哪个节点。

(2)在每张具体的图纸上单击鼠标右键,可以看到弹出的快捷菜单,如图 2-1-36 所示。下面就详细介绍该快捷菜单中的各个选项。

①视图相关编辑:对视图的关联性进行编辑。

②添加基本视图:向图纸中添加一个基本视图。

③添加图纸视图:向图纸中添加一个图纸视图。

④编辑图纸页:编辑单张视图。

⑤复制:复制这张图纸。

⑥删除:删除这张图纸。

⑦重命名:重新命名图纸。

⑧属性:查看和编辑图纸的属性。

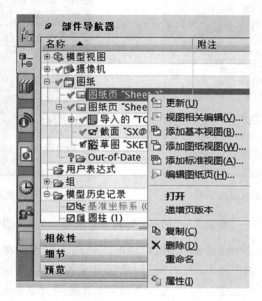

图 2-1-36　每张具体图纸上的快捷菜单

(二)添加视图

当图纸确定后,就可以在其中进行视图的投影和布局了。在工程制图中,视图一般是用二维图形表示的零件形状信息,而且它也是尺寸标注和符号标注的载体,通过由不同方向投影得到的多个视图可以清晰完整地表示零件的信息。在 UG NX 系统中,在向工程图中添加了各类视图后,还可以对视图进行移动、复制、对齐和定义视图边界等编辑视图的操作。

1. 添加基本视图和投影视图

单击"插入"→"视图"→"基本(B)"按钮,弹出"基本视图"对话框,如图 2-1-37 所示。指定添加的基本视图的类型,并对添加视图类型相对应的参数进行设置,在屏幕上指定视图的放置位置,即可生成基本视图。添加基本视图后移动光标,系统会自动转换到添加投影视图状态,"基本视图"对话框转换成如图 2-1-38 所示"投影视图"对话框,随"铰链线"拖动视图,将"投影视图"定位到合适位置,松开鼠标左键。

2. 全剖视图

在全剖视图中只包含一个剖切段和两个箭头段,它是用一个直的剖切平面通过整个零件实体而得到的剖视图。

图 2-1-37　"基本视图"对话框

图 2-1-38　"投影视图"对话框

单击"插入"→"视图"→"截面"→"简单/阶梯剖"按钮,或在"图纸"工具栏中单击  按钮,弹出如图 2-1-39(a)所示的"剖视图"对话框。利用该对话框在绘图工作区中选择父视图,打开"剖视图"对话框如图 2-1-39(b)所示,然后定义铰链线,指定剖切位置和放置剖视图的位置,即可完成剖视图的创建。对于每一个步骤,剖视图对话框都有一定的变化,可以利用对话框中的各个选项设置剖视图的剖切参数,效果如图 2-1-40 所示。

(a)

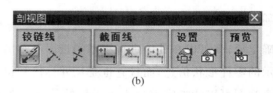

(b)

图 2-1-39　"剖视图"对话框

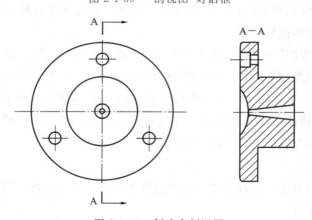

图 2-1-40　创建全剖视图

3. 半剖视图

半剖操作在工程上常用于创建对称零件的剖视图,它由一个剖切段、一个箭头段和一个弯折段组成。

单击"插入"→"视图"→"截面"→"半剖"按钮,或在"图纸"工具栏中单击  按钮,弹出如图 2-1-41 所示的"半剖视图"对话框。添加半剖视图的步骤包括了选择父视图、指定铰链线、指定弯折位置、剖切位置及箭头位置和设置剖视图放置位置这几个步骤。

在绘图工作区中选择主视图为父视图,再用矢量功能选项指定铰链线,利用视图中的圆心定义弯折位置、剖切位置,最后拖动剖视图边框到理想位置,单击鼠标左键,指定剖视图的中心,按"Esc"键退出。如图 2-1-42 所示。

图 2-1-41　"半剖视图"对话框

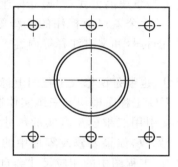
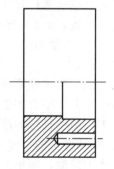

图 2-1-42　创建半剖视图

4. 旋转剖视图

单击"插入"→"视图"→"截面"→"旋转剖"按钮,或在"图纸"工具栏中单击  按钮,弹出如图 2-1-43 所示"旋转剖视图"对话框。旋转剖包括了选择父视图、指定铰链线、旋转点、指定剖切位置、弯折位置与箭头位置和设置剖视图放置位置这几个步骤。

在绘图工作区中选择主视图为要剖切的父视图,接着在父视图中选择旋转点,再在旋转点的一侧指定弯折位置、剖切位置,在旋转点的另一侧设置剖切位置、弯折位置。完成剖切位置的指定工作后,将鼠标移到绘图工作区,拖动剖视图边框到理想位置单击鼠标左键,指定剖视图的放置位置,按"Esc"键退出操作,如图 2-1-44 所示。

图 2-1-43　"旋转剖视图"对话框

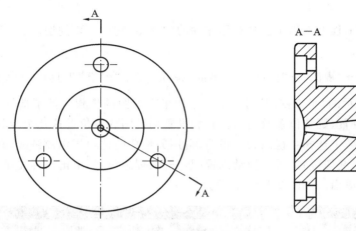

图 2-1-44　创建旋转剖视图

(三)标注工程图

工程图的标注是反映零件尺寸和公差信息的最重要的方式,在尺寸标注之前,应对标注时的相关参数进行设置,如尺寸标注时的样式、尺寸公差以及标注的注释等。利用标注功能,用户可以向工程图中添加尺寸、形位公差、制图符号和文本注释等内容。

1.尺寸标注

在工程图中标注的尺寸值不能作为驱动尺寸,也就是说修改工程图上标注的原始尺寸,模型对象本身的尺寸大小不会发生改变。由于 UG 工程图模块和三维实体造型模块是完全关联的,因此,在工程图中进行标注尺寸就是直接引用三维模型真实的尺寸,具有实际的含义,因此无法像二维软件中的尺寸一样可以进行修改,如果要修改零件中的某个尺寸参数,则需要在三维实体中修改。如果三维模型被修改,工程图中的相应尺寸会自动更新,从而保证了工程图与模型的一致性。

单击"插入"→"尺寸"菜单下的命令或在"尺寸"工具栏中单击相应的命令按钮,系统将弹出各自相应的尺寸标注参数对话框。利用对话框中的选项可以对尺寸类型、点/线位置、引线位置、附加文字、公差和尺寸线等选项进行设置,从而可以创建和编辑各种类型的尺寸。

工程图模块中提供了许多种尺寸类型,用于选取尺寸标注的标注样式和标注符号。下面介绍一下常用的一些尺寸标注方法。

　　　自动判断:由系统自动判断出选用哪种尺寸标注类型进行尺寸标注。

　　　水平:该选项用于标注工程图中所选对象间的水平尺寸。

　　　竖直:该选项用于标注工程图中所选对象间的竖直尺寸。

　　　平行:该选项用于标注工程图中所选对象间的平行尺寸。

　　　垂直:该选项用于标注工程图中所选点到直线(或中心线)的垂直尺寸。

　　　倒角:该选项用于标注工程图中所选倒角的尺寸。

角度:该选项用于标注工程图中所选两直线之间的角度。

圆柱形:该选项用于标注工程图中所选圆柱对象之间的直径尺寸。

孔:该选项用于标注工程图中所选孔特征的尺寸。

直径:该选项用于标注工程图中所选圆或圆弧的直径尺寸。

半径:该选项用于标注工程图中所选圆或圆弧的半径尺寸,此标注不过圆心。

过圆心的半径:该选项用于标注工程图中所选圆或圆弧的半径尺寸,但标注过圆心。

折叠半径:该选项用于标注工程图中所选大圆弧的半径尺寸,并用折线来缩短尺寸线的长度。

2. 表面粗糙度标注

单击"插入"→"注释"→"表面粗糙度符号"按钮,打开如图 2-1-45 所示的"表面粗糙度"对话框。

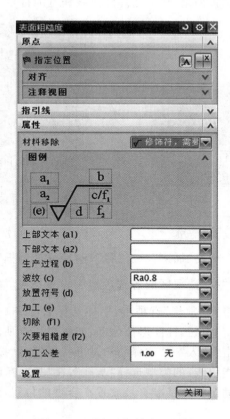

图 2-1-45　"表面粗糙度"对话框

表面粗糙度对话框中的选项说明如下。

指定位置:在图样上选取标注元素进行标注。

指引线:用来设置指引线的样式和指引点。

属性:用来设置表面粗糙度符号的类型和值属性。

材料移除:下拉列表提供了9种类型的表面粗糙度符号。选择相应的表面粗糙度类型,会激活此区域中不同的参数设置选项,并显示在"图例"区域中。

设置:用于设置表面粗糙度符号的文本样式、旋转角度、圆括号等参数及文本是否反转。

3.文本注释

选择"注释"工具条中"注释"  按钮,要设置中文字体则必须进入"注释"完整界面。在"格式化"中选择字体形式为"chinesef",如图 2-1-46 所示,在"〈F2〉"与"〈F〉"之间输入"技术要求"等中文,鼠标在图纸中对应位置放置文本。

4.形位公差

(1)在"注释"编辑器中标注,单击"插入"→"注释"→"注释(N)"按钮,弹出"注释"对话框,在对话框"符号"类别选项中选择"形位公差",如图 2-1-47 所示。首先选择公差框架格式,可根据需要选择单个框架或组合框架。然后选择形位公差项目符号,并输入公差数值和选择公差的标准。如果是位置公差,还应选择隔离线和基准符号。

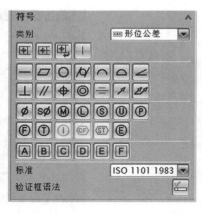

图 2-1-46　中文文本示意　　　　　　图 2-1-47　形位公差

(2)"特征控制框"标注,单击"插入"→"注释"→"特征控制框"按钮,弹出如图 2-1-48 所示"特征控制框"对话框,在"框"选项区的各选项组中设置选项,单击"样式"中的 按钮,在弹出的"样式"对话框中打开"常规"选项卡,字体选择如图 2-1-49 所示的"kanji",使数字小数点为实心点,单击"确定"按钮,标注形位公差,如图 2-1-50 所示。

(3)基准符号标注,单击"插入"→"注释"→"基准特征符号"按钮,弹出如图 2-1-51 所示"基准特征符号"对话框,"指引线"的类型选择"基准",在"基准标识符"的"字母"文本框中输入基准符号,选择曲线,拖动鼠标使基准符号放置在合理的位置,如图 2-1-52 所示,单击"关闭"按钮。

图 2-1-48　"特征控制框"对话框

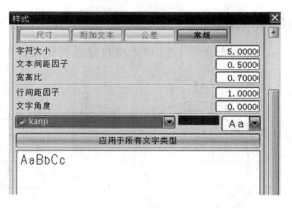

图 2-1-49　设置文字类型

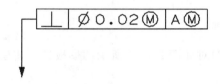

图 2-1-50　形位公差标注样式

图 2-1-51　"基准特征符号"对话框

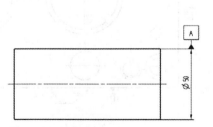

图 2-1-52　创建基准符号

五、相关练习

(1)对如图 2-1-53 所示浇口套进行建模并生成工程图。

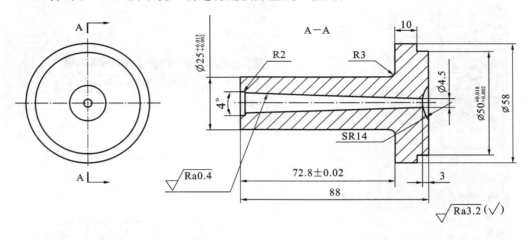

图 2-1-53 浇口套

(2)对如图 2-1-54 所示动模板进行建模并生成工程图。

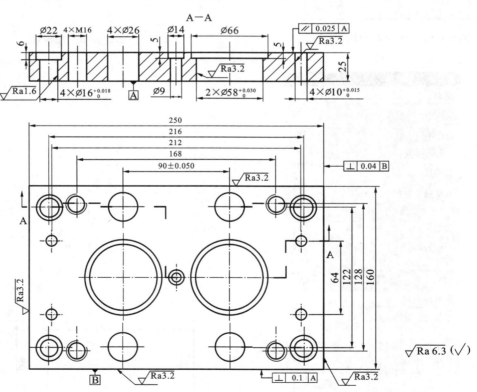

图 2-1-54 动模板

任务二　轮子组件工程图的创建

一、教学目标

在 UG 制图模块中通过轮子组件的工程图的创建,掌握装配工程图的创建方法、尺寸标注方法。

二、工作任务

任何机器或部件都是由零件装配而成的。读装配图是工程技术人员必备的一种能力,在设计、装配、安装、调试以及进行技术交流时都要读装配图。本工作任务要求通过对轮子组件如图 2-2-1 所示的工程图的创建,掌握装配工程图的设计。

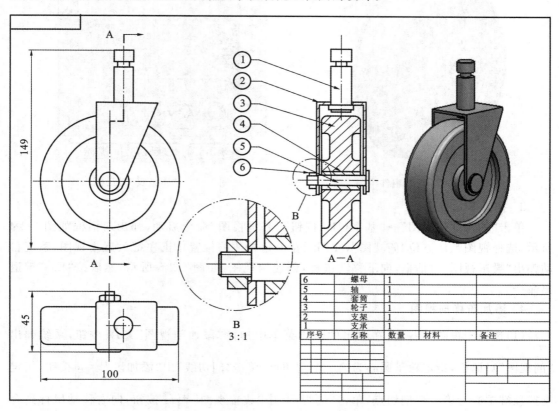

6	螺母	1		
5	轴	1		
4	套筒	1		
3	轮子	1		
2	支架	1		
1	支承	1		
序号	名称	数量	材料	备注

图 2-2-1　装配工程图

三、相关实践知识

1.打开装配文件

打开源文件 x:2\1\lunzi\zhuangpei.prt,如图 2-2-2 所示。

2．进入制图应用模块

单击"标准"工具条上的"开始"→"制图"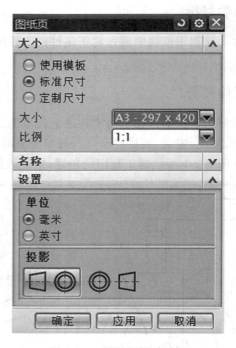按钮，系统弹出"图纸页"对话框，按图 2-2-3所示进行设置，再单击"确定"按钮。

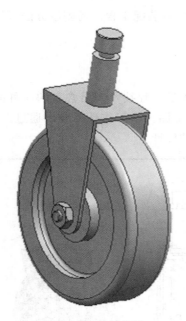

图 2-2-2　轮子组件

图 2-2-3　"图纸页"对话框

3．插入基本视图

单击"插入"→"视图"→"基本（B）"按钮，"基本视图"命令启动，弹出对话框如图 2-2-4 所示，选择视图默认方位"俯视图"，在图纸左上角合适的位置单击左键放置主视图，系统自动弹出"投影视图"对话框，向下移动鼠标，创建俯视图，如图 2-2-5 所示，然后按"Esc"键退出命令。

4．添加阶梯剖视图

（1）选择俯视图并右击，在弹出的快捷菜单中选择"添加剖视图"按钮，系统弹出"剖视图"对话框，指定轮子圆心为第一个剖切点，单击"剖切线"中"添加段"按钮，指定支撑顶端中心为第二个剖切点，单击"剖视图"中"放置视图"按钮，向右移动鼠标到合适位置，单击左键，如图 2-2-6 所示，按"Esc"键退出。

（2）隐藏光顺边。分别选中三个视图右击，在弹出的快捷方式中选择"样式"按钮，弹出"视图样式"对话框，单击"光顺边"按钮，在"光顺边"复选框中取消勾选，如图 2-2-7 所示，单击"确定"按钮。三个视图隐藏光顺边后效果如图 2-2-8 所示。

图 2-2-4　"基本视图"对话框

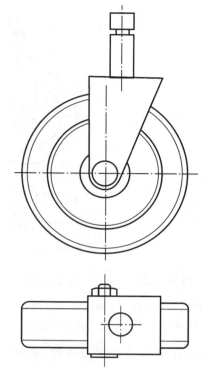

图 2-2-5　创建主、俯视图

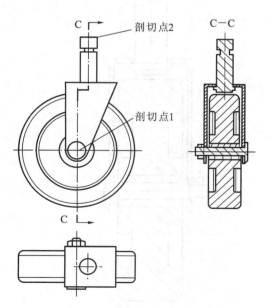

图 2-2-6　添加阶梯剖视图

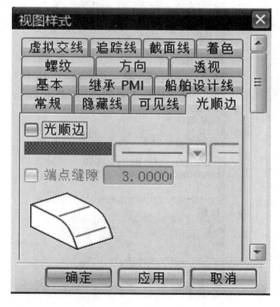

图 2-2-7　"视图样式"对话框

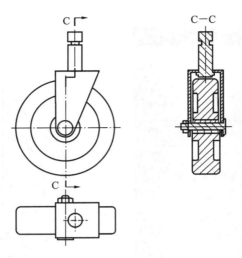

图 2-2-8　隐藏光顺边后效果

(3)设置非剖切组件。单击"制图编辑"工具条上的"视图中剖切"按钮，系统弹出"视图中剖切"对话框，如图 2-2-9 所示，接着选择剖视图，单击"体或组件"中选择对象，选择支承和轴两个组件，单击"确定"按钮。此时左下角图纸名称处显示"Out of Date"，再次选择剖视图右击，选择更新按钮，更新后效果如图 2-2-10 所示。

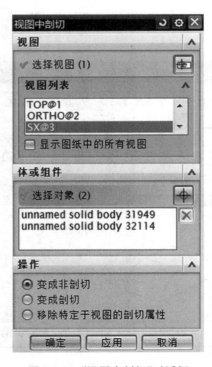

图 2-2-9　"视图中剖切"对话框

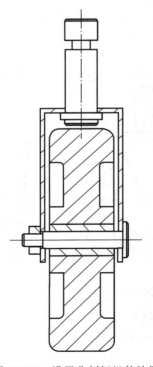

图 2-2-10　设置非剖切组件效果

（4）添加局部放大视图，单击"图纸"工具条上的"局部放大图" 按钮，或者从菜单栏中选择"插入"→"视图"→"局部放大图"命令，系统弹出"局部放大图"对话框，如图 2-2-11 所示。选择局部放大图边界曲线类型为圆形，在父视图上单击放大中心位置，在"局部放大图"对话框的"比例"中选择"比率"，输入"3：1"，绘制边界曲线，将光标移动到所需的位置，单击左键放置视图，如图 2-2-12 所示。

图 2-2-11　"局部放大图"对话框

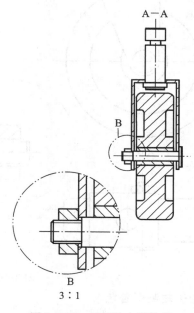

图 2-2-12　局部放大图效果

5. 添加轴测图

单击"插入"→"视图"→"视图（B）" 按钮，弹出"基本视图"对话框，单击其中"定向视图工具" 按钮，弹出"定向视图工具"对话框和"定向视图"窗口，如图 2-2-13 所示。将光标移动到"定向视图"窗口内，在"定向视图"中单击滚轮，按下鼠标左键拖拽，把三维图放到合适位置，松开左键，如图 2-2-14 所示。

图 2-2-13　"定向视图"窗口

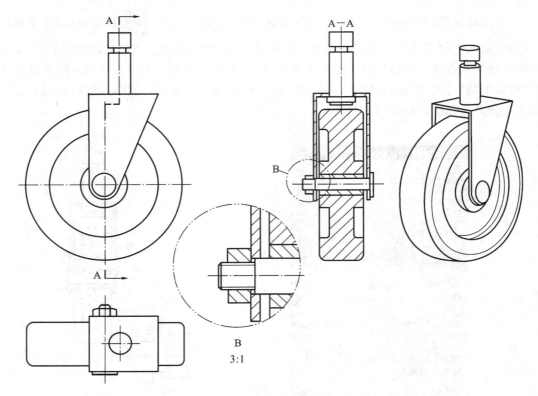

图 2-2-14   添加轴测图

6. 轮子轴测图着色

选择轮子轴测图右击,在弹出的快捷方式中单击"样式" 🖼️ 按钮,弹出"视图样式"对话框,单击"着色"选项卡,如图 2-2-15 所示。在"渲染样式"中选择"完全着色",单击"确定"按钮,着色效果如图 2-2-16 所示。

图 2-2-15   "视图样式"对话框

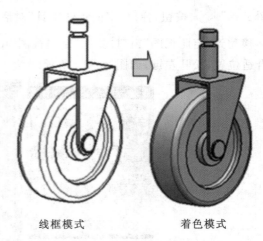

线框模式   着色模式

图 2-2-16   轴测图着色

7. 标注序号

单击"插入"→"注释"→"标识符号" 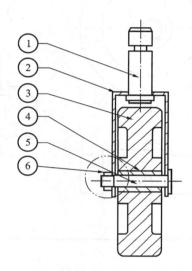 按钮,弹出"标识符号"对话框,如图 2-2-17 所示。在"文本"中输入零件序号,指定原点,按住鼠标左键将鼠标拖动到合适位置,单击左键建立一个零件的序号。同理建立其他零件序号,如图 2-2-18 所示,全部建完后单击"关闭"按钮。

图 2-2-17　"标识符号"对话框

图 2-2-18　标注零件序号

8. 调用图框

单击"文件"→"导入"→"部件"按钮,弹出"导入部件"对话框,单击"确定"按钮,选择源文件中 x:2\lunzi\A3.prt,单击"OK"按钮,弹出"点"对话框,选用默认值,单击"确定"按钮。将 A3 标准图框导入,如图 2-2-19 所示。

9. 添加明细表

单击"插入"→"表格"→"表格注释" 按钮,先创建一个 5×5 的空表,然后再用鼠标拖动表格的边线对表的行宽和列宽进行调整。拖动时系统会动态显示当前的行宽和列宽的大小。根据需要可以添加或删除行和列,选中上面两行,单击右键,如图 2-2-20 所示,单击"插入"→"上方的行",在表格上方插入两行,如图 2-2-21 所示。

选择表格单击右键,选择"单元格样式",弹出"注释样式"对话框,在"常规"中选择"chinesef",如图 2-2-22 所示。单击"确定"按钮。调整好列宽,双击一个单元格,在每个单元格中输入相应的文字并按鼠标中键,如图 2-2-23 所示。最后将表格移动到图纸边框的右下角,如图 2-2-1 所示。

单击"标准"工具条上的"保存"按钮将文件保存。

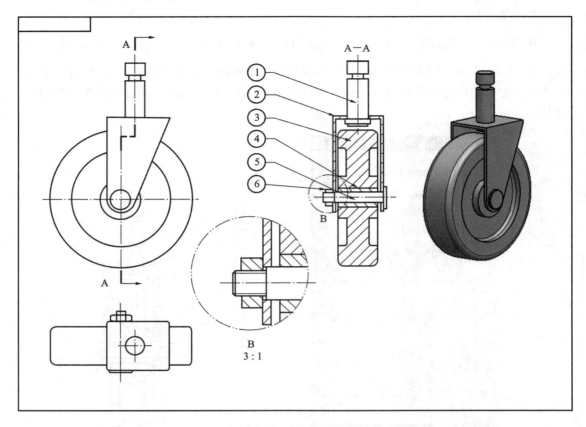

图 2-2-19　调用标准图框

图 2-2-20　表格添加两行

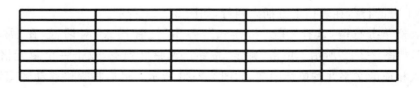

图 2-2-21　表格添加两行后效果

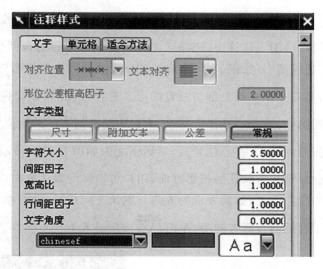

图 2-2-22　"注释样式"对话框

6	螺母	1		
5	轴	1		
4	套筒	1		
3	轮子	1		
2	支架	1		
1	支承	1		
序号	名称	数量	材料	备注

图 2-2-23　添加文本内容

四、相关理论知识

(一)添加视图

1. 局部剖视图

单击"插入"→"视图"→"截面"→"局部剖"按钮,或在"图纸"工具栏中单击 ⬚ 按钮,弹出如图 2-2-24 所示的"局部剖"对话框,应用对话框中的选项就可以完成局部剖视图的创建、编辑和删除操作。

创建局部剖视图的步骤包括了选择视图、指出基点、指出拉伸矢量、选择曲线和编辑曲线 5 个步骤。

在创建局部剖视图之前,用户先要定义和视图关联的局部剖视边界。定义局部剖视边界的方法:在工程图中选择要进行局部剖视的视图,单击鼠标右键,从快捷菜单中选择"扩展成员视图"命令,进入视图成员模型工作状态。用曲线功能在要进行局部剖切的部位,创建局部剖切的边界线。完成边界线的创建后,在绘图工作区中单击右键,再从快捷菜单中选择"扩展成员视图"命令,恢复到工程图状态。这样即建立了与选择视图相关联的边界线。

选择视图：当系统弹出图 2-2-24 所示的对话框时，"选择视图"按钮自动激活，并提示选择视图。用户可在绘图工作区中，选择已建立局部剖视边界的视图作为父视图。并可在对话框中选取"切透模型"复选框，它用来将局部剖视边界以内的图形部分清除。

指出基点：基点是用来指定剖切位置的点。选择视图后，该按钮被激活，在与局部剖视图相关的投影视图中，选择一点作为基点，来指定局部剖视的剖切位置。

指出拉伸矢量：指定了基点位置后，对话框变为如图 2-2-25 所示的矢量选项形式。这时绘图工作区中会显示缺省默认的投影方向，用户可以接受默认方向，也可用矢量功能选项指定其他方向作为投影方向；如果要求的方向与默认方向相反，则可单击"矢量反向"按钮使之反向。设置好了合适的投影方向后，单击 按钮进入下一步操作。

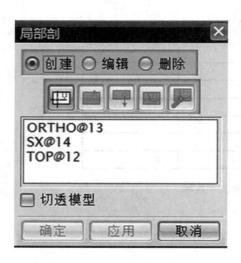

图 2-2-24　"局部剖"对话框

图 2-2-25　指出拉伸矢量

选择曲线：曲线决定了局部剖视图的剖切范围。进入这一步后，对话框变为如图 2-2-26 所示的形式。此时用户可用对话框中的"链"按钮选择剖切面，也可直接在图形中选择。当选取错误时，可用"取消选择上一个"按钮来取消前一次选择。如果选择的剖切边界符合要求，进入下一步。

修改边界曲线：选择了局部剖视边界后，该按钮被激活，对话框变为如图 2-2-27 所示的形式。其相关选项包括了一个"捕捉作图线"复选框。如果用户选择的边界不理想，可利用该步骤对其进行编辑修改。编辑边界时，选中"捕捉作图线"复选框，则在编辑边界的过程中会自动捕捉作图线。完成边界编辑后，系统会在选择的视图中生成局部剖视图。如果用户不需要对边界进行修改，则可直接跳过这一步，单击"应用"按钮，即可生成如图 2-2-28 所示局部剖视图。

图 2-2-26　选择剖切边界

图 2-2-27　编辑剖切边界

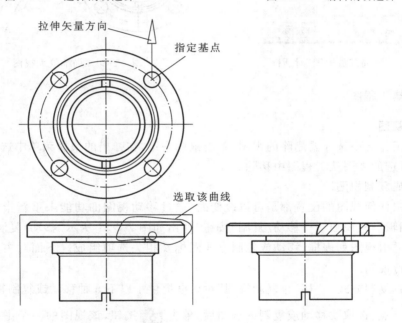

图 2-2-28　局部剖视图效果

2.局部放大视图

在绘制工程图时,经常需要将某些细小结构,例如退刀槽、越程槽等,在视图中表达不够清楚或者不便标注尺寸的部分结构进行放大显示,这时就可以进行局部放大图操作,来放大显示某部分的结构。局部放大视图的边界可以定义为圆形,也可以定义为矩形。

在"图纸"工具栏中单击 按钮,弹出"局部放大图"对话框,如图 2-2-29 所示。系统进入局部放大图操作功能。在操作过程中,在工程图中定义放大视图边界的类型,指定要放大的中心点,即指定剖切位置的点,然后指定放大视图的边界点,在对话框中可以设置视图放大的比例,并拖动视图边框到理想位置,系统会将设置的局部放大图定位在工程图中,效果如图 2-2-30 所示。

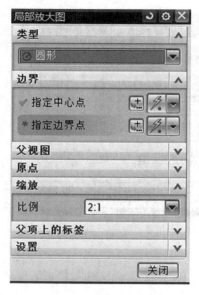

图 2-2-29　"局部放大图"对话框

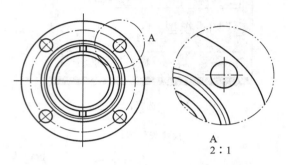

图 2-2-30　局部放大视图

(二)编辑工程图

1. 删除视图

在绘图工作区中选择要删除的视图,单击鼠标右键,在弹出的快捷菜单中选择"删除"选项,即可将所选的视图从工程图中移除。

2. 移动或复制视图

工程图中任何视图的位置都是可以改变的,通过移动视图的功能来重新指定视图的位置。单击"编辑"→"视图"→"移动/复制"按钮,弹出如图 2-2-31 所示"移动/复制视图"对话框。该对话框由视图列表框、移动或复制方式图标及相关选项组成。下面对主要选项的功能及用法进行说明。

(1)移动/复制方式　"移动/复制视图"对话框提供了以下 5 种移动或复制视图的方式。

至一点:选取要移动或复制的视图后,单击 按钮,该视图的一个虚拟边框将随着鼠标的移动而移动,当移动到合适位置后单击鼠标左键,即可将该视图移动或复制到指定点。

水平:在工程图中选取要移动或复制的视图后,单击 按钮,系统即可沿水平方向来移动或复制该视图。

竖直:在工程图中选取要移动或复制的视图后,单击 按钮,系统即可沿竖直方向来移动或复制该视图。

垂直于直线:在工程图中选取要移动或复制的视图后,单击 按钮,系统即可沿垂直于一条直线的方向移动或复制该视图。

（2）复制视图　该项用于指定视图的操作方式是移动还是复制，选中该复选框，系统将复制视图，否则将移动视图。

（3）视图名　该项可以指定进行操作的视图名称，用于选择需要移动或是复制的视图，与在绘图工作区中选择视图的作用相同。

（4）距离　距离复选框用于指定移动或复制的距离。选择该复选框，即可按文本框中指定的距离值移动或复制视图，不过该距离是按照规定的方向来计算的。

（5）取消选择视图　该项用于取消已经选择过的视图，以进行新的视图选择。

3. 对齐视图

对齐视图是指选择一个视图作为参照，使其他视图以参照视图进行水平或竖直方向对齐。单击"编辑"→"视图"→"对齐"，如图 2-2-32 所示，由视图列表框、视图对齐方式、视图对齐选项和矢量选项等组成，各个选项的功能及含义如下。

图 2-2-31　"移动/复制视图"对话框

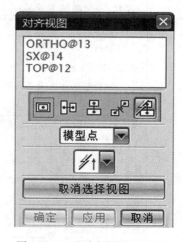

图 2-2-32　"对齐视图"对话框

（1）对齐方式　系统提供了 5 种视图对齐的方式。

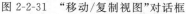 叠加：将所选视图按基准点进行叠加对齐。

水平：将所选视图按基准点进行水平对齐。

竖直：将所选视图按基难点进行垂直对齐。

垂直于直线：将所选视图按基准点垂直于某一直线对齐。

自动判断：根据所选视图按基准点的不同，用自动判断的方式对齐视图。

（2）视图对齐选项　视图对齐选项用于设置对齐时的基准点。基准点是视图对齐时的参考点，对齐基准点的选择方式有 3 种。

模型点：选择模型中的一点作为基准点。

视图中心：选择视图的中心点作为基准点。

点到点：按点到点的方式对齐各视图中所选择的点，选择该选项时，用户需要在各对齐视图中指定对齐基准点。

在对齐视图时，先要选择对齐的基准点方式，并在视图中指定一个点作为对齐视图的基准点。然后在视图列表框或绘图工作区中选择要对齐的视图，再在对齐方式中选择一种视图的对齐方式。则选择的视图会按所选的对齐方式自动与基准点对齐。当视图选择错误时，可单击"取消选择视图"按钮，取消选择的视图。

4. 编辑视图

在图纸导航器中选择要编辑的视图，或在绘图工作区中选择要编辑的视图，单击鼠标右键，在弹出的快捷菜单中选择"样式"选项，弹出如图 2-2-33 所示的"视图样式"对话框，应用对话框中的各个选项卡可重新设定视图旋转角度和比例等参数。

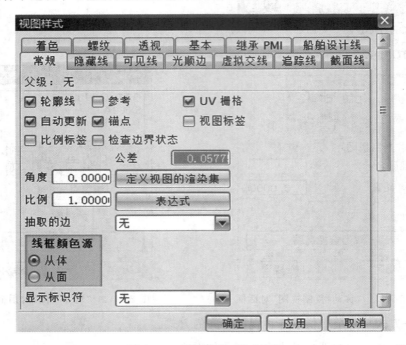

图 2-2-33　"视图样式"对话框

5. 编辑截面线

单击"编辑"→"视图"→"截面线"命令，或者在"制图编辑"工具栏中单击　按钮，弹出如图 2-2-34 所示的"截面线"对话框。应用该对话框可以修改已存在的截面线的剖切属性，如增加截面线段、删除截面线段、移动截面线段和重新定义铰链线等操作。

修改截面线属性时，用户先要选择截面线。选择截面线的方法有两种：一种是在对话框弹出后，用鼠标在视图中直接选择截面线；另一种是在对话框中单击"选择剖视图"按钮，激活剖视图列表框，再在剖视图列表框中选择剖视图，则系统自动选择视图中的截面线。

选择截面线后，系统激活相应的"添加段"、"删除段"、"移动段"和"重新定义铰链线"等

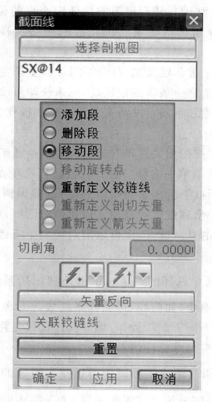

图 2-2-34　"截面线"对话框

选项，这些选项对应于各种截面线的编辑方法。

可根据编辑截面线的需要，选择一种编辑截面线的方法。其中"移动旋转点"选项只能用于修改旋转剖视图。

选择相应的编辑截面线的方法后，用相对应的点创建功能或方向矢量选项来修改截面线的位置和方向。完成修改后，系统就按新的剖切位置来更新剖视图。下面介绍截面线的定义方式。

（1）添加段　对截面线进行适当的添加，使剖视图的表达更加完整，同时对话框中的点构造器将会被激活。用点创建选项在视图中指定增加的剖切线段的放置位置。此时，系统会自动更新剖切线，在指定的位置上增加一段剖切线，并更新剖视图。对于旋转剖视图，在指定新的截面线位置后，还需要在其邻近位置选择一段截面线，告诉系统在旋转点的哪一方增加创切线段。

（2）删除段　对视图中多余的截面线进行删除处理。删除截面线时，在视图中选择截面线上需要删除的截面线段，则选择的截面段会在截面线中被系统自动删除，并更新剖视图。

（3）移动段　用于移动所选截面线中某一段的位置。移动截面线时，用户先选择截面线上要移动的线段，它可以是截面线也可以是箭头或是弯折位置。再用点创建选项指定移动的目标位置。则在指定了位置后，系统会自动更新截面线，选择的截面线段移动到指定位置处，并更新剖视图。

（4）移动旋转点　只用于移动旋转剖视图的旋转中心点的位置,移动旋转点时,用户只需要指定一个新的旋转点,系统即可将旋转剖切线的中心点移到指定位置上。并更新剖视图。

（5）重新定义铰链线,用于重新定义剖视图的铰链线,重新定义铰链线时,用户利用矢量功能选项在视图中为剖视图指定一条新的铰链线,则系统即可改变铰链线位置,并更新剖视图。后面的重新定义剖切矢量和重新定义箭头矢量选项的操作方式与其基本相同。

6. 视图相关编辑

单击"插入"→"视图"→"视图相关编辑"按钮,或者在绘图工作区中选择要编辑的视图,单击鼠标右键,在弹出的快捷菜单中选择"视图相关编辑"选项,弹出如图 2-2-35 所示的"视图相关编辑"对话框。该对话框上部为添加编辑选项、删除编辑选项和转换相关性选项,下部为设置视图对象的颜色、线型和线宽等选项。应用该对话框,可以擦除视图中的几何对象和改变整个对象或部分对象的显示方式,也可取消对视图中所做的关联性编辑操作。

1)添加编辑

擦除对象:擦除视图中选择的对象。单击该按钮后系统将弹出"类选择"窗口,用户可在视图中选择要擦除的对象(如曲线、边和样条曲线等对象),完成对象选择后,系统就会擦除所选对象。擦除对象不同于删除操作,擦除操作仅仅是将所选取的对象隐藏起来,不进行显示。该选项无法擦除有尺寸标注的对象。

编辑完全对象:编辑视图或工程图中所选整个对象的显示方式,编辑的内容包括直线颜色、线型和线宽。单击该按钮后,"线框编辑"选项组中的线颜色、线型和线宽等选项将变为可用状态。用户设置了线颜色、线型和线宽选项后,单击"应用"按钮,将弹出"类选择"窗口,用户可在选择的视图或工程图中选择要编辑的对象(如曲线、边和样条曲线等对象),选择对象后,则所选对象会按指定的颜色、线型和线宽进行显示。

编辑着色对象:编辑视图或工程图中所选对象的阴影。单击该按钮后,弹出"类选择"窗口,用户可在选择的视图或工程图中选择要编辑的对象,选择对象后,回到"视图相关编辑"对话框,着色颜色、局部着色、透明度等选项格变为可用状态,即可对选择的对象进行编辑。

编辑对象段:编辑视图中所选对象的某个片段的显示方式,可以对线颜色、线型和线宽进行设置。单击该按钮后,先设置对象的线颜色、线型和线宽选项,然后单击"应用"按钮,接着将弹出"编辑对象分段"对话框,用户在视图中选择要编辑的对象,然后选择该对象的一个或两个边界点,则所选对象在指定边界点内的部分会按指定颜色、线型和线宽进行显示。

2)删除编辑

该选项组用于删除前面所进行的某些编辑操作,系统提供了三种删除编辑操作的方式。

删除选择的擦除:对擦除后的对象进行撤销操作,使先前擦除的对象重新显示出来。选择该图标时,系统将弹出"类选择"窗口,已擦除的对象会在视图中加亮显示。

删除选择的修改：撤销修改的操作，使先前编辑的对象回到原来的显示状态。单击该按钮后，系统将弹出"类选择"窗口，已编辑过的对象会在视图中加亮显示，用户可选择先前编辑的对象。完成选择后，则所选对象会按原来的颜色、线型和线宽在视图中显示出来。

删除所有修改：将在对象中进行的所有修改进行撤销操作，使所有对象全部回到原来的显示状态。单击该按钮后，系统将弹出一个"删除所有修改"对话框，单击"是"按钮，则所选视图先前进行的所有编辑操作都将被删除。

7. 编辑视图边界

单击"编辑"→"视图"→"边界"按钮，或者在绘图工作区中选择要编辑的视图，单击鼠标右键，在弹出的快捷菜单中选择"视图边界"选项。弹出如图 2-2-36 所示的"视图边界"对话框。对话框上部为视图列表框和视图边界类型选项，下部为定义视图边界和选择相关对象的功能选项。下面介绍该对话框中各项参数。

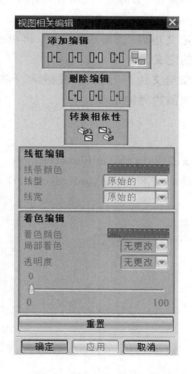

图 2-2-35　"视图相关编辑"对话框

图 2-2-36　"视图边界"对话框

（1）列表框　显示工作窗口中视图的名称。在进行定义视图边界操作前，用户先要选择所需的视图。选择视图的方法有两种：一种是在视图列表框中选择视图；另外一种是直接在绘图工作区中选择视图。当视图选择错误时，还可单击"重置"按钮重新选择视图。

（2）视图边界类型　提供了以下 3 种方式。

自动生成矩形：该类型边界可随模型的更改而自动调整视图的矩形边界。

手工生成矩形:该类型边界在定义矩形边界时,在选择的视图中通过按住鼠标左键并拖动鼠标来生成矩形边界,该边界也可随模型更改而自动调整视图的边界。

截断线／局部放大图:该类型边界用截断线或局部视图边界线来设置任意形状的视图边界。该类型仅仅显示出被定义的边界曲线围绕的视图部分。选择该类型后,系统提示选择边界线,用户可用鼠标在视图中选择已定义的断开线或局部视图边界线。

如果要定义这种形式的边界,应在打开"视图边界"对话框前,先创建与视图关联的截断线。创建与视图关联的截断线的方法:在工程图中选择要定义边界的视图,单击鼠标右键,从快捷菜单中选择"展开成员视图"命令,即进入视图成员工作状态,再利用曲线功能在希望产生视图边界的部位,创建视图截断线。完成截断线的创建后,再从快捷菜单中选择"展开成员视图"命令,恢复到工程图状态。这样就创建了与选择视图关联的截断线。

①由对象定义边界:通过在视图中选择要包含的对象或点来定义边界的大小,并且单击对话框中的"包含的点"按钮或单击"包含的对象"按钮,可以进行点或对象选择的切换。

②边界点:在"边界类型"栏中选择"截断线／局部放大图"选项,然后选择截断线后,单击对话框中的"应用"按钮,"边界点"按钮将被激活,再单击"边界点"按钮在视图中选择点进行视图边界的定义。

③包含的点:在"边界类型"栏中选择"由对象定义边界"选项后被激活,再单击"包含的点"按钮,并在视图中选择相关的点进行视图边界的定义。

④包含的对象:在"边界类型"栏中选择"由对象定义边界"选项后被激活,再单击"包含的对象"按钮,并在视图中选择要包含的对象进行视图边界的定义。

五、相关练习

(1)绘制模架装配工程图。(装配部件源文件 x:2\2\lianxi\mujia.prt)

(2)绘制台虎钳装配工程图。(装配部件源文件 x:2\2\lianxi\taihuqian.prt)

项目三　典型冲压模具装配图的建立

任务一　U形件弯曲模装配图的建立

一、教学目标

(1)掌握 UG 软件装配的基本概念。
(2)掌握添加装配组件操作方法。

二、工作任务

完成如图 3-1-1 所示的弯曲模的装配。

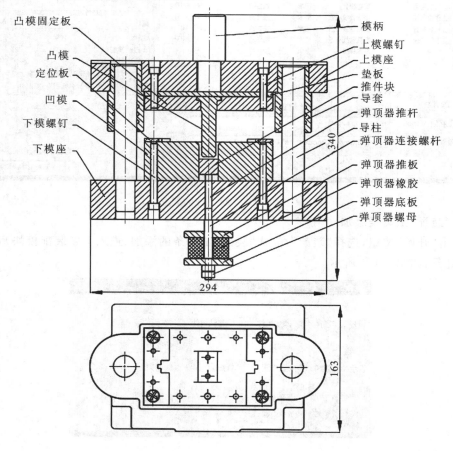

凸模固定板
凸模
定位板
凹模
下模螺钉
下模座

模柄
上模螺钉
上模座
垫板
推件块
导套
弹顶器推杆
导柱
弹顶器连接螺杆
弹顶器推板
弹顶器橡胶
弹顶器底板
弹顶器螺母

340
294
163

图 3-1-1　弯曲模

三、相关实践知识

(一)弯曲模上模装配

1. 建立新文件

打开 UG NX 8.0 软件,单击"新建" 按钮,建立"wanqu_shangmo_asm. prt"文件, 并单击"确定"按钮完成新文件的建立,如图 3-1-2 所示。

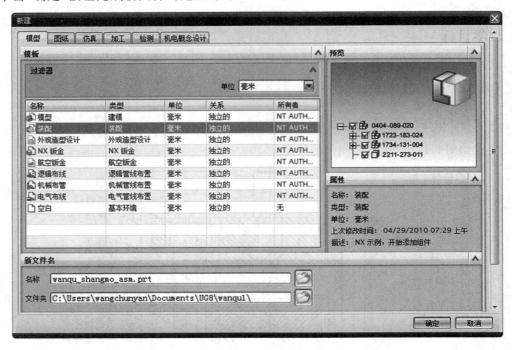

图 3-1-2　新文件的建立

2. "装配"工具条添加

单击"开始"按钮,选择"装配",完成"装配"工具条的添加(进入 UG 装配模块),弹出"装配"工具条,如图 3-1-3 所示。

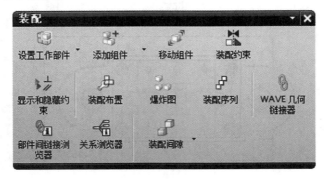

图 3-1-3　"装配"工具条

3. 弯曲模装配组件上模座的装配

单击"装配"工具条上的"添加组件"  按钮，弹出如图 3-1-4 所示的"添加组件"对话框。单击"部件"分选框中的"打开"按钮，弹出与"文件"→"打开"命令相同的对话框（见图 3-1-5）；选择 wanqu1 文件夹中的 shangmozuo.prt 文件，单击对话框中的"OK"按钮，完成装配组件上模座的加载，并弹出如图 3-1-6 所示的"组件预览"窗口（注：在该窗口中相应操作鼠标中键，实现要添加的组件视图的放大、缩小以及旋转，具体的操作方法与绘图区域内模型视图的放大、缩小以及旋转相同，但操作时鼠标光标必须在"组件预览"窗口内）。

将"添加组件"对话框"放置"分选框中的"定位"设置为"绝对原点"，并按照图 3-1-4 设置"复制"和"设置"分选框，单击"确定"按钮，完成上模座的装配，效果如图 3-1-7 所示。

图 3-1-4　"添加组件"对话框

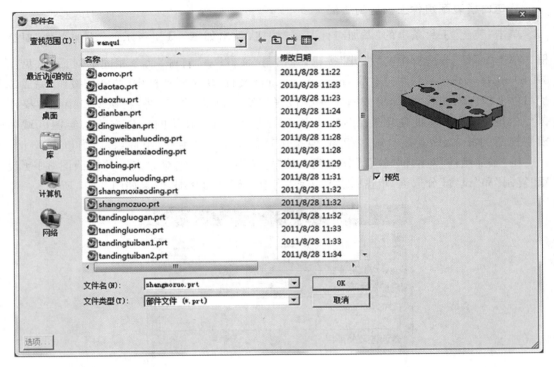

图 3-1-5　打开组件

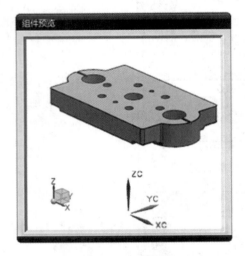

图 3-1-6　组件预览

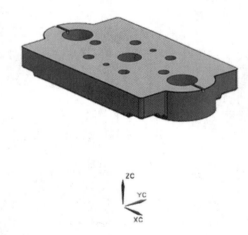

图 3-1-7　上模座

4. 弯曲模装配组件上模垫板的装配

单击"装配"工具条上的"添加组件" 按钮,单击"部件"分选框中的"打开"按钮,选择 wanqu1 文件夹中的 dianban.prt 文件,单击对话框中的"OK"按钮,完成装配组件垫板的加载。将"放置"分选框中的"定位"设置为"通过约束",单击"添加组件"对话框中的"确定"按钮,软件将会弹出如图 3-1-8 所示的"装配约束"对话框。

　　将"类型"分选框中的选项设置为"接触对齐","装配约束"对话框变为图 3-1-9 所示形式。

　　将图 3-1-9 中的"要约束的几何体"分选框中"方位"选项设置为"接触",按照图 3-1-10 所示顺序分别选择垫板和上模座上的两个接触面。

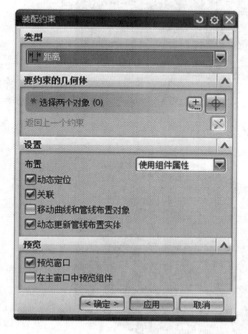

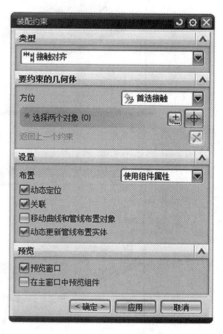

图 3-1-8　"装配约束"对话框(1)　　　　　　图 3-1-9　"装配约束"对话框(2)

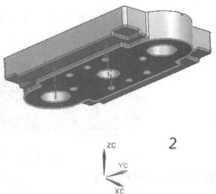

图 3-1-10　接触约束

　　将"要约束的几何体"分选框中"方位"选项设置为 ⟨自动判断中心/轴⟩ ,按照图 3-1-11 所示顺序分别选择垫板和上模座上的两个同心面。接着按照图 3-1-12 所示分别选择垫板和上模座上的另两个同心面,单击"装配约束"对话框中的"确定"按钮,完成垫板的装配,效果如图 3-1-13 所示。

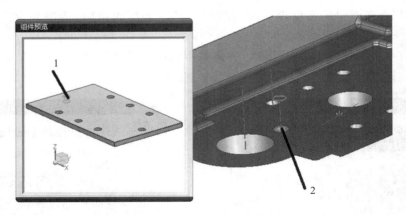

图 3-1-11　柱面同心约束(1)

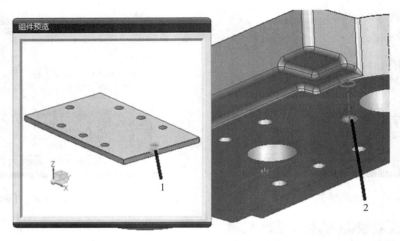

图 3-1-12　柱面同心约束(2)

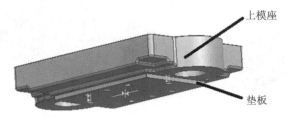

图 3-1-13　垫板装配

5. 弯曲模装配组件模柄的装配

单击"装配"工具条上的"添加组件" 🟦 按钮,在弹出的"添加组件"对话框中,单击"部件"分选框中的"打开"按钮,选择 wanqu1 文件夹中的 mobing.prt 文件,单击对话框中的"OK"按钮,完成装配组件模柄的加载。

将"放置"分选框中的"定位"设置为"通过约束",单击"添加组件"对话框中的"确定"按钮,软件将会弹出如图 3-1-8 所示的"装配约束"对话框。将其"类型"分选框中的选项设置为"接触对齐","装配约束"对话框变为图 3-1-9 所示形式。将"要约束的几何体"分选框中

"方位"选项设置为"接触",最后按照图 3-1-14 所示顺序分别选择模柄和上模座上的两个接触面。

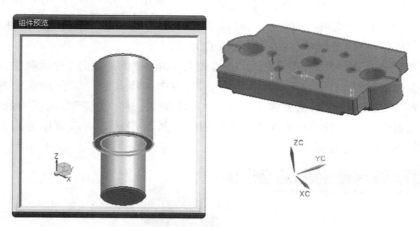

图 3-1-14　接触约束

将"要约束的几何体"分选框中"方位"选项设置为 自动判断中心/轴 ,按照图 3-1-15 所示顺序分别选择垫板和上模座上的两个同心面,最后单击"装配约束"对话框中的"确定"按钮,完成模柄的装配,效果如图 3-1-16 所示。

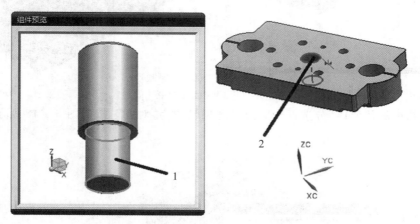

图 3-1-15　柱面同心约束

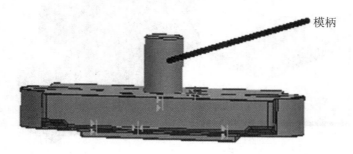

图 3-1-16　模柄装配

6. 弯曲模装配组件凸模固定板的装配

单击"装配"工具条上的"添加组件" 按钮,在弹出的"添加组件"对话框中,单击"部件"分选框中的"打开"按钮,选择 wanqu1 文件夹中的 tumogudingban. prt 文件,单击对话框中的"OK"按钮,完成装配组件凸模固定板的加载。

将"放置"分选框中的"定位"设置为"通过约束",单击"添加组件"对话框中的"确定"按钮,软件将会弹出如图 3-1-8 所示的"装配约束"对话框。将其"类型"分选框中的选项设置为"接触对齐","装配约束"对话框变为图 3-1-9 所示形式。将"类型"分选框中的"要约束的几何体"分选框中"方位"选项设置为"接触",最后按照图 3-1-17 所示顺序分别选择凸模固定板和垫板上的两个接触面。

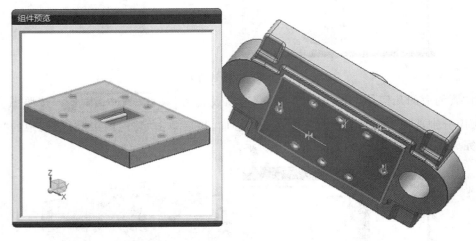

图 3-1-17　接触约束

将"要约束的几何体"分选框中"方位"选项设置为"对齐",按照图 3-1-18 所示顺序分别

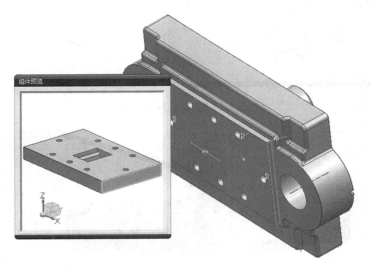

图 3-1-18　对齐约束(1)

选择凸模固定板和垫板上的两个同心面,按照图 3-1-19 所示顺序分别选择凸模固定板和垫板上的另两个同心面,单击"装配约束"对话框中的"确定"按钮,完成凸模固定板的装配,效果如图 3-1-20 所示。

图 3-1-19 对齐约束(2)

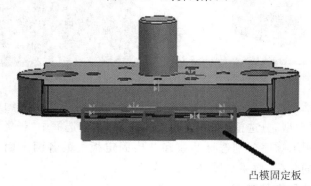

凸模固定板

图 3-1-20 凸模固定板装配

7. 弯曲模装配组件凸模的装配

单击"装配"工具条上的"添加组件" 🔧 按钮,单击"部件"分选框中的"打开"按钮,选择 wanqu1 文件夹中的 tumo.prt 文件,单击对话框中的"OK"按钮,完成装配组件凸模固定板的加载。

将"放置"分选框中的"定位"设置为"通过约束",单击"添加组件"对话框中的"确定"按钮,弹出如图 3-1-8 所示的"装配约束"对话框。将其"类型"分选框中的选项设置为"接触对齐","装配约束"对话框变为图 3-1-9 所示形式。将"要约束的几何体"分选框中"方位"选项设置为"接触",最后按照图 3-1-21 所示顺序分别选择凸模和垫板上的两个接触面。

按照图 3-1-22 所示顺序分别选择凸模和凸模固定板上的两个接触面。

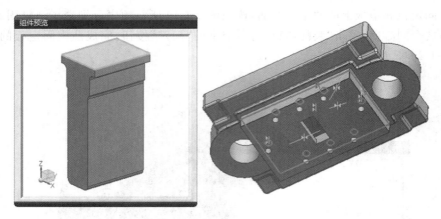

图 3-1-21　接触约束(1)

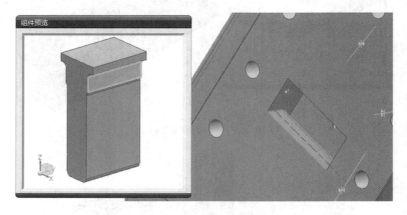

图 3-1-22　接触约束(2)

　　将"装配约束"对话框"类型"分选框中的选项设置为"中心","装配约束"对话框变为图
3-1-23 所示形式。将"类型"分选框中的"要约束的几何体"分选框中"子类型"选项设置为"2
对 2",按照图 3-1-24 所示顺序分别选择凸模和凸模固定板上的各两个面,单击对话框中的
"确定"按钮完成凸模的装配,效果如图 3-1-25 所示。

8. 弯曲模装配组件导套的装配

　　单击"装配"工具条上的"添加组件" 按钮,在弹出的"添加组件"对话框中,单击"部
件"分选框中的"打开"按钮,选择 wanqu1 文件夹中的 daotao.prt 文件,单击对话框中的
"OK"按钮,完成装配组件导套的加载。

　　将"放置"分选框中的"定位"设置为"通过约束";将"复制"分选框中"多重添加"设置为
"添加后创建阵列",单击"添加组件"对话框中的"确定"按钮,弹出如图 3-1-8 所示的"装配
约束"对话框。

　　将"装配约束"对话框的"类型"分选框中的选项设置为"接触对齐","装配约束"对话框
变为图 3-1-9 所示形式。将"类型"分选框中的"要约束的几何体"分选框中"方位"选项设置
为"接触",按照图 3-1-26 所示顺序分别选择导套和上模座上的两个接触面。

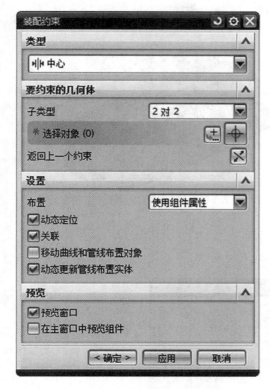

图 3-1-23　"装配约束"对话框

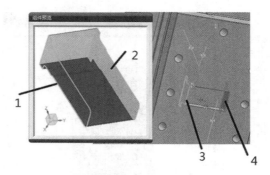

图 3-1-24　2 对 2 同心约束

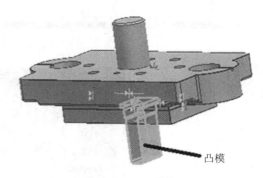

凸模

图 3-1-25　凸模装配

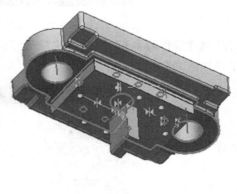

图 3-1-26　接触约束

　　将"要约束的几何体"分选框中"方位"选项设置为 🔲 自动判断中心/轴 🔲，按照图 3-1-27 所示顺序分别选择导套和上模座上的两个同心面，单击"确定"按钮，弹出如图 3-1-28 所示的"创建组件阵列"对话框。

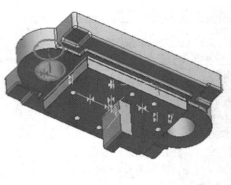

图 3-1-27　同心约束

图 3-1-28　"创建组件阵列"对话框

选择"创建组件阵列"对话框中的"线性"选项,单击"确定"按钮,弹出如图 3-1-29 所示的"创建线性阵列"对话框。

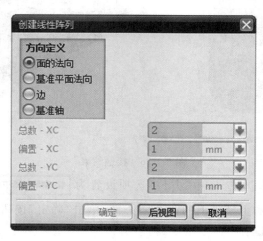

图 3-1-29　"创建线性阵列"对话框

选择"创建线性阵列"对话框中的"边",再选择如图 3-1-30 所示的边,并在"偏置－XC"中输入"－208.5"mm(注意:装配过程中如果不知道尺寸,可以用测量命令;输入偏置值的正负由所选的参考边上的箭头方向决定,偏置方向与箭头方向一致为正值,否则为负值),单击"确定"按钮,完成两个导套的装配,效果如图 3-1-31 所示。

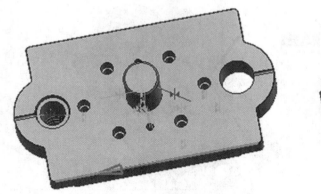

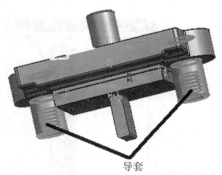

导套

图 3-1-30 参考边   图 3-1-31 导套装配

9. 弯曲模装配组件上模定位销钉的装配

单击"装配"工具条上的"添加组件" 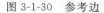 按钮,在弹出的"添加组件"对话框中,单击"部件"分选框中的"打开"按钮,选择 wanqu1 文件夹中的 shangmoxiaoding.prt 文件,单击对话框中的"OK"按钮,完成装配组件上模销钉的加载。

将"添加组件"对话框中"放置"分选框的"定位"设置为"通过约束",将"复制"分选框中"多重添加"设置为"添加后生成阵列",单击"确定"按钮,弹出如图 3-1-8 所示的"装配约束"对话框。

将"装配约束"对话框的"类型"分选框中的选项设置为"接触对齐","装配约束"对话框变为图 3-1-9 所示形式。将"要约束的几何体"分选框中"方位"选项设置为"对齐",按照图 3-1-32 所示顺序分别选择上模销钉和凸模固定板的两个对齐面。

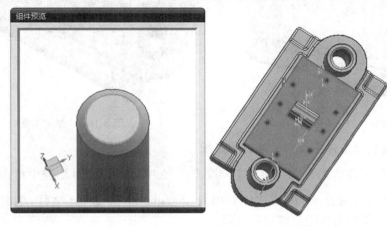

图 3-1-32 对齐约束

将"要约束的几何体"分选框中"方位"选项设置为 [自动判断中心/轴▼] ,按照图 3-1-33 所示顺序分别选择上模销钉和凸模固定板上的两个同心面,单击"装配约束"对话框中的"确定"按钮,弹出如图 3-1-28 所示的"创建组件阵列"对话框。

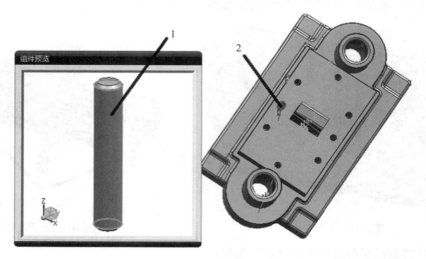

图 3-1-33　同心约束

选择"创建组件阵列"对话框中的"线性",单击"确定"按钮,弹出如图 3-1-29 所示的"创建线性阵列"对话框。

选择"创建线性阵列"对话框中的"边",再选择如图 3-1-34 所示的边,并在"偏置—XC"中输入"76"mm,单击"确定"按钮,完成两个上模销钉的装配,效果如图 3-1-35 所示。

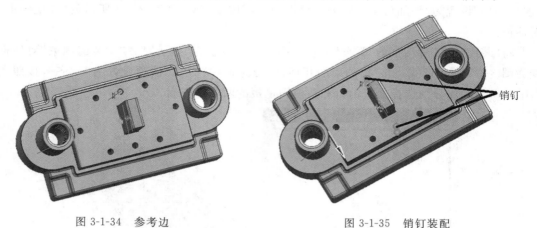

图 3-1-34　参考边　　　　　　　　　　　　　图 3-1-35　销钉装配

10. 弯曲模装配组件上模紧固螺钉的装配

单击"装配"工具条上的"添加组件" [图标] 按钮,在"添加组件"对话框中单击"部件"分选框中的"打开"按钮,选择 wanqu1 文件夹中的 shangmoluoding.prt 文件,单击对话框中的"OK"按钮,完成装配组件上模螺钉的加载。

将"添加组件"对话框中的"放置"分选框中的"定位"设置为"通过约束";将"复制"分选

框中"多重添加"设置为"添加后生成阵列",单击"确定"按钮,弹出如图 3-1-8 所示的"装配约束"对话框。

　　将"装配约束"对话框的"类型"分选框中的选项设置为"接触对齐","装配约束"对话框变为图 3-1-9 所示形式,将"要约束的几何体"分选框中"方位"选项设置为"接触",按照图 3-1-36 所示顺序分别选择上模螺钉和上模座的两个接触面。

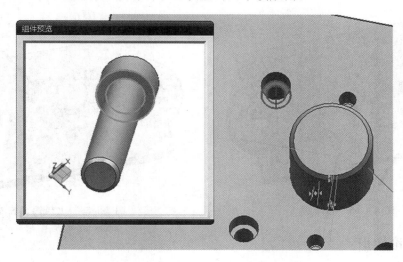

图 3-1-36　接触约束

　　将"要约束的几何体"分选框中"方位"选项设置为 ⊂自动判断中心/轴 ▼ ,按照图 3-1-37 所示顺序分别选择上模螺钉和上模座上的两个同心面,单击"装配约束"对话框中的"确定"按钮,弹出如图 3-1-28 所示的"创建组件阵列"对话框。

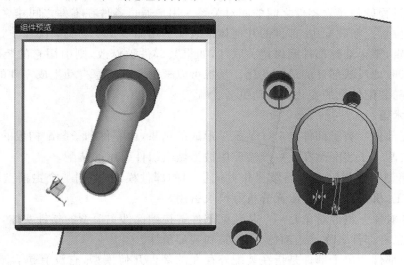

图 3-1-37　同心约束

　　选择"创建组件阵列"对话框中的"线性",单击"确定"按钮,弹出如图 3-1-29 所示的"创建线性阵列"对话框。

选择"创建线性阵列"对话框中的"边"选项,再按顺序选择如图 3-1-38 所示的边,并在"偏置－XC"中输入"70"mm;在"偏置－YC"中输入"76"mm,单击"确定"按钮,完成四个上模螺钉的装配。

重复以上方法完成另外两个上模螺钉的装配(阵列时"偏置－XC"中输入"136"mm),效果如图 3-1-39 所示。

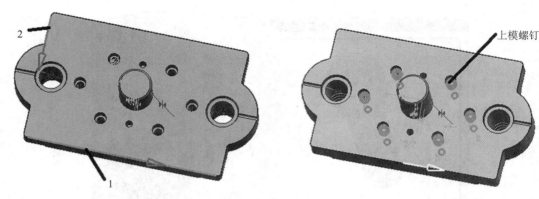

图 3-1-38　参考边　　　　　　　　　　　图 3-1-39　上模螺钉装配

四、相关理论知识

UG 的装配是将建模的各个零件进行组织和定位的一个过程。通过装配操作,系统可以形成产品的总体结构,绘制出装配图,并检查部件之间是否发生干涉等,在建模装配中用户可以参照其他的部件进行部件之间的关联设计,并对部件进行间隙和质量分析等操作。另外,用户在装配模型生成后可以将爆炸图引入到装配图中。

装配的过程就是建立零件之间的配对关系。用户通过条件在零件之间建立约束关系而确定部件的位置。在装配中,部件的几何体被装配引用而不是复制到装配图中,不管如何对部件进行编辑,整个装配部件间保持关联性,如果某部件被修改,则引用它的装配部件将会自动更新,实时地反映部件的最新变化。系统可以根据装配信息自动生成零件的明细表,明细表的内容随装配信息的变化而自动更新。

1. 相关术语

(1)装配部件　装配部件是 UG 装配后形成的结果,由零件和子装配构成的部件。

(2)子装配　子装配是在上一级装配中被当做组织件引用的装配。

(3)主模型　主模型是供后续操作共同引用的部件模型,即同一个主模型可以被工程图、装配、加工、机构分析和有限元分析等模块引用。

(4)组件对象　组件对象是一个从装配部件链接到部件主模型的指针实体,一个组件对象包含的信息有部件名称、层、颜色、引用集和装配条件。

(5)单个部件　单个部件是指在装配外存在的部件几何模型,它没有包含下级组件,但是可以添加到一个装配中去。

(6)配对条件　配对条件是组件的装配约束关系的集合,它由一个或多个约束条件组成,用户可以通过这些约束条件限制装配组成的自由度,进而确定组成的位置。

2. 装配方法

在装配过程中,可以采用自顶向下或自底向上的装配建模方法。

(1)自底向上的装配方法　自底向上装配的设计方法是我们常用的装配方法,即先设计装配中的零部件,再将零部件添加到装配中,自底向上逐步地进行装配。采用自底向上装配方法时,组件的定位方法有两种,即绝对坐标定位方法和配对定位方法。一般来说,第1个组件采用绝对坐标定位方法添加,其余组件采用配对定位方法添加。配对定位方法的优点是部件修改后,装配关系不会改变。

(2)自顶向下的装配方法　自顶向下装配的方法是指在一个部件中定义几何对象时引用其他部件的几何对象来定位装配的方法,如在一个组件中定义孔时需引用其他组件中的几何对象进行定位。当工作部件是尚未设计完的组件而显示部件是装配件时,这种方法非常有用。

本书着重介绍自底向上的装配建模方法。

3. "装配"工具条

单击"开始"按钮,选择其中"装配"选项(见图 3-1-40),完成"装配"工具条的添加(进入UG 装配模块),弹出"装配"工具条如图 3-1-41 所示。

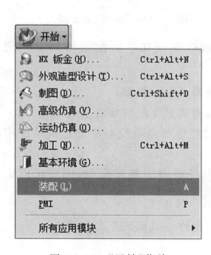

图 3-1-40　"开始"菜单

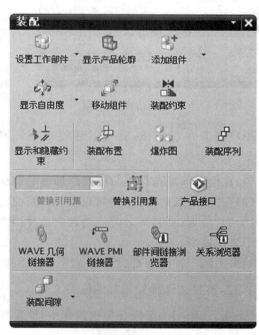

图 3-1-41　"装配"工具条

4. 添加组件

"添加组件" 按钮用于将单个装配组件或者子装配模型添加到装配模型中,并对所添加的装配组件或者子装配模型施加相应的约束,以及相应的其他操作(如阵列、复制等)。

单击"装配"工具条上的 按钮,系统将会弹出如图 3-1-42 所示的对话框(注:图中所示对话框是没有展开的情况,读者可以通过单击每一个分选框后面的  按钮得到)。

1)部件

"部件"分选框用于选择要添加的装配组件或者子装配模型(见图 3-1-43)。

图 3-1-42 "添加组件"对话框

图 3-1-43 "部件"分选框

用户单击 ▢ 按钮,就可以通过以下三种方法选择要添加的装配组件或者子装配模型:

(1)在绘图区域选择当前已经添加过的装配组件或者子装配模型;

(2)在"已加载的部件"的列表中选择当前已经添加过的装配组件或者子装配模型;

(3)在"最近访问的部件"的列表中选择当前 UG 已经打开但是没有添加过的装配组件或者子装配模型。

如果上述三种方法都无法找到所需添加的装配组件或者子装配模型,用户可以选择 ▢ 按钮,直接去选择要添加的模型文件。

"重复"选项用于选择在单次操作中,要添加的装配组件一共调入几个副本。

在添加装配组件时,需注意以下几点。

(1)在装配过程中如果调用一个与以前已经调用的文件同名的模型时,系统会出现错误,只能调出以前打开的那个文件。

(2)当生成装配模型以后,如果修改该装配模型所调用装配组件的文件名,会导致装配模型错误,以致无法打开。

2)放置

"放置"分选框用于确定装配组件的定位方式。

"定位"选项用于选择组件的定位方法,一共有 4 种定位方法:绝对原点、选择原点、通过约束、移动(见图 3-1-44)。

图 3-1-44 "放置"分选框

绝对原点:将要添加装配组件的坐标原点直接定位在装配模型中的坐标原点,使之重合。

选择原点:在装配模型中选择一个点,使之与添加装配组件的坐标原点重合。用户可以通过点捕捉功能捕捉特定的点,也可以利用点构造器直接输入点的坐标。

移动:先在装配模型中选择一个点,使之与添加装配组件的坐标原点重合;通过动态坐标系所添加的装配组件位置进行调整。

注:在装配模型中添加第一个组件的时候常使用以上 3 种方法。

通过约束:通过确定要添加组件与已经添加装配组件之间的位置关系的方法来确定要添加组件位置。具体的约束方法将在下一节进行介绍。

分散:用于将"部件"分选框"重复"选项中指定的几个同一装配组件进行分散布置。

3)复制

"复制"分选框用于确定是否要对所添加的组件进行多重添加,以及多重添加方法。多重添加的方式有 3 种:无、添加后重复、添加后生成阵列(见图 3-1-45)。

图 3-1-45 "复制"分选框

无:不进行多重添加。

添加后重复:当添加(定位)完成以后自动完成所添加组件的调入来完成同一组件的重复装配。如添加弯曲模的导柱和导套时,就可以用这种重复添加方法。

添加后生成阵列:当添加(定位)完成以后,UG 软件将会以阵列的方式来完成同一组件的重复装配。具体操作方法在下一节中介绍。

注意:

(1)如果当前选择的定位方式是绝对原点,则不能选择添加后重复选项。

(2)"复制"分选框中多重添加与"部件"分选框中的"重复"是不同的。

4)设置

"设置"分选框用于设置要添加装配组件的相关参数,如名称、图层等(见图 3-1-46)。

5)预览

"预览"分选框用于控制预览窗口的开、关(见图 3-1-47)。

图 3-1-46 "设置"分选框

图 3-1-47 "预览"分选框

操作方法:选择要添加组件→设置定位方式→设置多重添加方法→设置组件相关参数→确定,预览窗口如图 3-1-48 所示。

图 3-1-48 预览窗口

5.通过约束的方法来定位组件

"添加组件"对话框中如果定位方式选择的是"通过约束",在相应操作完成以后,单击"确定"或"应用"按钮,将会弹出如图 3-1-49 所示的"装配约束"对话框。

类型:用于设置将要施加在组件上的约束种类。具体的约束种类有:角度、中心、胶合、拟合、接触对齐、同心、距离、固定、平行、垂直。

要约束的几何体:用于选择要约束的对象以及约束子类型(注意有的约束类型没有子类型)。

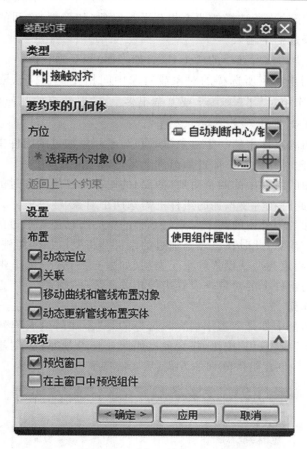

图 3-1-49　"装配约束"对话框

注：约束类型不同该对话框的形式也略有不同。

　　预览：用于选择在约束的过程中是在"组件预览"窗口中单独查看组件，还是直接在绘图区域查看组件。

　　注意：一般情况下，添加约束时在"组件预览"窗口中单独查看组件，查看约束是否正确时在绘图区域查看组件。

　　（1）接触对齐　接触对齐 是使用最频繁的一种装配约束方法，在"要约束的几何体"分选框"方位"选项里给出了 4 种子类型：首选接触 、接触 、对齐 、自动判断中心/轴 。

　　接触：所选择的两个对象（如平面）相互接触。

　　对齐：所选择的两个对象（如平面）相互对齐。

　　自动判断中心/轴：所选择的两个对象（如圆柱面）同心。

　　首选接触：根据用户所选择的对象，软件自动判断选择哪种子类型，为优先选择接触。

　　（2）平行　用于约束所选择的两个对象（如平面）相互平行。

　　（3）角度　用于约束所选择的两个对象（如平面）相互之间的夹角。角度的大小用户可以在"角度"分选框中输入。

(4) ⊩ **距离** 用于约束所选择的两个相互平行对象(如平面)之间的距离。距离的大小用户可以在"距离"分选框中输入。

(5) ⊥ **垂直** 用于约束所选择的两个对象(如平面)相互垂直。

(6) ⊪ **中心** 用于约束所选择的对象或对象中间相互重合。也是利用率比较高的一种约束方法,但其操作相对 ⊪ **接触对齐** 要复杂很多。在"要约束的几何体"分选框"子类型"选项里给出的 3 种子类型:1 对 2、2 对 1、2 对 2。

1 对 2:将要添加的组件中的一个对象(如面)与已经添加过的组件中的两个对象(如面)的中心重合。注意:此时在已经添加过的组件上需选两个对象。

2 对 1:将要添加的组件中的两个对象(如面)的中心与已经添加过的组件中的一个对象(如面)重合。注意:此时在将要添加的组件上需选两个对象。

2 对 2:将要添加的组件中的两个对象(如面)的中心与已经添加过的组件中的两个对象(如面)的中心重合。注意:此时在已经添加过的组件和将要添加的组件上都需选两个对象。

操作方法:选择约束类型→设置约束子类型(如果有的话)→选择要添加组件上的对象→选择已经添加了的组件上的对象→设置组件相关参数→"确定"。

6. 添加后生成阵列

"添加组件"对话框中如果多重添加方式选择的是"添加后生成阵列",在相应定位操作完成以后,单击"确定"或"应用"按钮,将会弹出如图 3-1-50 所示的"创建组件阵列"对话框。UG 软件一共给了 3 种创建组件阵列的方式:从实例特征、线性、圆形。

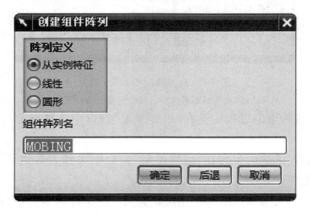

图 3-1-50 "创建组件阵列"对话框

从实例特征:调用已经添加了的组件上的实例特征中的阵列参数,来生成要添加组件的阵列。

线性:矩形阵列要添加的组件。其具体操作与 ▦ "实例特征"中矩形阵列方法相同,只不过阵列方向需人工选择。注意:先选的是 X 方向,后选的是 Y 方向(可以不选)。

圆形:圆形阵列要添加的组件。其具体操作与 ▦ "实例特征"中圆形阵列方法相同。

7. 爆炸图

爆炸图是一种装配结构表达方式,它对装配效果没有影响,目的是更直观地表达装配模型中各个部件的相互位置关系,布置在装配图中以方便识图。爆炸图是一个已经命名的视图,一个模型中可以有多个爆炸图。一旦建立了装配模型,便可以为其中的组件定义爆炸图了。当爆炸图创建好以后选择"装配"下拉菜单,在"爆炸图"中选择"隐藏爆炸图"和"显示爆炸图"选项可以分别隐藏和显示爆炸图。

单击"装配"工具条上的 按钮,系统将会弹出如图 3-1-51 所示的"爆炸图"工具条。

图 3-1-51 "爆炸图"工具条

1)新建爆炸图

该命令用于创建一个新的爆炸图,单击"爆炸图"工具条上的 按钮,系统将会弹出如图 3-1-52 所示的"新建爆炸图"对话框,输入将要创建的爆炸图的名称,单击"确定"按钮,此时图 3-1-51 中的 、 、 三个按钮将变成可选状态。

图 3-1-52 "新建爆炸图"对话框

2)自动爆炸组件

该命令用于按照组件的配对约束爆炸组件,自动地创建爆炸图。单击"爆炸图"工具条上的 按钮,系统将会弹出如图 3-1-53 所示的"类选择"对话框,选择要爆炸的组件,单击"确定"按钮,弹出如图 3-1-54 所示的对话框,在"距离"选项中输入爆炸图里部件之间的距离,单击"确定"按钮即可。

距离:用于指定自动爆炸的距离值。

添加间隙:如果关闭此选项,则指定的距离为绝对距离,即组件从当前位置移动指定的距离;如果打开此选项,自动生成一间隙偏置,指定的距离为组件相对于配对组件移动的相对距离。

注意:自动爆炸只能爆炸具有配对条件的组件,组件的配对条件决定了自动爆炸的结果。

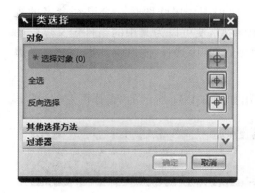

图 3-1-53 "类选择"对话框

图 3-1-54 "自动爆炸组件"对话框

3)编辑爆炸图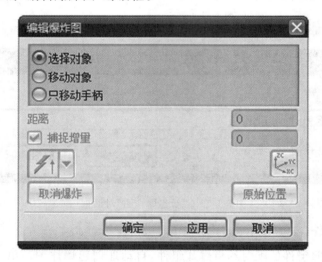

该命令用于对所创建的爆炸图进行编辑。单击"爆炸图"工具条上的 按钮,系统弹出如图 3-1-55 所示的"编辑爆炸图"对话框。

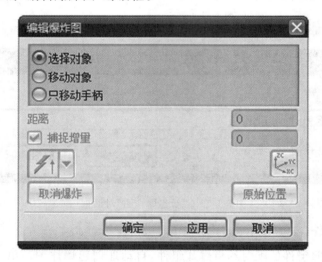

图 3-1-55 "编辑爆炸图"对话框

选择对象:用于选择要编辑的对象。

移动对象:用于移动所选择的对象。可以通过拖动如图 3-1-56 所示的坐标系来移动所选择的对象。注:拖动坐标系箭头是按该方向移动;拖动坐标系上圆点是按所对应的坐标旋转;拖动坐标系中间方块是平移。

只移动手柄:用于移动坐标系,方法同上,只是组件不随坐标系移动。

注意:选择对象、移动对象、只移动手柄三个选项需要手动切换。

4)取消爆炸组件

该命令用于将所选组件恢复到未爆炸的位置。

操作步骤:选择要取消爆炸的组件→确定。

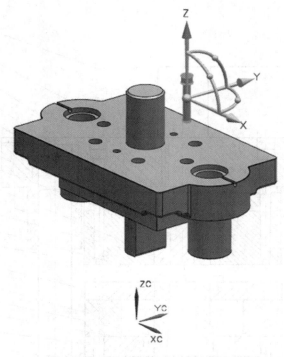

图 3-1-56　移动对象坐标系

5)删除爆炸图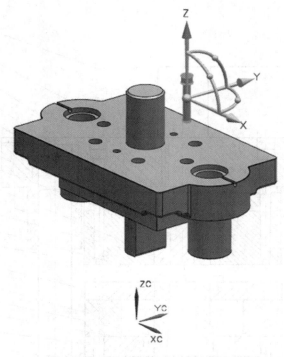

该命令用于删除所选的爆炸图。

操作步骤:选择要删除的爆炸图→确定。

五、相关练习

(1)完成弯曲模下模的装配。

弯曲模下模的装配方法与上模的装配方法基本相似,读者可以根据随书光盘中的视频自己独立完成。

(2)完成整体弯曲模装配。

任务二　冲孔落料复合模装配图的建立

一、教学目标

(1)掌握 UG 软件装配的基本概念。

(2)掌握添加装配组件操作。

二、工作任务

完成如图 3-2-1 所示的复合模的装配。

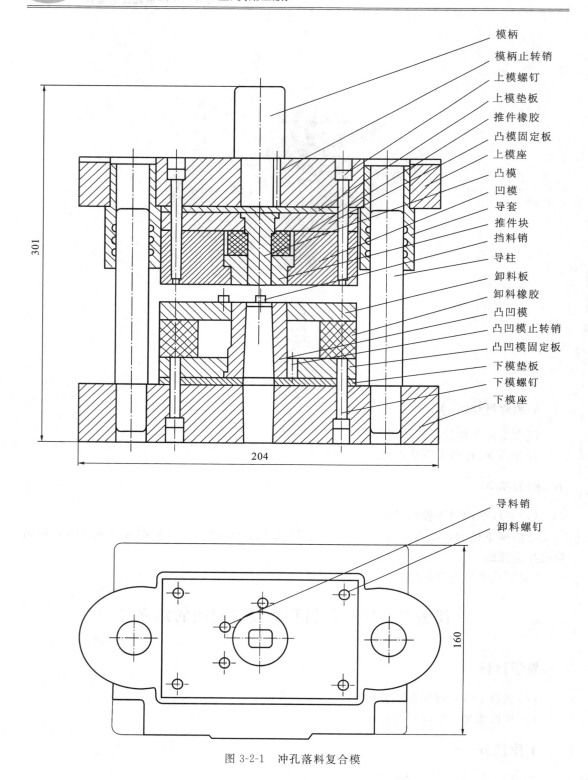

模柄
模柄止转销
上模螺钉
上模垫板
推件橡胶
凸模固定板
上模座
凸模
凹模
导套
推件块
挡料销
导柱
卸料板
卸料橡胶
凸凹模
凸凹模止转销
凸凹模固定板
下模垫板
下模螺钉
下模座

301
204

导料销
卸料螺钉

160

图 3-2-1　冲孔落料复合模

三、相关实践知识

冲孔落料复合模上模装配。

1. 建立新文件

打开 UG 软件，单击"新建" 按钮，建立"shangmo_asm. prt"文件，并单击"确定"按钮完成新文件的建立（见图 3-2-2）。

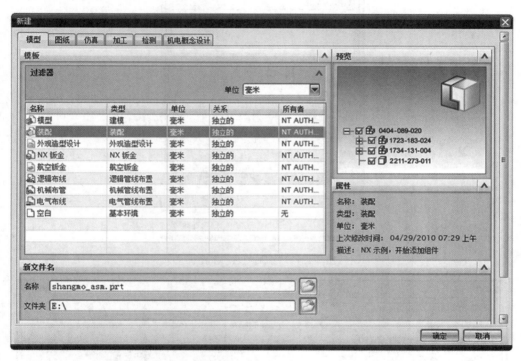

图 3-2-2　"新建"对话框

2. 添加"装配"工具条

单击"开始"按钮，选择"装配"，完成"装配"工具条的添加（进入 UG 装配模块），弹出"装配"工具条如图 3-2-3 所示。

图 3-2-3　"装配"工具条

3. 冲孔落料复合模组件上模座的装配

单击"装配"工具条上的"添加组件" 按钮，弹出如图 3-2-4 所示的"添加组件"对话框。单击"部件"分选框中的"打开"按钮，弹出与"文件"→"打开"命令相同的对话框（见图 3-2-5）。

图 3-2-4 "添加组件"对话框

图 3-2-5 打开组件

选择 chongkongluoliao 文件夹中的 shangmozuo. prt 文件,单击对话框中的"OK"按钮,完成装配组件上模座的加载,并弹出如图 3-2-6 所示的"组件预览"窗口(注:在该窗口中相应操作鼠标中键,可以实现要添加的组件视图的放大、缩小以及旋转,具体的操作方法与绘图区域内模型视图的放大、缩小以及旋转相同,但操作时鼠标光标必须在"组件预览"窗口内)。

将"添加组件"对话框中"放置"分选框中的"定位"设置为"绝对原点",并按照图 3-2-4 设置"复制"和设置分选框,单击"添加组件"对话框中的"确定"按钮完成上模座的装配,效果如图 3-2-7 所示。

图 3-2-6 预览窗口

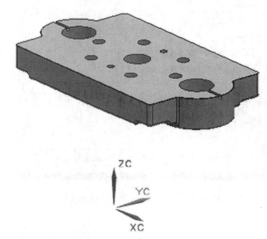

图 3-2-7 上模座

4. 冲孔落料复合模组件模柄的装配

单击"装配"工具条上的"添加组件" ![icon] 按钮,在弹出的"添加组件"对话框中,单击"部件"分选框中的"打开"按钮,选择 chongkongluoliao 文件夹中的 mobing. prt 文件,单击对话框中的"OK"按钮,完成装配组件模柄的加载。

将"放置"分选框中的"定位"设置为"通过约束",单击"添加组件"对话框中的"确定"按钮,弹出如图 3-2-8 所示的"装配约束"对话框。

将"装配约束"对话框的"类型"分选框中的选项设置为"接触对齐","装配约束"对话框变为图 3-2-9 所示形式。将"类型"分选框中的"要约束的几何体"分选框中"方位"选项设置为"接触",按照图 3-2-10 所示顺序分别选择模柄和上模座上的两个接触面。

将"要约束的几何体"分选框中"方位"选项设置为 [自动判断中心/轴],按照图 3-2-11 所示顺序分别选择模柄和上模座上的两个同心面。

按照图 3-2-12 所示顺序分别选择模柄和上模座上的两个同心面。单击"装配约束"对话框中的"确定"按钮完成模柄的装配,效果如图 3-2-13 所示。

图 3-2-8 "装配约束"对话框(1)

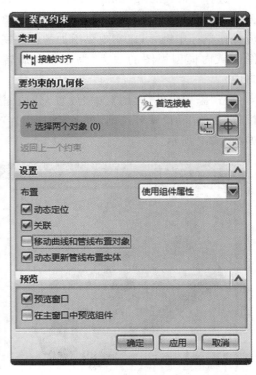

图 3-2-9 "装配约束"对话框(2)

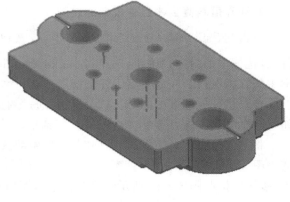

图 3-2-10 接触约束

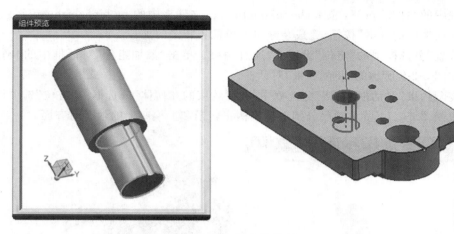

图 3-2-11 同心约束(1)

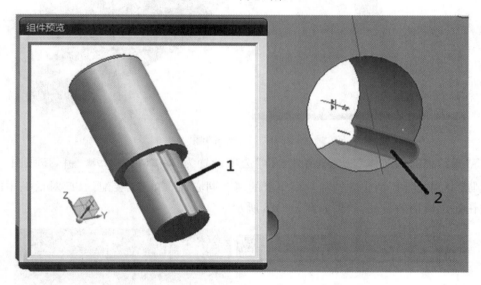

图 3-2-12 同心约束(2)

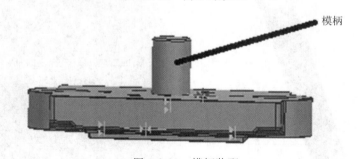

图 3-2-13 模柄装配

5.冲孔落料复合模组件模柄止转销的装配

单击"装配"工具条上的"添加组件" 按钮,在弹出的"添加组件"对话框中,单击"部件"分选框中的"打开"按钮,选择 chongkongluoliao 文件夹中的 mobingzhizhuanxiao.prt 文件,单击对话框中的"OK"按钮,完成装配组件模柄止转销的加载。

将"放置"分选框中的"定位"设置为"通过约束",单击"添加组件"对话框中的"确定"按钮,弹出如图 3-2-9 所示的"装配约束"对话框。

将"装配约束"对话框"类型"分选框中的"要约束的几何体"分选框中"方位"选项设置为"对齐",按照图 3-2-14 所示顺序分别选择模柄止转销和上模座上的两个对齐面。

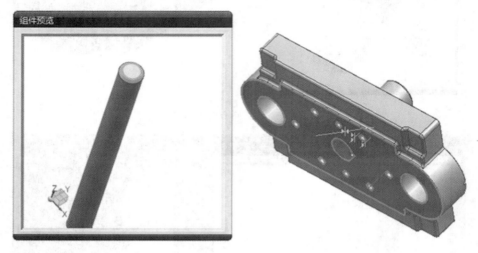

图 3-2-14　对齐约束

将"要约束的几何体"分选框中"方位"选项设置为 自动判断中心/轴 ,按照图 3-2-15 所示顺序分别选择模柄止转销和上模座上的两个同心面。单击"装配约束"对话框中的"确定"按钮完成模柄的装配,效果如图 3-2-16 所示。

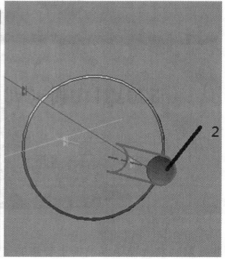

图 3-2-15　同心约束

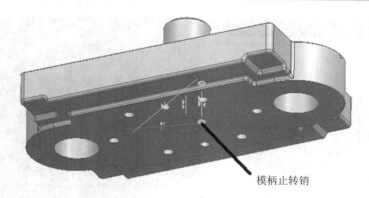

模柄止转销

图 3-2-16　模柄止转销装配

6.冲孔落料复合模组件上模垫板的装配

单击"装配"工具条上的"添加组件" 按钮,在弹出的"添加组件"对话框中,单击"部件"分选框中的"打开"按钮,选择 chongkongluoliao 文件夹中的 shangmodianban.prt 文件,单击对话框中的"OK"按钮,完成装配组件上模垫板的加载。将"放置"分选框中的"定位"设置为"通过约束",单击"添加组件"对话框中的"确定"按钮,弹出如图 3-2-9 所示的"装配约束"对话框。

将"类型"分选框中的"要约束的几何体"分选框中"方位"选项设置为"接触",按照图 3-2-17所示顺序分别选择垫板和上模座上的两个接触面。

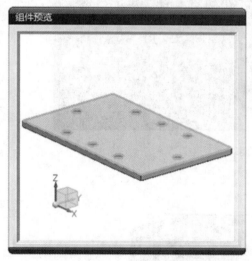
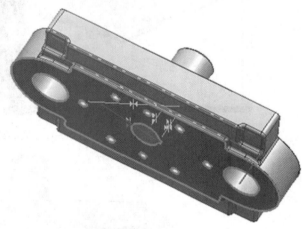

图 3-2-17　接触约束

将"要约束的几何体"分选框中"方位"选项设置为 `自动判断中心/轴`,按照图 3-2-18 所示顺序分别选择垫板和上模座上的两个同心面。

接着按照图 3-2-19 所示分别选择垫板和上模座上的另两个同心面,单击"装配约束"对话框中的"确定"按钮,完成上模垫板的装配,效果如图 3-2-20 所示。

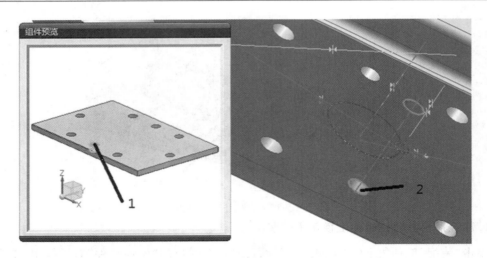

图 3-2-18　同心约束(1)

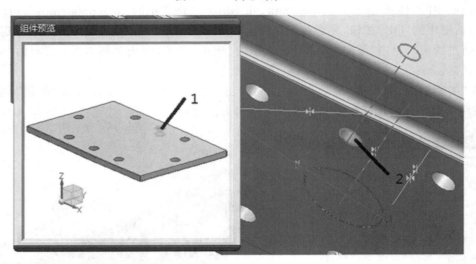

图 3-2-19　同心约束(2)

图 3-2-20　上模垫板装配

7. 冲孔落料复合模组件凸模固定板的装配

单击"装配"工具条上的"添加组件" 按钮,在弹出的"添加组件"对话框中,单击"部件"分选框中的"打开"按钮,选择 chongkongluoliao 文件夹中的 tumogudingban.prt 文件,
单击"打开"对话框中的"OK"按钮,完成装配组件凸模固定板的加载。

将"放置"分选框中的"定位"设置为"通过约束",单击"添加组件"对话框中的"确定"按
钮,弹出如图 3-2-9 所示的"装配约束"对话框。

将"类型"分选框中的"要约束的几何体"分选框中"方位"选项设置为"接触",按照图
3-2-21 所示顺序分别选择凸模固定板和垫板上的两个接触面。

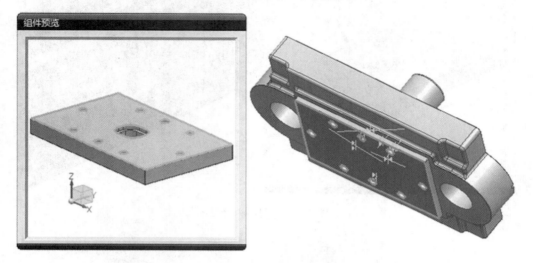

图 3-2-21　接触约束

将"要约束的几何体"分选框中"方位"选项设置为 　自动判断中心/轴 ，按照图 3-2-22
所示顺序分别选择凸模固定板和垫板上的两个同心面。

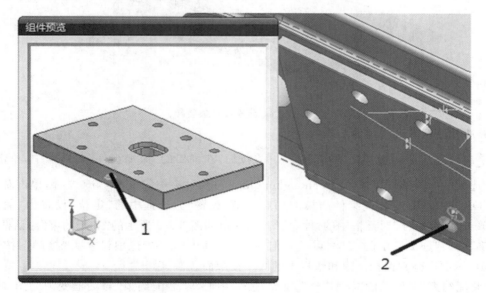

图 3-2-22　同心约束(1)

接着按照图 3-2-23 所示分别选择凸模固定板和垫板上的另两个同心面,单击"装配约束"对话框中的"确定"按钮,完成凸模固定板的装配,效果如图 3-2-24 所示。

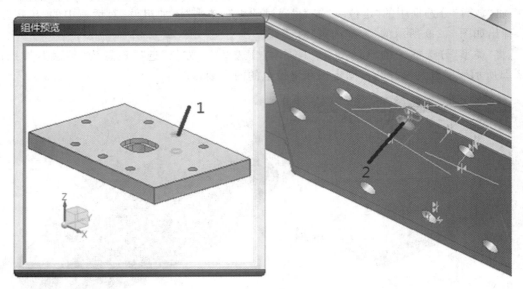

图 3-2-23　同心约束(2)

图 3-2-24　凸模固定板装配

8. 冲孔落料复合模组件凸模的装配

单击"装配"工具条上的"添加组件" 按钮,在弹出的"添加组件"对话框中,单击"部件"分选框中的"打开"按钮,选择 chongkongluoliao 文件夹中的 tumo.prt 文件,单击对话框中的"OK"按钮,完成装配组件凸模的加载。将"放置"分选框中的"定位"设置为"通过约束",单击"添加组件"对话框中的"确定"按钮,弹出如图 3-2-9 所示的"装配约束"对话框。

将"类型"分选框中的"要约束的几何体"分选框中"定位"选项设置为"接触",按照图 3-2-25所示顺序分别选择凸模和垫板上的两个接触面。

"装配约束"对话框的"类型"分选框设置为"中心","装配约束"对话框变为如图 3-2-26所示。

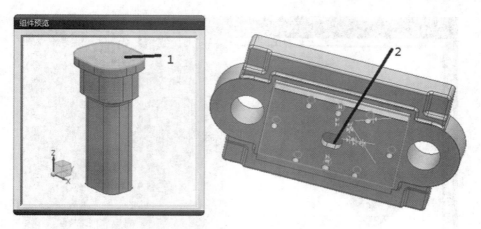

图 3-2-25 接触约束

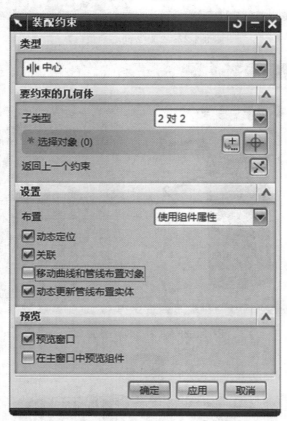

图 3-2-26 "装配约束"对话框

　　将"要约束的几何体"分选框中"子类型"选项设置为"2 对 2",按照图 3-2-27 所示顺序分别选择凸模和凸模固定板上的各两组相对面。

　　接着按照图 3-2-28 所示选择凸模和凸模固定板上的各两组相对面,单击"装配约束"对话框中的"确定"按钮,完成凸模的装配,效果如图 3-2-29 所示。

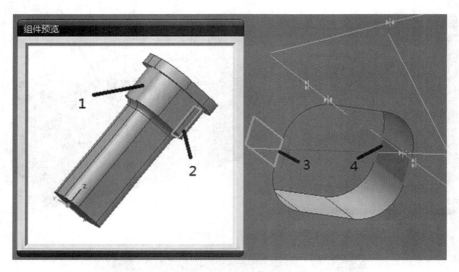

图 3-2-27　2 对 2 同心约束(1)

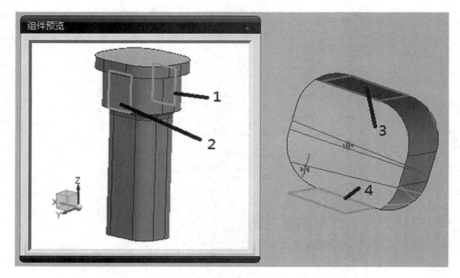

图 3-2-28　2 对 2 同心约束(2)

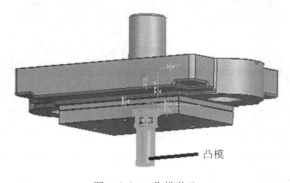

图 3-2-29　凸模装配

9. 冲孔落料复合模组件推件块橡胶的装配

单击"装配"工具条上的"添加组件" 按钮,在弹出的"添加组件"对话框中,单击"部件"分选框中的"打开"按钮,选择 chongkongluoliao 文件夹中的 tuijianxiangjiao. prt 文件,单击对话框中的"OK"按钮,完成装配组件推件块橡胶的加载。将"放置"分选框中的"定位"设置为"通过约束",单击"添加组件"对话框中的"确定"按钮,弹出如图 3-2-26 所示的"装配约束"对话框。

将"装配约束"对话框的"类型"分选框设置为"接触对齐","装配约束"对话框变为如图 3-2-9 所示。

将"类型"分选框中的"要约束的几何体"分选框中"方位"选项设置为"接触",按照图 3-2-30所示顺序分别选择推件块橡胶和凸模固定板上的两个接触面。

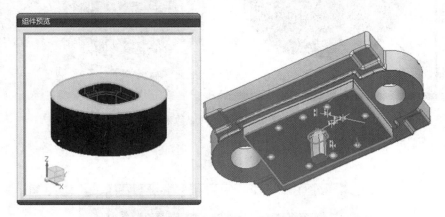

图 3-2-30 接触约束

"装配约束"对话框的"类型"分选框设置为"中心","装配约束"对话框变为如图 3-2-26 所示。将"要约束的几何体"分选框中"子类型"选项设置为"2 对 2",按照图 3-2-31 所示顺序分别选择推件块橡胶和凸模的各两组相对面。

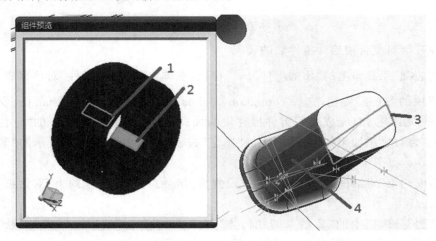

图 3-2-31 2 对 2 同心约束(1)

接着按照图 3-2-32 所示选择推件块橡胶和凸模上的各两组相对面,单击"装配约束"对话框中的"确定"按钮,完成推件块橡胶的装配,效果如图 3-2-33 所示。

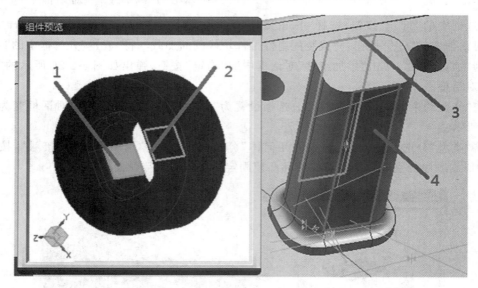

图 3-2-32　2 对 2 同心约束(2)

图 3-2-33　推件块橡胶装配

10.冲孔落料复合模组件推件块的装配

单击"装配"工具条上的"添加组件" 按钮,在弹出的"添加组件"对话框中,单击"部件"分选框中的"打开"按钮,选择 chongkongluoliao 文件夹中的 tuijiankuai.prt 文件,单击对话框中的"OK"按钮,完成装配组件推件块的加载。将"放置"分选框中的"定位"设置为"通过约束",单击"添加组件"对话框中的"确定"按钮,弹出如图 3-2-26 所示的"装配约束"对话框。

将"装配约束"对话框的"类型"分选框设置为"接触对齐","装配约束"对话框变成如图3-2-9 所示。

将"类型"分选框中的"要约束的几何体"分选框中"方位"选项设置为"接触",按照图3-2-34所示顺序分别选择推件块和推件块橡胶上的两个接触面。

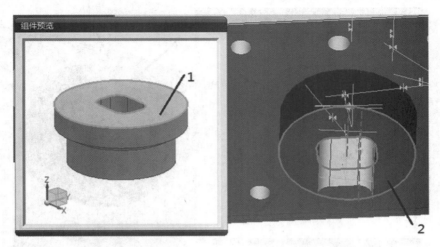

图 3-2-34　接触约束

　　"装配约束"对话框的"类型"分选框设置为"中心"，"装配约束"对话框变为如图 3-2-26 所示。将"要约束的几何体"分选框中"子类型"选项设置为"2 对 2"，按照图 3-2-35 所示顺序分别选择推件块和凸模的各两组相对面。

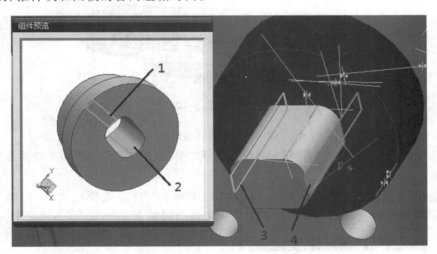

图 3-2-35　2 对 2 同心约束

　　接着按照图 3-2-36 所示选择推件块和凸模的各两组相对面，单击"装配约束"对话框中的"确定"按钮，完成推件块的装配，效果如图 3-2-37 所示。

11. 冲孔落料复合模组件凹模的装配

　　单击"装配"工具条上的"添加组件" 按钮，在弹出的"添加组件"对话框中，单击"部件"分选框中的"打开"按钮，选择 chongkongluoliao 文件夹中的 aomo. prt 文件，单击对话框中的"OK"按钮，完成装配组件凹模的加载。将"放置"分选框中的"定位"设置为"通过约束"，单击"添加组件"对话框中的"确定"按钮，弹出如图 3-2-26 所示的"装配约束"对话框。

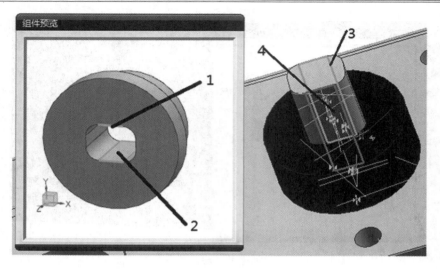

图 3-2-36 2 对 2 同心约束

图 3-2-37 推件块装配

将"装配约束"对话框的"类型"分选框设置为"接触对齐","装配约束"对话框变为如图
3-2-9 所示。

将"类型"分选框中的"要约束的几何体"分选框中"方位"选项设置为"接触",按照图
3-2-38所示顺序分别选择凹模和凸模固定板上的两个接触面。

图 3-2-38 接触约束

将"要约束的几何体"分选框中"方位"选项设置为 [自动判断中心/轴 ▼]，按照图 3-2-39 所示顺序分别选择凹模和凸模固定板的两个同心面。

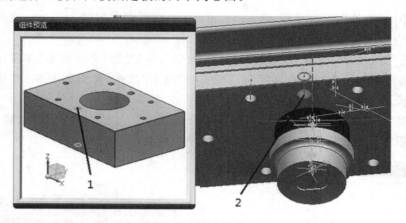

图 3-2-39 同心约束(1)

接着按照图 3-2-40 所示分别选择凸模固定板和垫板上的另两个同心面，单击"装配约束"对话框中的"确定"按钮，完成凸模固定板的装配，效果如图 3-2-41 所示。

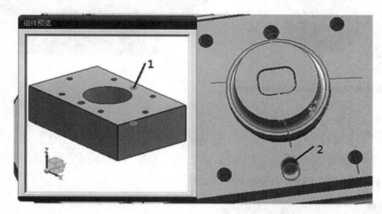

图 3-2-40 同心约束(2)

图 3-2-41 装配效果

12. 冲孔落料复合模组件导套的装配

单击"装配"工具条上的"添加组件" ![按钮] 按钮,在弹出的"添加组件"对话框中,单击"部件"分选框中的"打开"按钮,选择 chongkongluoliao 文件夹中的 daotao.prt 文件,单击对话框中的"OK"按钮,完成装配组件导套的加载。

将"放置"分选框中的"定位"设置为"通过约束";将"复制"分选框中"多重添加"设置为"添加后生成阵列",单击"添加组件"对话框中的"确定"按钮,弹出如图 3-2-9 所示的"装配约束"对话框。

将"类型"分选框中的"要约束的几何体"分选框中"方位"选项设置为"接触",按照图 3-2-42所示顺序分别选择导套和上模座上的两个接触面。

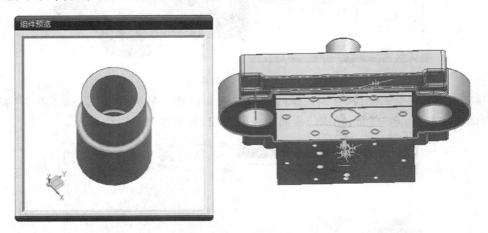

图 3-2-42　接触约束

将"要约束的几何体"分选框中"方位"选项设置为 ![自动判断中心/轴] ,按照图 3-2-43 所示顺序分别选择导套和上模座上的两个同心面,单击"装配约束"对话框中的"确定"按钮,弹出如图 3-2-44 所示的"创建组件阵列"对话框。

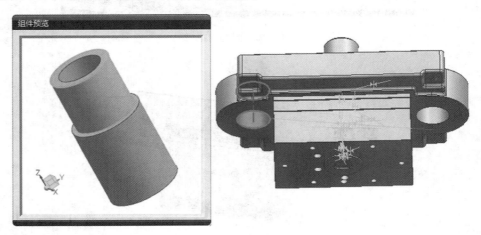

图 3-2-43　同心约束

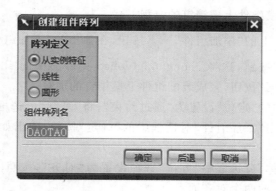

图 3-2-44 "创建组件阵列"对话框

选择"创建组件阵列"对话框中的"线性"，单击"确定"，弹出如图 3-2-45 所示的"创建线性阵列"对话框。

图 3-2-45 "创建线性阵列"对话框

选择"创建线性阵列"对话框中的"边"，再选择如图 3-2-46 所示的边，并在"偏置－XC"中输入"－208.5"mm（装配过程中如果不知道尺寸，可以用测量命令），单击"确定"按钮，完成两个导套的装配，效果如图 3-2-47 所示。

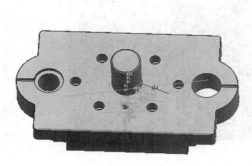

图 3-2-46 参考边

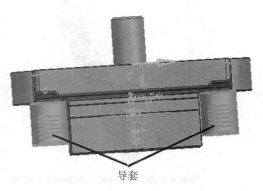

图 3-2-47 导套装配

13. 冲孔落料复合模组件上模销钉的装配

单击"装配"工具条上的"添加组件" 按钮,在弹出的"添加组件"对话框中,单击"部件"分选框中的"打开"按钮,选择 chongkongluoliao 文件夹中的 shangmoxiaoding. prt 文件,单击对话框中的"OK"按钮,完成装配组件上模销钉的加载。

将"放置"分选框中的"定位"设置为"通过约束";将"复制"分选框中"多重添加"设置为"添加后生成阵列",单击"添加组件"对话框中的"确定"按钮,弹出如图 3-2-9 所示的"装配约束"对话框。

将"要约束的几何体"分选框中"方位"选项设置为"对齐",按照图3-2-48所示顺序分别选择上模销钉和凹模上的两个对齐面。

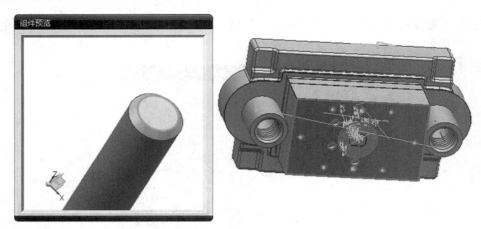

图 3-2-48 对齐约束

将"要约束的几何体"分选框中"方位"选项设置为 ⊨ 自动判断中心/轴 ▾ ,按照图 3-2-49 所示顺序分别选择上模销钉和凹模上的两个同心面,单击"装配约束"对话框中的"确定",弹出如图 3-2-44 所示的"创建组件阵列"对话框。

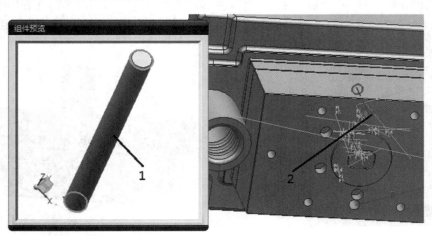

图 3-2-49 同心约束

选择"创建组件阵列"对话框中的"线性",单击"确定"按钮,弹出如图 3-2-45 所示的"创建线性阵列"对话框。

选择"创建线性阵列"对话框中的"边",再选择如图 3-2-50 所示的边,并在"偏置－XC"中输入"76"mm(装配过程中如果不知道尺寸,可以用"测量"命令),单击"确定"按钮,完成两个导套的装配,效果如图 3-2-51 所示。

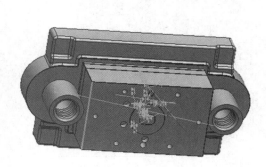

图 3-2-50 参考边

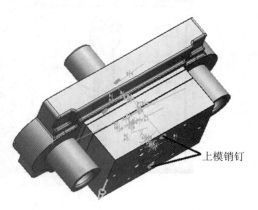

图 3-2-51 上模销钉装配

14. 冲孔落料复合模组件上模螺钉的装配

单击"装配"工具条上的"添加组件"![按钮]按钮,在弹出的"添加组件"对话框中,单击"部件"分选框中的"打开"按钮,选择 chongkongluoliao 文件夹中的 shangmoluoding. prt 文件,单击对话框中的"OK"按钮,完成装配组件上模螺钉的加载。

将"放置"分选框中的"定位"设置为"通过约束",将"复制"分选框中"多重添加"设置为"添加后生成阵列",单击"添加组件"对话框中的"确定"按钮,弹出如图 3-2-9 所示的"装配约束"对话框。

将"要约束的几何体"分选框中"方位"选项设置为"接触",按照图 3-2-52 所示顺序分别选择上模螺钉和上模座上的两个接触面。

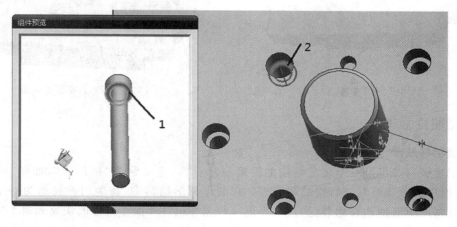

图 3-2-52 接触约束

将"要约束的几何体"分选框中"方位"选项设置为 ⬛ 自动判断中心/轴 ▾ ,按照图 3-2-53 所示顺序分别选择上模螺钉和凹模上的两个同心面,单击"装配约束"对话框中的"确定"按钮,弹出如图 3-2-44 所示的"创建组件阵列"对话框。

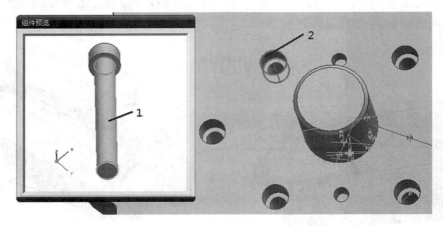

图 3-2-53 同心约束

选择"创建组件阵列"对话框中的"线性",单击"确定"按钮,弹出如图 3-2-45 所示的"创建线性阵列"对话框。

选择"创建线性阵列"对话框中的"边",再选择如图 3-2-54 所示的两条边,并在"偏置－XC"中输入"70"mm,在"偏置－YC"中输入"76"mm(装配过程中如果不知道尺寸,可以用"测量"命令),单击"确定"按钮,完成四个上模螺钉的装配。利用相同的方法可以完成另外两个上模螺钉的装配(阵列距离为"136"mm),最终效果如图 3-2-55 所示。

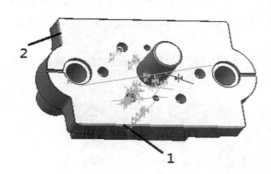

图 3-2-54 参考边

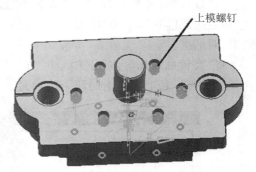

图 3-2-55 上模螺钉装配

四、相关理论知识

1. 装配导航器

装配导航器提供了一个装配结构的图形显示界面,也被称为"树形表",如图 3-2-56 所示,可用拖曳的方式对其进行摆放和调控。在装配树形结构中,每个组件显示为一个节点,装配导航器能更清楚地表达装配关系,提供一种选择组件和操作组件的快速而简单的方法。单击导航条上 🔣 的按钮即可进入装配导航器。

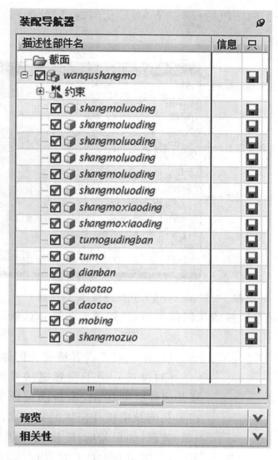

图 3-2-56 装配导航器

装配树形结构中,每个组件显示为一个节点。每个节点由检查框、图标、部件名及其他列组成。

图标: ▦ 表示单个部件; ▦ 表示该组件是个子装配,里面还有自己的组件。

检查框:用于关闭和加载所选组件。单击 ☑ 即可完成组件的关闭和加载。

压缩展开关:用于显示或隐藏子项目,"＋"表示压缩,"－"表示展开,操作时直接单击"＋"或"－"即可。

在装配导航器中选择某个组件,单击鼠标右键可对所选项目进行相应操作。

2. WAVE 几何链接器

WAVE 几何链接器用于在装配环境中链接复制其他部件的几何对象到当前的工作部件。被链接的几何对象与原来的几何体之间保持相互关联,如果原来的几何体发生变化,被链接的工作部件的几何对象会随之自动更新。可用于链接的几何类型包括:点、线、草图、基准、面和体。这些被链到工作部件的几何对象以特征的形式存在,可以用于建立和定义新特征。

单击"装配"工具条上的按钮的 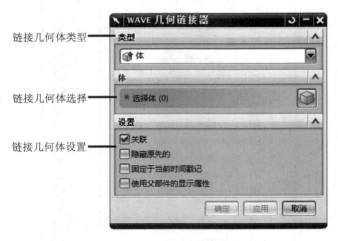 "WAVE 几何链接器"按钮,弹出如图 3-2-57 所示的"WAVE 几何链接器"对话框。

链接几何体类型

链接几何体选择

链接几何体设置

图 3-2-57 "WAVE 几何链接器"对话框

(1)类型 用于选择要链接的几何体类型,几何类型包括:点、线、草图、基准、面和体,如图 3-2-58 所示。

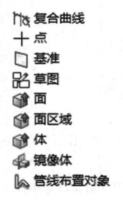

图 3-2-58 链接几何体类型

(2)体 用于设置链接几何体的选择方法。

(3)设置 用于设置链接几何体相关属性,包括链接几何体时间标记、是否隐藏原有几何体、是否建立非相关几何及链接几何体的显示属性。

关联:如果勾选,链接几何体与原几何体关联;如果不勾选,链接几何体与原几何体不关联。

隐藏原先的:如果勾选,将隐藏原有几何体。

固定于当前时间戳记:如果不勾选,所链接几何体将放置在已存在部件的后面。

使用父部件的显示属性:如果勾选,将引用链接几何体原有的显示属性。

五、相关练习

1.装配冲孔落料复合模下模,装配顺序如下:

(1)冲孔落料复合模组件下模座的装配;

(2)冲孔落料复合模组件下模垫板的装配;

(3)冲孔落料复合模组件凸凹模固定板的装配;

(4)冲孔落料复合模组件凸凹模的装配;

(5)冲孔落料复合模组件凸凹模止转销的装配;

(6)冲孔落料复合模组件卸料橡胶的装配;

(7)冲孔落料复合模组件卸料板的装配;

（8）冲孔落料复合模组件挡料销的装配；

（9）冲孔落料复合模组件导料销的装配；

（10）冲孔落料复合模组件导柱的装配；

（11）冲孔落料复合模组件下模销钉的装配；

（12）冲孔落料复合模组件下模螺钉的装配。

2.完成光盘中模型的装配。

项目四　电源开关按钮注塑模具设计

任务一　电源开关按钮注塑模具设计

一、教学目标

(1)了解点浇口双分型面注射模具结构。
(2)掌握 UG NX 8.0 注塑模具设计基本流程。
(3)掌握"注塑模向导"模块的基本功能。

二、工作任务

正确分析如图 4-1-1 所示电源开关按钮的结构,设计正确的点浇口双分型面注塑模具结构,在 UG 注塑模设计模块中完成该产品的成形零件设计、浇注系统设计、顶出系统设计、冷却系统设计、定位系统设计,最终完成该产品的注塑模具三维装配图。

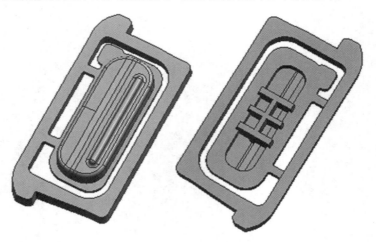

图 4-1-1　电源开关按钮三维立体图

三、相关实践知识

(一)创建模具文件与模具布局

1. 加载产品并初始化

(1)打开"knob_power. prt"文件,进入 UG NX 8.0 的建模模块,然后在"标准"工具栏上选择"开始"→"所有应用模块"→"注塑模向导"命令,打开"注塑模向导"工具栏,如图 4-1-2 所示。

图 4-1-2　"注塑模向导"工具栏

(2)在"注塑模向导"工具栏中,单击"初始化项目"  按钮,弹出"初始化项目"对话框,如图 4-1-3 所示,进行相关设置后,单击"确定"按钮,完成项目初始化后,载入的产品如图 4-1-4 所示。

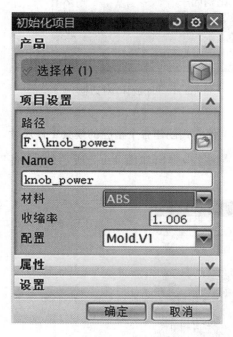

图 4-1-3　"初始化项目"对话框图

图 4-1-4　项目初始化后载入的产品

2. 定位模具坐标系

(1)在"注塑模向导"工具栏中,单击"模具 CSYS" 按钮,系统弹出如图 4-1-5 所示的"模具 CSYS"对话框。

(2)选择"当前 WCS"选项,单击"确定"按钮,系统完成模具坐标系的设置。

3. 设置收缩率

(1)在"注塑模向导"工具栏中,单击"收缩率" 按钮,系统弹出如图 4-1-6 所示的"缩放体"对话框。

(2)在"缩放体"对话框中,按如图 4-1-6 所示进行设置,单击对话框中的"确定"按钮,系统完成模具收缩率的设置。

图 4-1-5 "模具 CSYS"对话框   图 4-1-6 "缩放体"对话框

4. 创建自动工件

此产品模具采用一模两腔的布局形式,通过自动工件方式创建各个型腔的模具工件尺寸。

(1)在"注塑模向导"工具栏中,单击"工件" ⬥ 按钮,弹出如图 4-1-7 所示的"工件"对话框。

图 4-1-7 "工件"对话框

（2）在"工件"对话框中，在"类型"下拉列表中选择"产品工件"，在"工件方法"下拉列表中选择"用户定义的块"，在"尺寸"选项中，单击"绘制截面"![按钮图标]按钮，进入草绘环境。设置草绘尺寸为常量，并修改产品最大轮廓至模具工件边缘的尺寸值，如图 4-1-8 所示。单击![完成草图按钮]按钮，完成模具工件草图。

（3）在"工件"对话框中，设置"尺寸"选项中"开始"、"结束"尺寸值如图 4-1-7 所示。

（4）单击"确定"按钮，完成模具工件的创建。

5. 设置模具布局

（1）在"注塑模向导"工具栏中，单击"型腔布局"![按钮图标]按钮，系统弹出如图 4-1-9 所示的"型腔布局"对话框。

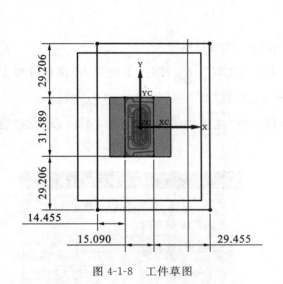

图 4-1-8　工件草图

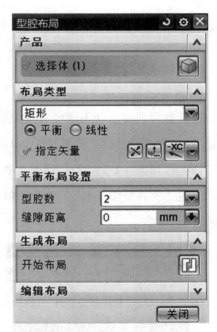

图 4-1-9　"型腔布局"对话框

（2）在"指定矢量"中选择"－XC"方向为布局方向，具体如图 4-1-10 箭头方向所示。

（3）设置布局类型为"矩形"，"平衡"布局，型腔数为"2"，"缝隙距离"为"0"，如图 4-1-9 所示。

（4）单击"生成布局"选项中的"开始布局"![按钮图标]按钮，系统根据设定的参数自动布局为一模两腔。

（5）单击"编辑布局"选项中的"自动对准中心"![按钮图标]按钮，系统自动将工件与模型相对坐标系对中。

（6）单击"型腔布局"对话框中的"关闭"按钮，完成型腔布局。

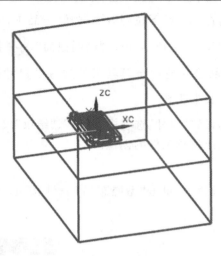

图 4-1-10　型腔布局方向

(二)拆分型腔、型芯

1. 设置分型区域

在分型管理器中利用颜色对相关动定模型腔区域进行区分。

(1)在"注塑模向导"工具栏中,单击"模具分型工具" 按钮,系统弹出"模具分型工具"工具条,如图 4-1-11 所示,同时也弹出"分型导航器"对话框,如图 4-1-12 所示。

(2)在"模具分型工具"工具条中单击"区域分析" 按钮,弹出如图 4-1-13 所示的"检查区域"对话框。

图 4-1-11　"模具分型工具"工具条

图 4-1-12　"分型导航器"对话框

图 4-1-13　"检查区域"对话框

（3）按系统默认设置不变，单击"检查区域"对话框中的"计算"界面中的"计算"按钮，单击"应用"按钮。单击"检查区域"对话框中"区域"按钮，弹出如图4-1-14所示的"区域"选项卡界面，显示出型腔区域、型芯区域以及未定义的区域等相关参数信息。

（4）在"区域"选项卡中，单击"设置区域颜色"按钮，系统按默认设置的颜色分别在型腔区域、型芯区域、未定义的区域中着色，如图4-1-15所示。

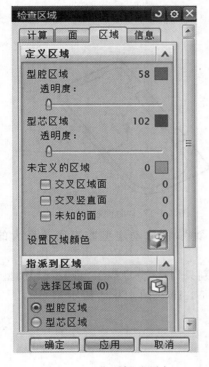

图4-1-14　"区域"选项卡

图4-1-15　设置区域颜色后的零件

（5）单击"确定"按钮，退出"检查区域"对话框。

2. 创建曲面补片

在零件顶部有通孔，通孔特征留在动模侧，要创建内部曲面补片。

（1）单击"模具分型工具"工具条中"曲面补片" ◇ 按钮，系统弹出如图4-1-16所示的"边缘修补"对话框。

（2）"类型"中选择"体"，然后单击选择零件，单击"确定"按钮，系统自动对孔进行修补，创建如图4-1-17所示的曲面补片。

3. 抽取分型线及动定模型腔表面

在分型管理器中利用抽取区域和分型线工具创建出模具分型线及动定模型腔表面。

（1）单击"模具分型工具"工具条中"定义区域" ▲ 按钮，系统弹出如图4-1-18所示的"定义区域"对话框。

（2）勾选"创建区域"和"创建分型线"两个复选框，如图4-1-18所示。

图 4-1-16 "边缘修补"对话框   图 4-1-17 曲面补片

(3)单击"确定"按钮,系统以 MPV 区域颜色为参照,抽取动定型腔表面及最大的分型线。

(4)在"分型管理器"对话框的"分型导航器"中分别只勾选"分型线"、"型腔"以及"型芯"复选框,系统将分别显示分型线、型腔以及型芯,如图 4-1-19 至图 4-1-21 所示。

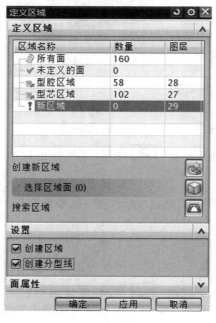

图 4-1-18 "定义区域"对话框   图 4-1-19 分型线

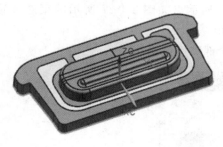
图 4-1-20 型腔表面

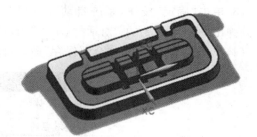
图 4-1-21 型芯表面

4. 创建分型面

(1)单击"模具分型工具"工具条中"设计分型面"  按钮,弹出如图 4-1-22 所示的"设计分型面"对话框。

(2)鼠标左键压住调节球向外拖曳,使分型面大于工件尺寸,如图 4-1-23 所示,单击"确定"按钮。

图 4-1-22 "设计分型面"对话框

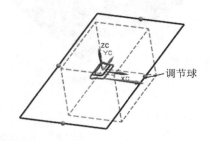
图 4-1-23 创建分型面

5. 创建型腔和型芯

(1)单击"模具分型工具"工具条中的"创建型腔和型芯" 按钮,系统弹出如图4-1-24所示的"定义型腔和型芯"对话框。

(2)在"区域名称"一栏选择"所有区域",按系统默认设置不变,单击"确定"按钮。系统自动计算型腔零件,显示出如图 4-1-25 所示的型腔预览状态,并弹出"查看分型结果"对话框,如图 4-1-26 所示。

(3)单击"确定"按钮,系统自动计算型芯零件,显示出如图 4-1-27 所示的型芯预览状态,并弹出"查看分型结果"对话框,单击"确定"按钮。

(4)单击菜单"文件"→"全部保存"命令,保证全部文件被保存。

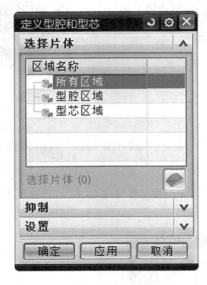

图 4-1-24 "定义型腔和型芯"对话框

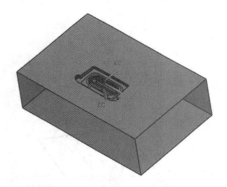

图 4-1-25 型腔

图 4-1-26 "查看分型结果"对话框

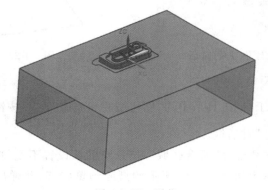

图 4-1-27 型芯

(三)拆分型芯镶件

考虑到型芯部分的加工工艺,型芯零件需要拆分两个镶件进行独立加工,具体的创建过程如下。

1. 切换工作部件

单击菜单"窗口"→"knob_power_core_006. prt",切换至 knob_power_core_006. prt 的图形窗口环境下。

2. 创建分割工具

(1)在"特征"工具栏中单击"拉伸" 按钮,弹出"拉伸"对话框,单击鼠标中键,弹出"创建草绘"对话框。

(2)鼠标选择分型面表面后,单击"确定"按钮,系统自动进入草绘模式。

(3)利用草绘工具绘制如图 4-1-28 所示的截面,确认无误后,在"草图生成器"工具栏中单击 🏁 完成草图 按钮。

(4)返回至"拉伸"对话框中,按系统默认的拉伸方向,修改参数值,如图 4-1-29 所示,并设置"体类型"为"片体",单击"确定"按钮,完成拉伸。

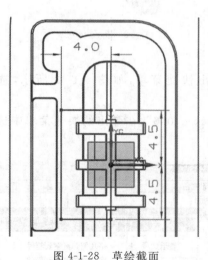

图 4-1-28　草绘截面

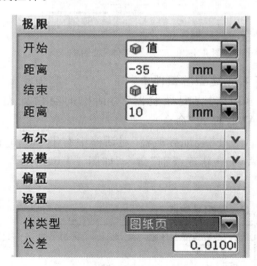

图 4-1-29　参数设置

3. 分割型芯

(1)在"注塑模向导"工具栏中,单击"注塑模工具" 按钮,系统弹出"注塑模工具"工具栏。

(2)在"注塑模工具"工具栏中单击"分割实体" 按钮,系统弹出"分割实体"对话框,如图 4-1-30 所示。

(3)在图形窗口中选择型芯实体为目标体,在图形窗口选择前面完成的拉伸片体为工具对象。单击"确定"按钮,完成实体分割。分割完成后的实体分别如图 4-1-31、图 4-1-32

所示。

(4)在图形窗口将第(3)步完成的拉伸片体隐藏。

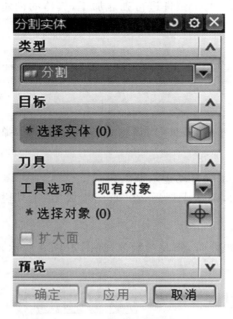

图 4-1-30　"分割实体"对话框

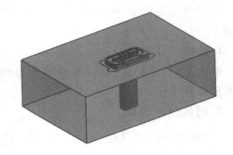

图 4-1-31　拆分体(1)

图 4-1-32　拆分体(2)

4. 创建型芯镶件 1

(1)在"装配导航器"对话框的空白处右击,弹出快捷菜单,如图 4-1-33 所示,选择"WAVE 模式"命令。

(2)在"装配导航器"对话框中右击"knob_power_core_006",在弹出的快捷菜单中选择"WAVE→新建级别"命令,如图 4-1-34 所示。

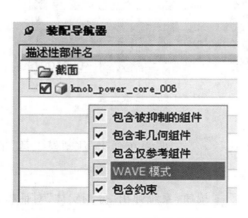

图 4-1-33　选择"WAVE 模式"命令

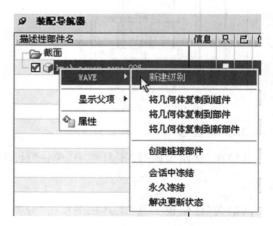

图 4-1-34　选择"新建级别"命令

(3)系统弹出如图 4-1-35 所示的"新建级别"对话框,单击"指定部件名"按钮,系统弹出"选择部件名"对话框,在部件名文本框中输入"core_insert_1",单击"OK"按钮。

（4）弹出"新建级别"对话框，单击"确定"按钮，在"装配导航器"中添加型芯镶件1零件，如图4-1-36所示。

 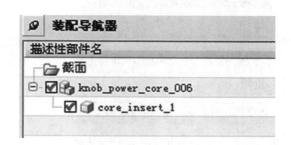

图 4-1-35 "新建级别"对话框　　　　　　图 4-1-36 "装配导航器"新建级别

（5）在"装配导航器"中右击"core_insert_1"，在弹出的快捷菜单中选择"设为工作部件"命令，如图4-1-37所示。

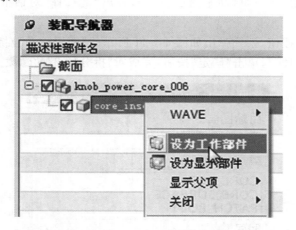

图 4-1-37 "设为工作部件"命令

（6）在"标准"工具栏上选择"开始"→"所有应用模块"→"装配"命令，启用装配模块，并弹出"装配"工具栏，如图4-1-38所示。

图 4-1-38 "装配"工具栏

（7）在"装配"工具栏中单击"WAVE 几何链接器" 按钮，弹出"WAVE 几何链接器"对话框，如图4-1-39所示。

（8）在图形窗口中选择如图4-1-32所示的拆分体，单击"确定"按钮。

(9)在"装配导航器"中右击"core_insert_1",在弹出的快捷菜单中选择"设为显示部件"命令,独立显示的"core_insert_1"组件,如图 4-1-40 所示。

图 4-1-39 "WAVE 几何链接器"对话框   图 4-1-40 "core_insert_1"零件模型

(10)单击"窗口"→"knob_power_core_006. prt",切换至 knob_power_core_006. prt 的图形窗口环境下,并将"core_insert_1"组件隐藏。

(11)单击菜单"格式"→"移动至图层"命令,弹出"类选择"对话框,在图形窗口中选择"拆分体 2"。

(12)单击"确定"按钮,系统弹出如图 4-1-41 所示的"图层移动"对话框,在"目标图层或类别"文本框中输入"100",单击"确定"按钮,完成对"拆分体 2"的隐藏。

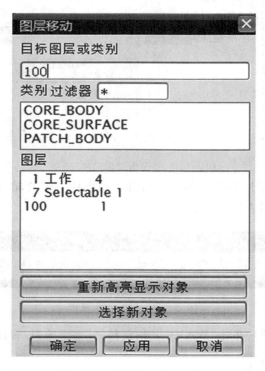

图 4-1-41 "图层移动"对话框

5. 创建镶件 1 固定限位特征

(1)在"装配导航器"中右击"core_insert_1",在弹出的快捷菜单中选择"设为显示部件"命令,独立显示的"core_insert_1"组件。

(2)在"特征"工具栏中单击"拉伸" 按钮,弹出"拉伸"对话框,单击鼠标中键,弹出"创建草绘"对话框。

(3)选择如图 4-1-42 所示的镶件 1 的底平面为草绘平面,单击"确定"按钮,进入草绘模式。

(4)利用草绘工具绘制如图 4-1-43 所示的截面,确认无误后,在"草图生成器"工具栏中单击 ▓▓ 完成草图 按钮。

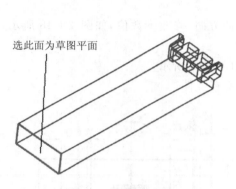

图 4-1-42　草绘平面

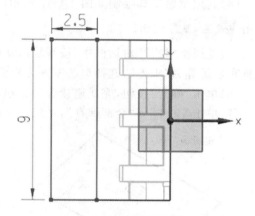

图 4-1-43　草绘截面

(5)返回至"拉伸"对话框中,按系统默认的拉伸方向,修改参数值,如图 4-1-44 所示,并设置布尔运算为"求和",按系统默认,单击"确定"按钮。

(6)最终完成的型芯镶件如图 4-1-45 所示。

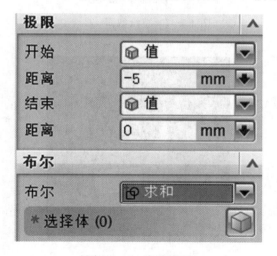

图 4-1-44　参数设置

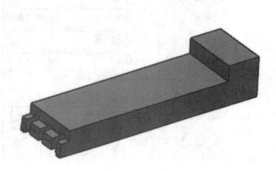

图 4-1-45　型芯镶件结构

6. 创建型芯镶件 2

参照上述创建型芯镶件 1 的方法,创建另外一个型芯镶件,命名为"core_insert_2",并创建完成镶件 2 的定位固定限位特征。

7. 创建型芯镶件固定限位特征避让位

(1)单击菜单"窗口→knob_power_core_006.prt",切换至"knob_power_core_006.prt"的图形窗口环境下,并将"core_insert_1.prt"和"core_insert_2.prt"组件隐藏。

(2)在"特征"工具栏中单击"拉伸"图标 按钮,弹出"拉伸"对话框,单击鼠标中键,弹出"创建草绘"对话框。

(3)选择如图 4-1-46 所示的型芯的底平面为草绘平面,单击"确定"按钮,进入草绘模式。

(4)利用草绘工具绘制如图 4-1-47 所示的截面,确认无误后,在"草图生成器"工具栏中单击 **完成草图** 按钮。

(5)返回至"拉伸"对话框中,按系统默认的拉伸方向,修改参数值,如图 4-1-48 所示,并设置布尔运算为"求差",选择型芯零件为目标体。

(6)单击"确定"按钮,完成避让位的创建,如图 4-1-49 所示。

(7)单击"文件"→"全部保存",系统自动保存所有文件。

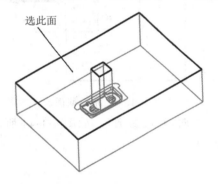

图 4-1-46 草绘平面

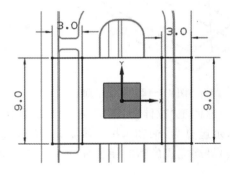

图 4-1-47 草绘截面

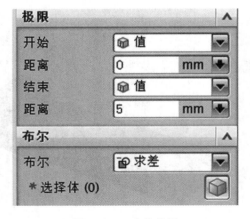

图 4-1-48 参数设置

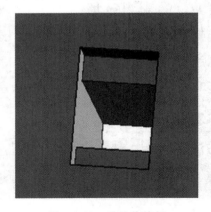

图 4-1-49 避让位特征

（四）加载标准模架

根据设计要求，本例模具模架采用龙记 DCI 型（细水口系统）标准模架。

1. 加载模架

（1）单击菜单"窗口"→"knob_power_top_010.prt"，切换至"knob_power_top_010.prt"的图形窗口环境下。

（2）在"注塑模向导"工具栏中，单击"模架库" 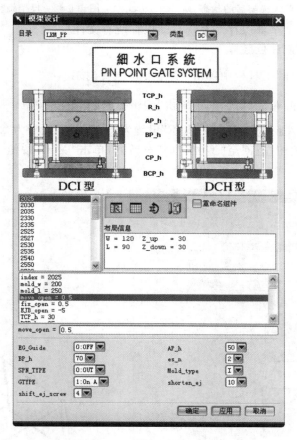 按钮。

（3）弹出"模架设计"对话框，在"目录"下拉列表中选择"LKM_PP"项，在"类型"下拉列表中选择"DC"项，在模架的长宽大小型号中选择"2025"选项后，会显示出该型号的相关参数，将对话框中的 AP_h、BP_h 分别修改为 50、70，如图 4-1-50 所示。

图 4-1-50　"模架设计"对话框

（4）单击"确定"按钮，系统经过计算后，生成模架的相关零件，切换至"静态线框模式"，俯视图下观察如图 4-1-51 所示。可以看出模仁与模架的长度方向不一致。

（5）单击"模架库" 按钮，在弹出的"模架设计"对话框中单击"旋转模架" 按钮，模架转过 90°，单击"确定"按钮。完成后的模架如图 4-1-52 所示。

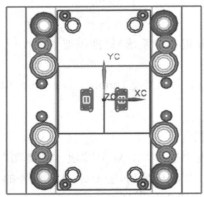

图 4-1-51 载入模架后的状态

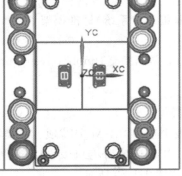

图 4-1-52 模架旋转后的状态

(6)单击"文件"→"全部保存",系统自动保存所有文件。

2.创建型芯型腔避让位腔体

(1)在"注塑模向导"工具栏中单击"型腔布局" 按钮。

(2)在弹出的"型腔布局"对话框中单击"编辑插入腔" 按钮。

(3)在弹出的"插入腔体"对话框中将"R"设置为"5","类型"设置为"2",如图 4-1-53 所示。

(4)单击"确定"按钮,返回至"型腔布局"对话框,单击"关闭"按钮。完成创建的避让位腔体,如图 4-1-54 所示。

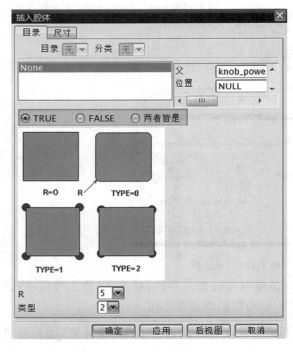

图 4-1-53 "插入腔体"对话框

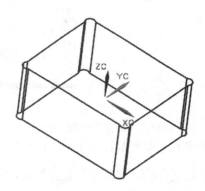

图 4-1-54 避让位腔体

3. 创建型芯避让位

（1）在"装配导航器"中，取消"knob_power_layerout_021"和"knob_power_fixhalf_028"复选框的勾选，如图 4-1-55 所示。

（2）在"注塑模向导"工具栏中单击"腔体" 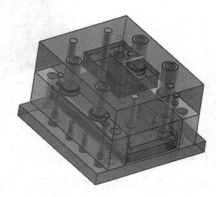 按钮，弹出"腔体"对话框，在图形窗口中选择动模板作为目标体，再单击鼠标中键，在图形窗口中选择避让位腔体作为刀具体。

（3）单击"腔体"对话框中的"确定"按钮，完成型芯避让位后的动模板如图 4-1-56 所示。

图 4-1-55　设置装配导航器

图 4-1-56　完成型芯避让位后的动模板

4. 创建型腔避让位

（1）在"装配导航器"中，取消"knob_power_movehalf_032"复选框的勾选，勾选"knob_power_fixhalf_028"复选框，如图 4-1-57 所示。

图 4-1-57　设置装配导航器

（2）在"注塑模向导"工具栏中单击"腔体"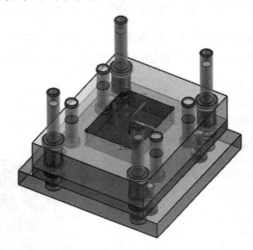按钮，弹出"腔体"对话框，在图形窗口中选择定模板作为目标体，再单击鼠标中键，在图形窗口中选择避让位腔体作为刀具体。

（3）单击"腔体"对话框中的"确定"按钮，完成型芯避让位后的定模板如图 4-1-58 所示。

图 4-1-58　完成型芯避让位后的定模板

（五）创建浇注系统

塑件采用一模两腔的布局形式，进胶方式为点浇口进胶，每个塑件上有两个浇注点，采用细水口浇口套。详细的浇注系统的创建过程如下。

1. 创建浇口套

1）新建浇口套文件

（1）在装配导航器中将动模侧零件全部隐藏，只显示定模侧部分，如图 4-1-59 所示。

（2）确定在 WAVE 模式下，在装配导航器中右击"knob_power_fill_013"，在弹出的快捷菜单中选择"WAVE→新建级别"命令，如图 4-1-60 所示。

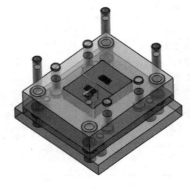

图 4-1-59　显示定模侧部分　　　　　　　图 4-1-60　"新建级别"命令

（3）在弹出的"新建级别"对话框中单击"指定部件名"按钮，系统弹出"选择部件名"对话框，如图 4-1-61 所示，输入文件名"knob_power_spruebushing.prt"，单击"确定"按钮。

图 4-1-61　输入浇口套文件名

（4）返回至"新建级别"对话框，单击"确定"按钮。在装配导航器中自动添加了浇口套零件，如图 4-1-62 所示。

图 4-1-62　装配导航器

（5）在装配导航器中双击"knob_power_spruebushing"零件，将其转换为工作部件。

（6）在"特征"工具栏中单击"回转"　　　按钮，弹出"回转"对话框，单击鼠标中键，弹出"创建草图"对话框。

（7）在工作窗口中选择 ZC—XC 基准平面作为草绘平面，单击"确定"按钮，系统自动进入草绘模式。

(8)利用草绘工具绘制出如图 4-1-63 所示的草绘截面,确认无误后,在"草图生成器"工具栏中单击 🏁 **完成草图** 按钮。

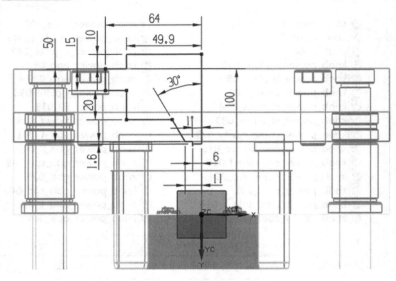

图 4-1-63　草绘截面(1)

(9)返回至"回转"对话框中选择 Z 轴为回转轴,默认系统的回转值 360,在对话框中单击"确定"按钮,完成的回转特征如图 4-1-64 所示。

(10)将"knob_power_spruebushing.prt"零件设为显示零件,如图 4-1-65 所示。

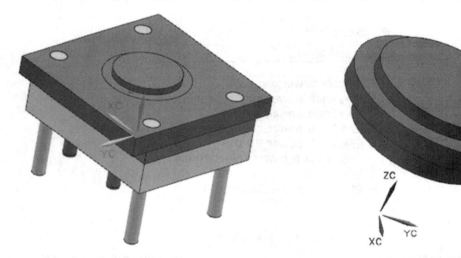

图 4-1-64　回转特征　　　　　　　　　　图 4-1-65　浇口套零件(1)

(11)在"特征"工具栏中单击"回转" 🔧 按钮,弹出"回转"对话框,单击鼠标中键,弹出"创建草图"对话框。

(12)在工作窗口中选择 ZC-XC 基准平面作为草绘平面,单击"确定"按钮,系统自动进入草绘模式。

(13)利用草绘工具绘制出如图 4-1-66 所示的草绘截面,确认无误后,在"草图生成器"工具栏中单击 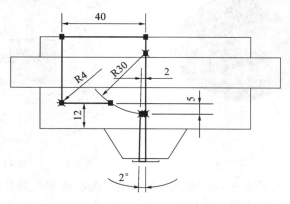 完成草图 按钮。

图 4-1-66 草绘截面(2)

(14)返回至"回转"对话框中选择 Z 轴为回转轴,默认系统的回转值 360,将"布尔"选项一览修改为"求差",如图 4-1-67 所示。

(15)单击"确定"按钮,完成的浇口套如图 4-1-68 所示。

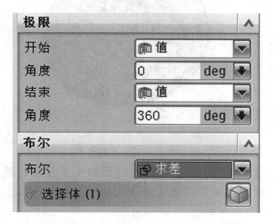

图 4-1-67 "回转参数"修改

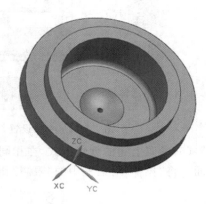

图 4-1-68 浇口套零件(2)

2)创建定位螺丝孔

(1)将"knob_power_spruebushing.prt"零件设为显示零件。

(2)在"特征"工具栏中单击"拉伸" 按钮,弹出"拉伸"对话框,单击鼠标中键,弹出"创建草图"对话框。

(3)在工作窗口中选择如图 4-1-69 所示的面为草绘平面,单击"确定"按钮,系统自动进入草绘模式。

(4)利用草绘工具绘制出如图 4-1-70 所示的草绘截面,确认无误后,在"草图生成器"工具栏中单击 完成草图 按钮。

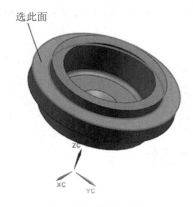

图 4-1-69　草绘平面

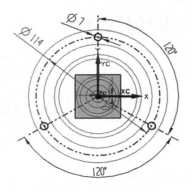

图 4-1-70　草绘截面(3)

(5)返回至"拉伸"对话框中,将"限制"和"布尔"选项区域中的数值修改为如图 4-1-71 所示。单击"确定"按钮,完成的通孔特征如图 4-1-72 所示。

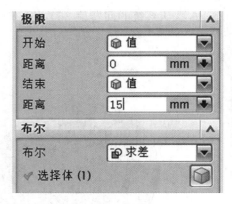

图 4-1-71　参数设置

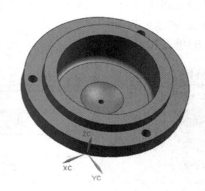

图 4-1-72　通孔特征

(6)参照上述的创建方式,在相同的草绘平面,绘制如图 4-1-73 所示的三个等直径圆孔截面。将"拉伸"对话框中的"限制"和"布尔"选项区域中的数值修改为如图 4-1-74 所示。

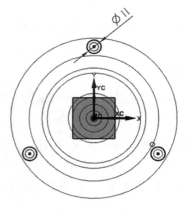

图 4-1-73　草绘截面(4)

图 4-1-74　参数设置

（7）单击"确定"按钮，完成的螺钉孔如图 4-1-75 所示。

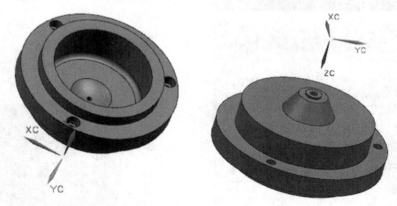

图 4-1-75　浇口套零件特征

3）创建浇口套安装位

（1）在"特征"工具栏中单击"回转" 按钮，弹出"回转"对话框，单击鼠标中键，弹出"创建草图"对话框。

（2）在工作窗口中选择 ZC－XC 基准平面作为草绘平面，单击"确定"按钮，系统自动进入草绘模式。

（3）利用草绘工具绘制出如图 4-1-76 所示的草绘截面，确认无误后，在"草图生成器"工具栏中单击 完成草图 按钮。

（4）返回至"回转"对话框中选择 Z 轴为回转轴，默认系统的回转值 360，单击"确定"按钮，完成的旋转刀具体如图 4-1-77 所示。

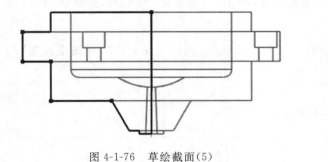

图 4-1-76　草绘截面(5)

图 4-1-77　旋转刀具体

（5）在"装配导航器"对话框中取消隐藏定模侧零件，将定模侧的零件全部显示在工作区域中。

（6）在"注塑模向导"工具栏中单击"腔体" 按钮，弹出"腔体"对话框，在图形窗口中选择定模座板、水口板为目标体，选择前面创建的旋转刀具体为刀具，如图 4-1-78 所示。

（7）单击"确定"按钮，隐藏浇口套，完成修剪后的浇口套安装位如图 4-1-79 所示。

（8）在装配导航器中设置浇口套为显示部件，并将旋转刀具体隐藏。

图 4-1-78 "腔体"对话框

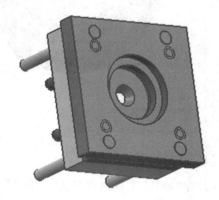

图 4-1-79 浇口套安装位

2. 创建分流道

完成浇口套的创建后,接着创建分流道,分流道起到连接主浇道与浇口的作用。本模具的浇口形式为点浇口,每个型腔上有两个进胶点,详细的分流道创建过程如下。

1)设计分流道引线

(1)在装配导航器中隐藏相关零件,仅显示定模仁、定模板。

(2)在装配导航器中双击"knob_power_fill_014",设置其为工作部件。

(3)在"特征"工具栏中单击"草绘"  按钮,弹出"创建草图"对话框,按默认设置,单击鼠标中键,进入草绘界面。

(4)利用草绘工具绘制出如图 4-1-80 所示的草绘截面,确认无误后,在"草图生成器"工具栏中单击 完成草图 按钮。

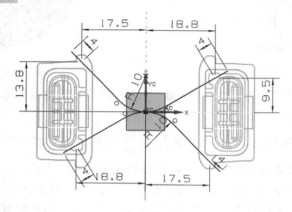

图 4-1-80 分流道引线草绘截面

2)创建分流道特征

(1)在"注塑模向导"工具栏中单击"流道"  按钮,弹出"流道设计"对话框。

(2)在图形窗口中选择前面创建的草图曲线。

(3)"截面类型"选择"梯形",修改"详细信息"中的各参数,如图 4-1-81 所示,再单击"确定"按钮。

(4)系统自动创建梯形流道特征,如图 4-1-82 所示。

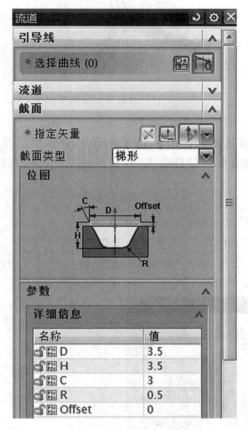

图 4-1-81　"流道设计"对话框　　　　　　　　图 4-1-82　流道特征

3)修剪分流道位

(1)在"装配导航器"对话框中隐藏相关零件,仅显示定模仁、定模板。

(2)在装配导航器中双击"knob_power_top_010",设置其为工作部件。

(3)在"特征操作"工具栏中单击"装配切割" 按钮,弹出"装配切割"对话框,如图 4-1-83 所示。

(4)在图形窗口中选择定模板为目标体,单击鼠标中键,选择如图 4-1-82 所示的流道体为刀具。

(5)单击"应用"按钮,完成分流道的创建,如图 4-1-84 所示。

图 4-1-83 "装配切割"对话框

图 4-1-84 分流道创建后的状态

3. 创建浇口

在分流道的末端创建浇口。浇口是塑胶进入型腔的最后一个环节,连接浇注系统与模仁型腔。在本例中通过创建圆锥体,再应用装配体切割的方法,完成切除,具体的创建方法如下。

1)创建圆锥体

(1)在装配导航器中隐藏相关零件,仅显示定模仁、定模板。

(2)在装配导航器中双击"knob_power_fill_014",设置其为工作部件。

(3)单击菜单"插入→设计特征→圆锥"命令,弹出"圆锥"对话框,在类型选项中选择"直径和高度"选项,设置尺寸参数,如图 4-1-85 所示。

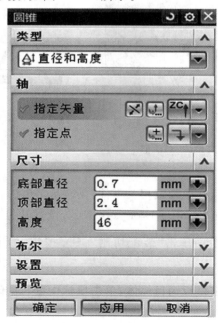

图 4-1-85 "圆锥"对话框

（4）在"指定矢量"中选择"ZC"方向为矢量方向。

（5）在"圆锥"对话框中单击"点构造器"  按钮,弹出"点"对话框,修改点参数如图4-1-86所示,单击"确定"按钮,返回至"圆锥"对话框。

（6）在"圆锥"对话框中,单击"确定"按钮,完成圆锥体1,如图4-1-87所示。

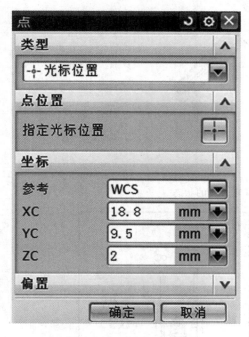

图4-1-86　"点"对话框

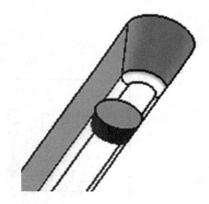

图4-1-87　圆锥体1

（7）以同样的方式,相同的圆锥尺寸参数,创建另外三个圆锥体。分别通过坐标:XC=-18.8,YC=-9.5,ZC=2;XC=17.5,YC=-13.8,ZC=2;XC=-17.5,YC=13.8,ZC=2;矢量方向均为ZC轴。

2）切割浇口

（1）在装配导航器中双击"knob_power_top_010",设置其为工作部件。

（2）在"特征操作"工具栏中单击"装配切割" 按钮,弹出"装配切割"对话框。

（3）在图形窗口中选择动模板、型芯为目标体,单击鼠标中键,选择前面创建的四个圆锥体为刀具。

（4）单击"确定"按钮,完成浇口的创建,如图4-1-88所示。

（六）创建顶出系统

顶出系统又称脱模系统或推出系统,是注射成形过程中的最后一个环节,脱模质量好坏将最后决定塑件的质量。如图4-1-89所示为顶针的布局图,根据塑件的结构采用$\phi 2.5$ mm的有托顶针,每腔有六个顶针,且顶出面为斜面。下面详细介绍顶出系统的创建过程。

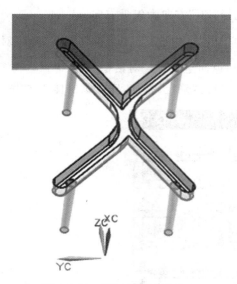

图 4-1-88 浇口完成后的状态

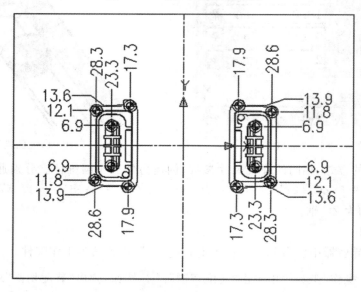

图 4-1-89 顶针布局图

1. 创建顶针

(1)在装配导航器中隐藏相关零件,仅显示动模侧零件。

(2)在"注塑模向导"工具栏中单击"标准件" 按钮,弹出如图 4-1-90 所示窗口。

(3)弹出"标准件管理"对话框,进行如图 4-1-91 所示的相关设置。

(4)单击"确定"按钮,弹出"点"对话框,将 XC、YC、ZC 的值分别修改为 28.3、12.1、0,如图 4-1-92 所示。单击"确定"按钮,在相应的坐标处创建顶针。

(5)以同样的方式,参考图 4-1-92 的顶针位置,创建该腔的另外 5 根顶针。系统将自动添加另外一腔的顶针。

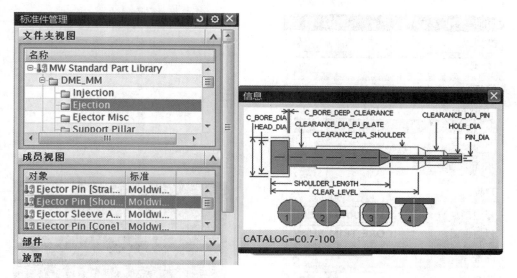

图 4-1-90 "标准件管理"对话框及"信息"窗口

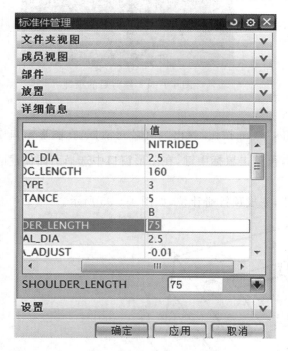

图 4-1-91 标准件管理之"详细信息"设置

图 4-1-92 "点"对话框

2. 切除顶针

(1)在"注塑模向导"工具栏中,单击"顶杆后处理" 按钮,弹出"顶杆后处理"对话框,如图 4-1-93 所示。

(2)在"目标"中单击"knob_power_ej_55",图形窗口中创建的 6 根顶针被选中,单击"确定"按钮,顶针的顶面自动修剪至型芯顶部对齐,如图 4-1-94 所示。

图 4-1-93 "顶杆后处理"对话框

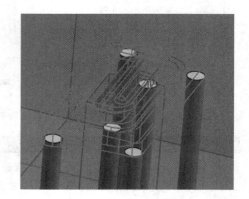

图 4-1-94 修剪后的顶针

3. 创建顶针避空位

(1)在"注塑模向导"工具栏中单击"腔体" 按钮,弹出"腔体"对话框,在图形窗口中选择动模板、型芯、顶杆固定板作为目标体,再单击鼠标中键,在图形窗口中选择上面创建的顶针作为刀具体。

(2)单击"腔体"对话框中的"确定"按钮,完成顶针避让位,如图 4-1-95 所示。

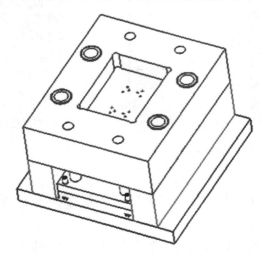

图 4-1-95 创建顶针避让位后的状态

(七)创建冷却系统

　　冷却系统是用来降低模具里面的温度,使模具在恒温条件下正常工作,加快产品定型。在生产过程中,为缩短生产周期,确保模具内的温度,在设计冷却系统时,尽可能靠近型腔,同时冷却回路也不宜过复杂或太长,尽可能加快水流速度。

　　在本例中,模具结构较为简单,此模具的冷却水可从模板侧面进入,再从型芯(型腔)底部进入型芯(型腔),冷却水在型芯(型腔)内周旋一圈后,再从型芯(型腔)底部流出,最后从模板侧面流出,从而达到降低模具温度的效果,如图 4-1-96 所示为此模具的冷却水路走向图。创建冷却系统的详细过程如下。

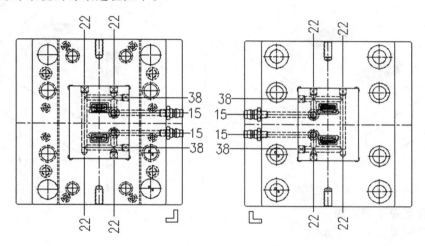

图 4-1-96　冷却水路的走向图

1. 合并型腔、型芯

(1)在"装配导航器"对话框中隐藏相关零件,仅显示定模型腔。

(2)在装配导航器中双击"knob_power_comb-cavity_023",使其为工作部件,如图 4-1-97 所示。

(3)在装配工具栏中单击"WAVE 几何链接器"　按钮,弹出"WAVE 几何链接器"对话框,如图 4-1-98 所示。

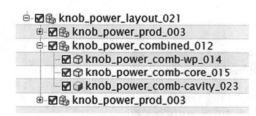

图 4-1-97　设置工作部件

图 4-1-98　"WAVE 几何链接器"对话框

(4)在图形窗口中选择型腔为目标体,按系统默认设置,单击"确定"按钮。

(5)在"特征操作"工具栏中单击"合并"  按钮,弹出"合并"对话框,在图形窗口中选择两型腔中一个为目标,另一个为工具,单击"确定"按钮,完成型腔的合并,如图 4-1-99 所示。

(6)同样的方式,设置"knob_power_comb-core_016"为工作部件,合并两型芯,如图 4-1-100 所示。

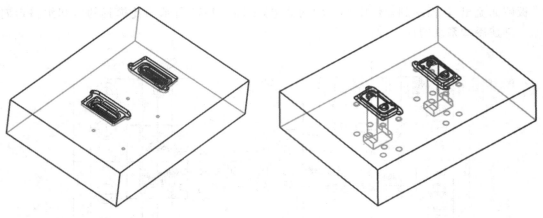

图 4-1-99 合并后的型腔   图 4-1-100 合并后的型芯

2. 创建型腔冷却水路

1)创建宽度方向水平水路

(1)在装配导航器中隐藏相关零件,仅显示定模型腔。

(2)在"注塑模向导"工具栏中单击"模具冷却工具" 按钮,弹出"模具冷却工具"对话框,如图 4-1-101 所示。单击"模具冷却工具"对话框中"冷却标准部件库" 按钮,弹出"冷却组建设计"对话框,在"成员视图"中选择"COOLING HOLE",弹出水路"信息"窗口,如图 4-1-102 所示。

(3)在"冷却组建设计"对话框"详细信息"栏中设置相关参数,将 PIPE_THREAD 设置为 M8,HOLE_1_DEPTH 和 HOLE_2_DEPTH 都设置为 67 mm,其余参数保持不变,如图 4-1-103 所示。

(4)单击"冷却组建设计"中"选择面或平面"按钮,在图形窗口中选择如图 4-1-104 所示的型腔侧面。单击"应用"按钮。

图 4-1-101 "模具冷却工具"对话框

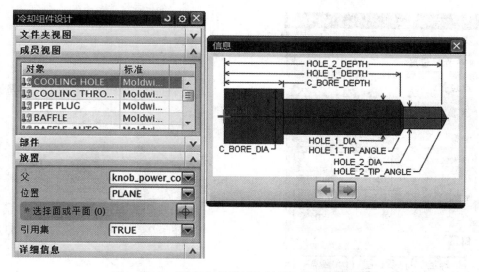

图 4-1-102 "冷却组件设计"对话框及"信息"窗口

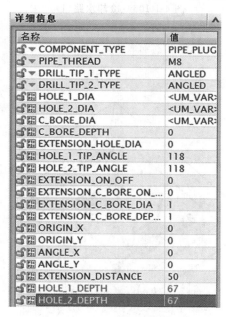

图 4-1-103 水路参数

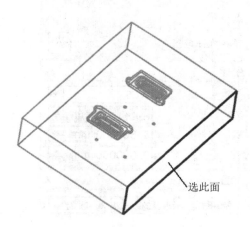

图 4-1-104 选择放置面

(5)弹出"点"对话框,修改 XC、YC、ZC 值,如图 4-1-105 所示。单击"确定"按钮,产生的冷却水路如图 4-1-106 所示。

(6)在"点"对话框中,将坐标值修改为如图 4-1-107 所示,单击"确定"按钮。

(7)生成的第二条冷却水路如图 4-1-108 所示,单击"取消"按钮。

2)创建长度方向水平水路

(1)单击"模具冷却工具"对话框中"冷却标准部件库" 🗐 按钮,弹出"冷却组建设计"对话框。

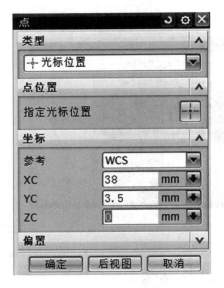

图 4-1-105　"点"对话框(1)

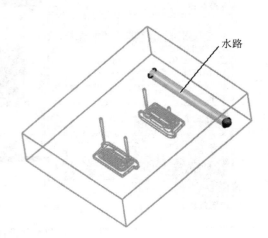

图 4-1-106　冷却水路(1)

图 4-1-107　"点"对话框(2)

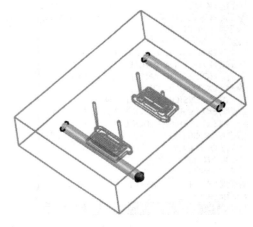

图 4-1-108　冷却水路(2)

(2)在"冷却组建设计"对话框"详细信息"栏中设置相关参数,将 PIPE_THREAD 设置为 M8,HOLE_1_DEPTH 和 HOLE_2_DEPTH 都设置为 45 mm,其余参数保持不变。

(3)单击"冷却组建设计"中"选择面或平面"按钮,在图形窗口中选择如图 4-1-109 所示的型腔侧面,单击"应用"按钮。

(4)弹出"点"对话框,修改坐标值 XC=22 mm、YC=3.5 mm、ZC=0 mm,单击"确定"按钮,产生的冷却水路如图 4-1-110 所示。在"冷却组建设计"对话框中单击"取消"按钮。

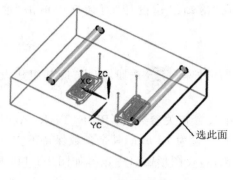

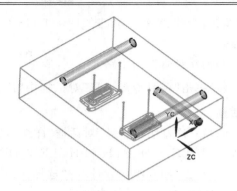

图 4-1-109　放置平面(1)　　　　　　　　图 4-1-110　冷却水路(3)

(5)单击"模具冷却工具"对话框中"冷却标准部件库"  按钮,弹出"冷却组建设计"对话框。

(6)在"冷却组建设计"对话框"详细信息"栏中设置相关参数,将 PIPE_THREAD 设置为 M8,HOLE_1_DEPTH 和 HOLE_2_DEPTH 都设置为 102 mm,其余参数保持不变。

(7)单击"冷却组建设计"中"选择面或平面"按钮,在图形窗口中选择如图 4-1-109 所示的型腔侧面。单击"应用"按钮。

(8)弹出"点"对话框,修改坐标值 XC=-22 mm、YC=3.5 mm、ZC=0 mm,单击"确定"按钮,产生的冷却水路如图 4-1-111 所示。在"冷却组建设计"对话框中单击"取消"按钮。

(9)单击"模具冷却工具"对话框中"冷却标准部件库"  按钮,弹出"冷却组建设计"对话框。

(10)在"冷却组建设计"对话框"详细信息"栏中设置相关参数,将 PIPE_THREAD 设置为 M8,HOLE_1_DEPTH 和 HOLE_2_DEPTH 都设置为 45 mm,其余参数保持不变。

(11)单击"冷却组建设计"中"选择面或平面"按钮,在图形窗口中选择如图 4-1-112 所示的型腔侧面,单击"应用"按钮。

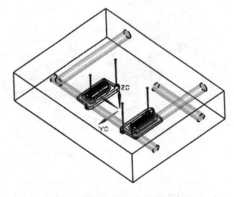

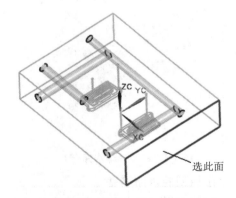

图 4-1-111　冷却水路(4)　　　　　　　　图 4-1-112　放置平面(2)

(12)弹出"点"对话框,修改坐标值 XC=-22 mm、YC=3.5 mm、ZC=0 mm,单击"确

定"按钮,产生的冷却水路如图 4-1-113 所示。在"冷却组建设计"对话框中单击"取消"按钮。

3)创建竖直方向水路

(1)单击"模具冷却工具"对话框中"冷却标准部件库" 按钮,弹出"冷却组建设计"对话框。

(2)在"冷却组建设计"对话框"详细信息"栏中设置相关参数,将 PIPE_THREAD 设置为 M8,HOLE_1_DEPTH 和 HOLE_2_DEPTH 均设置为 12 mm,其余参数保持不变。

(3)单击"冷却组建设计"中"选择面或平面"按钮,在图形窗口中选择如图 4-1-114 所示的型腔底面,单击"应用"按钮。

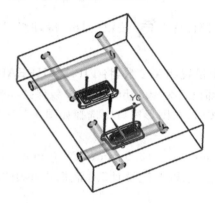

图 4-1-113 冷却水路(5)

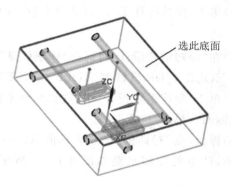

图 4-1-114 放置平面(3)

(4)弹出"点"对话框,修改坐标值 XC=15 mm、YC=22 mm、ZC=0 mm,单击"确定"按钮,产生的冷却水路如图 4-1-115 所示。

(5)弹出"点"对话框,修改坐标值 XC=−15 mm、YC=22 mm、ZC=0 mm,单击"确定"按钮,再单击"取消"按钮,产生的冷却水路如图 4-1-116 所示。在"冷却组建设计"对话框中单击"取消"按钮。

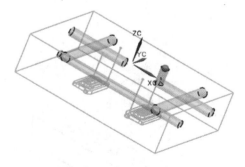

图 4-1-115 冷却水路(6)

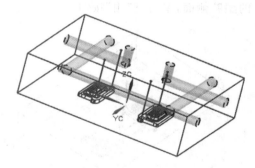

图 4-1-116 冷却水路(7)

4)添加型腔水路堵塞

在型腔水平水路的注入口处添加堵塞,防止从垂直水路进来的冷却水从注入口流出。

(1)单击"模具冷却工具"对话框中"冷却标准部件库" 按钮,弹出"冷却组建设计"

对话框。

（2）在图形窗口中选择任一条水平水路。

（3）"冷却组建设计"对话框的"成员视图"列表中选择"PIPE_PLUG"，在"详细信息"下拉列表中"PIPE_THREAD"选择1/8，如图4-1-117所示。

（4）单击"应用"按钮，完成的水路堵塞。以同样的方式创建其他水路的堵塞，最终如图4-1-118所示。

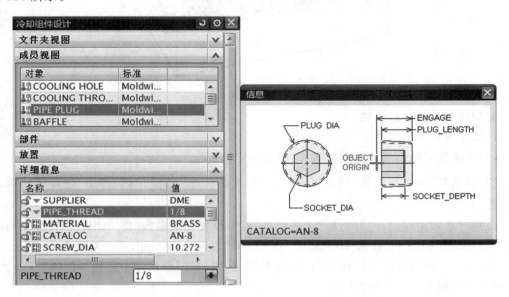

图4-1-117　"冷却组建设计"对话框及堵塞"信息"窗口

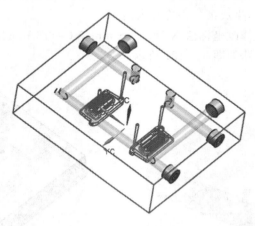

图4-1-118　水路堵塞

5）创建水路避空位

在"特征操作"工具栏中单击"装配切割"图标 按钮，弹出"装配切割"对话框，在图形窗口中选择型腔为目标体，单击鼠标中键，选择前面的水路及堵塞为刀具，取消隐藏工具选项，单击"确定"按钮，完成避空位的设计，如图4-1-119所示。

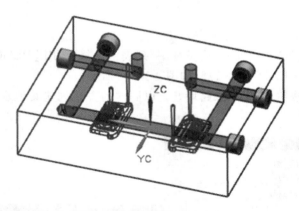

图 4-1-119　型腔堵塞避空位

3. 创建定模板冷却水路

1)创建水平方向水路

(1)在装配导航器中隐藏相关零件,仅显示定模板。

(2)单击"模具冷却工具"对话框中"冷却标准部件库" 🔳 按钮,弹出"冷却组建设计"对话框。

(3)在"冷却组建设计"对话框"详细信息"栏中设置相关参数,将 PIPE_THREAD 设置为 M8,HOLE_1_DEPTH 和 HOLE_2_DEPTH 均设置为 78 mm,其余参数保持不变。

(4)单击"冷却组建设计"中"选择面或平面"按钮,在图形窗口中选择如图 4-1-120 所示的型腔底面,单击"应用"按钮。

(5)弹出"点"对话框,修改坐标值 XC=15 mm、YC=15 mm、ZC=0 mm,单击"确定"按钮,经过一段时间运算后,生成第一条冷却水路。

(6)在"点"对话框中修改坐标值 XC=－15 mm、YC=15 mm、ZC=0 mm,单击"确定"按钮,完成的水平冷却水路如图 4-1-121 所示。

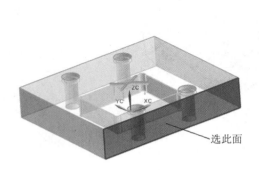

图 4-1-120　选择放置面

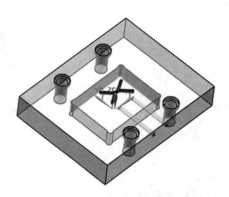

图 4-1-121　定模板水平水路

2)创建竖直方向水路

(1)单击"模具冷却工具"对话框中"冷却标准部件库" 🔳 按钮,弹出"冷却组建设计"对话框。

（2）在"冷却组建设计"对话框"详细信息"栏中设置相关参数，将 PIPE_THREAD 设置为 M8，HOLE_1_DEPTH 和 HOLE_2_DEPTH 均设置为 15.5 mm，其余参数保持不变。

（3）单击"冷却组建设计"中"选择面或平面"按钮，在图形窗口中选择如图 4-1-122 所示的型腔底面，单击"应用"按钮。

（4）弹出"点"对话框，修改坐标值 XC＝15 mm、YC＝－22 mm、ZC＝0 mm，单击"确定"按钮，经过一段时间运算后，生成第一条竖直冷却水路。

（5）在"点"对话框中修改坐标值 XC＝－15 mm、YC＝－22 mm、ZC＝0 mm，单击"确定"按钮，完成的竖直冷却水路如图 4-1-123 所示。

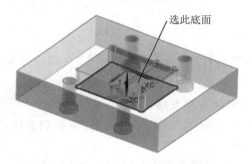

图 4-1-122　选择放置面

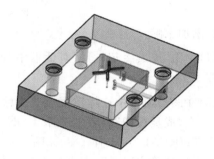

图 4-1-123　定模板竖直冷却水路

3）添加"O"形圈

（1）单击"模具冷却工具"对话框中"冷却标准部件库" 按钮，弹出"冷却组建设计"对话框。

（2）在图形窗口中选择定模板上任意一处竖直的冷却水路。

（3）"冷却组建设计"对话框的"成员视图"列表中选择"O-RING"，在"详细信息"下拉列表中"SECTION_DIA"选择 2，"FITTING_DIA"选择 8，如图 4-1-124 所示。

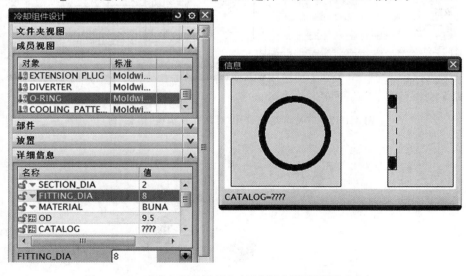

图 4-1-124　"冷却组建设计"对话框及"O"形圈"信息"窗口

(4)单击"确定"按钮,即在竖直冷却水路的开始段创建了如图 4-1-125 所示的"O"形圈。

图 4-1-125 "O"形圈

4)添加水嘴

(1)单击"模具冷却工具"对话框中"冷却标准部件库" 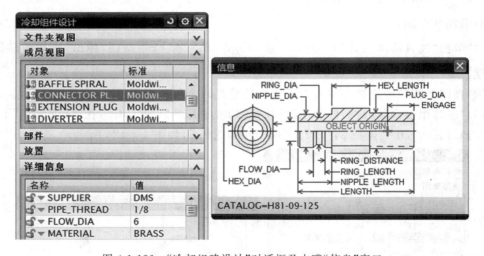 按钮,弹出"冷却组建设计"对话框。

(2)在图形窗口中选择定模板上任意一处水平的冷却水路。

(3)在"成员视图"列表中选择"CONNECTOR PLUG",在"详细信息"下拉列表中选取"PIPE_THREAD"中选择 1/8,如图 4-1-126 所示。

(4)单击"确定"按钮,在水平冷却水路的开始段创建如图 4-1-127 所示的水嘴。

图 4-1-126 "冷却组建设计"对话框及水嘴"信息"窗口

图 4-1-127 水嘴

5)创建水路避空位

（1）在"特征操作"工具栏中单击"装配切割"图标 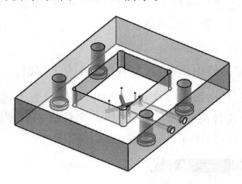 按钮,弹出"装配切割"对话框,在"图形"窗口中选择型腔为目标体。

（2）单击鼠标中键,选择前面的水路、"O"形圈、水嘴为刀具,取消隐藏工具选项,单击"确定"按钮,完成避空位的设计,如图 4-1-128 所示。

图 4-1-128　完成避空位设计

4. 创建型芯、动模板水路

从图 4-1-129 冷却水路的走势图可以看出,定模侧与动模侧的正面参数值相同,只是型芯侧与动模板侧的坐标值不同,可参照图 4-1-128 所示的动模侧视图参数创建冷却水路。

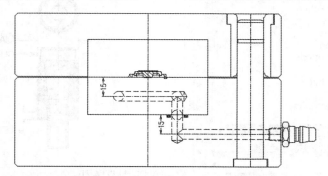

图 4-1-129　动模侧视图的冷却水路参数

创建后的型芯水路如图 4-1-130 所示,动模板的水路如图 4-1-131 所示。

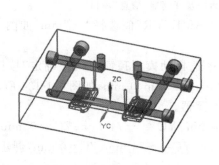

图 4-1-130　型芯水路

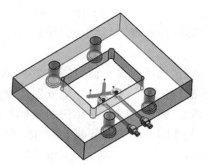

图 4-1-131　动模板水路

(八)添加其余模具零件

前面详细介绍了注射模具的基本结构——标准模架、浇注系统、顶出系统以及冷却系统。下面将介绍三板模点浇口注射模具所特有的一些模具结构,详细的创建过程如下。

1. 添加开闭器

开闭器常用于三板模点浇口模具中,在开模初始阶段,等浇口料拉开一段距离后利用开闭器将定模板与动模板脱开。开闭器的创建方法如下。

1)创建开闭器

(1)在"注塑模向导"工具栏中单击"标准件"图标 按钮。

(2)弹出"标准件管理"对话框,在"文件夹视图"下拉列表中选择"FUTABA_MM"文件夹,在"FUTABA_MM"子文件夹中选择"Pull Pin"文件夹,在"成员视图"中选择"M-PLL"系统显示开闭器"信息"窗口,如图 4-1-132 所示。

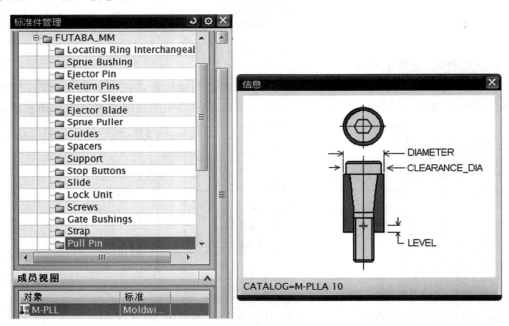

图 4-1-132　"标准件管理"对话框及开闭器"信息"窗口

(3)"标准件管理"对话框的"详细信息"中"DIAMETER"值选择"16"mm,如图 4-1-133 所示。

(4)单击"选择面或平面"按钮,在图形窗口中选择动模板顶面,单击"确定"按钮,弹出"点"对话框,将 XC、YC、ZC 的值分别修改为 80 mm、74 mm、0 mm,如图 4-1-134 所示。

(5)单击"确定"按钮,在相应的坐标处创建开闭器。

(6)以同样的方法,分别以坐标 XC＝80 mm、YC＝－74 mm、ZC＝0 mm,XC＝－80 mm、YC＝74 mm、ZC＝0 mm,XC＝－80 mm、YC＝－74 mm、ZC＝0 mm,创建另外三个开闭器,如图 4-1-135 所示。

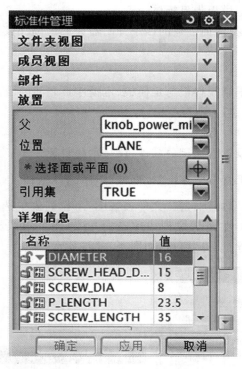

图 4-1-133 "标准件管理"对话框参数设置

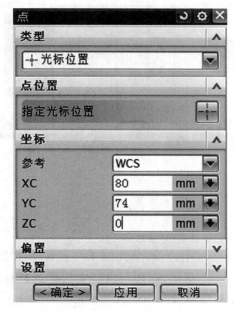

图 4-1-134 "点"对话框

图 4-1-135 开闭器创建后的状态

2)创建开闭器避空位

（1）在"特征操作"工具栏中单击"装配切割"图标 按钮，弹出"装配切割"对话框，在图形窗口中选择动模板、定模板为目标体。

(2)单击鼠标中键,选择前面创建的四个开闭器为工具,取消隐藏工具选项,单击"确定"按钮,完成避空位的设计。

2. 创建小拉杆

在模具开模时,为了限制脱料板与定模板、定模座板之间的距离,需要创建拉杆机构,下面详细介绍拉杆机构的创建过程。

1)添加山打螺丝

(1)在装配导航器中设置隐藏相关零件,仅显示脱料板。

(2)在"注塑模向导"工具栏中单击"标准件"图标![icon]按钮。

(3)弹出"标准件管理"对话框,在"文件夹视图"下拉列表中选择"FUTABA_MM"文件夹,在"FUTABA_MM"文件夹下拉列表中选择"Screws",在"成员视图"列表框中选择 SHSB〔M-PBB〕,弹出螺丝"信息"窗口,如图 4-1-136 所示。

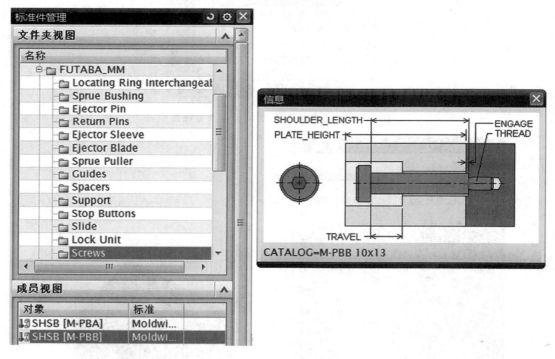

图 4-1-136　"标准件管理"对话框及螺丝"信息"窗口

(4)在"标准件管理"对话框的"详细信息"列表框中,"SHOULDER_LENGTH"的值选择 16 mm。单击"选择面或平面"按钮,如图 4-1-137 所示,在图形窗口中选择脱料板顶面,单击"确定"按钮,弹出"点"对话框,将 XC、YC、ZC 的值分别修改为 80 mm、74 mm、0 mm。

(5)单击"确定"按钮,在相应的坐标处创建山打螺丝。

(6)以同样的方法,分别以坐标 XC=80 mm、YC=−74 mm、ZC=0 mm,XC=−80 mm、YC=74 mm、ZC=0 mm,XC=−80 mm、YC=−74 mm、ZC=0 mm,创建其他的山打螺丝,如图 4-1-138 所示。

2）创建山打螺丝避开位

（1）在装配导航器中设置隐藏相关零件，仅显示定模座板，并设置其为工作部件。

（2）在"特征"工具栏中单击"拉伸"图标 🎴 按钮，弹出"拉伸"对话框，单击鼠标中键，弹出"创建草绘"对话框。

（3）在图形窗口中选择定模座板的顶面为草绘平面，单击"确定"按钮，系统自动进入草绘模式。

（4）利用草绘工具绘制如图 4-1-139 所示的四个圆形截面，确认无误后，在"草图生成器"工具栏中单击 🏁 **完成草图** 按钮。

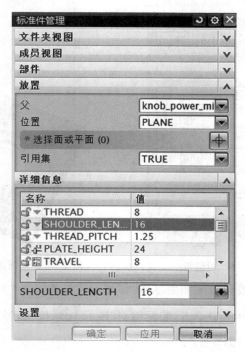

图 4-1-137 "标准件管理"对话框之参数设置

图 4-1-138 山打螺丝创建后的状态

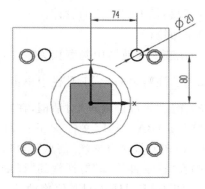

图 4-1-139 草绘截面

（5）返回至"拉伸"对话框中，修改参数值，如图 4-1-140，并设置布尔运算为"求差"，按系统默认，单击"确定"按钮，完成孔的创建。

（6）再次利用拉伸工具，在相同的草绘平面上，绘制四个直径为 ϕ9 的同心圆，拉伸深度为 30 mm，设置布尔运算为"求差"，最终完成的定模座板的山打螺丝避开位设计，如图 4-1-141所示。

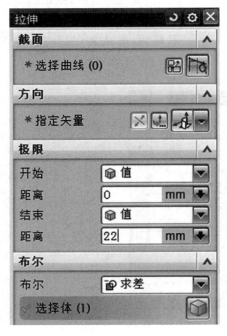

图 4-1-140   "拉伸"对话框　　　　　　图 4-1-141   创建螺丝孔后的状态

（7）在装配导航器中设置隐藏相关零件，仅显示脱料板。

（8）在"特征操作"工具栏中单击"装配切割"图标 按钮，弹出"装配切割"对话框，在图形窗口中选择脱料板目标体。

（9）单击鼠标中键，选择前面创建的山打螺丝为刀具，取消隐藏工具选项，单击"确定"按钮，完成脱料板上避空位的设计。

3）添加拉杆

（1）在装配导航器中隐藏相关零件，仅显示脱料板和定模座板。

（2）在"注塑模向导"工具栏中单击"标准件"图标 按钮。

（3）弹出"标准件管理"对话框，在"文件夹视图"下拉列表中选择"FUTABA_MM"文件夹，在"FUTABA_MM"文件夹下拉列表中选择"Screws"，在"成员视图"列表框中选择 SHSB［M-PBC］，弹出螺丝"信息"窗口，如图 4-1-142 所示。

（4）在"标准件管理"对话框的"详细信息"列表框中，"SHOULDER_LENGTH"的值选择 130。PLATE_HEIGHT 值修改为 200 mm，TRAVEL 值修改为 110 mm，PARTIAL_THREAD_LENGTH 值修改为 15 mm，如图 4-1-143 所示。单击"选择面或平面"按钮，在

图形窗口中选择脱料板顶面,单击"确定"按钮。

（5）切换至"尺寸"选项卡,将 SHOULDER_LENGTH 值修改为 130 mm。

（6）单击"确定"按钮,弹出"选择一个面"对话框,在图形窗口中选择脱料板底面,在弹出的"点"对话框中,将 XC、YC、ZC 的值分别修改为 45 mm、76 mm、0 mm,如图 4-1-144 所示。

（7）单击"确定"按钮,在相应的坐标处创建拉杆。

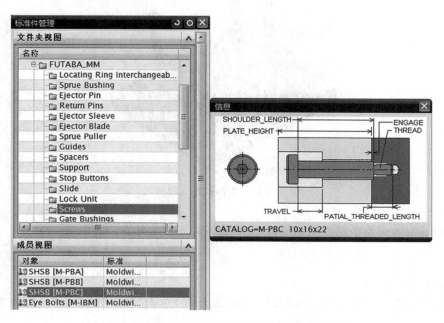

图 4-1-142　"标准件管理"对话框及螺丝"信息"窗口

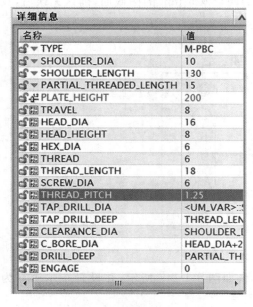

图 4-1-143　螺丝修改尺寸详细信息

图 4-1-144　"点"对话框

(8)以同样的方法,分别以坐标 XC=−45 mm、YC=76 mm、ZC=0 mm,XC=−45 mm、YC=−76 mm、ZC=0 mm,XC=45 mm、YC=−76 mm、ZC=0 mm,创建另外三个拉杆,如图 4-1-145 所示。

图 4-1-145 添加拉杆后的状态

4)创建拉杆避开位

(1)在装配导航器中仅显示定模板,并设置其为工作部件。

(2)在"特征"工具栏中单击"拉伸"图标 ▥ 按钮,弹出"拉伸"对话框,单击鼠标中键,弹出"创建草绘"对话框。

(3)在图形窗口中选择定模板的顶面为草绘平面,单击"确定"按钮,系统自动进入草绘模式。

(4)利用草绘工具绘制如图 4-1-146 所示的四个 φ25 mm 的圆截面,确认无误后,在"草图生成器"工具栏中单击 🏁 完成草图 按钮。

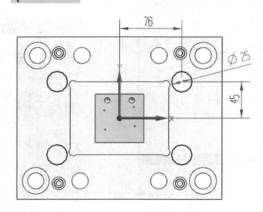

图 4-1-146 草绘截面

(5)返回至"拉伸"对话框中,修改参数值,如图 4-1-147 所示,并设置布尔运算为"求差",按系统默认,单击"确定"按钮,完成孔的创建。

(6)再次利用拉伸工具,在相同的草绘平面上,绘制四个直径为 φ17 mm 的同心圆,拉伸

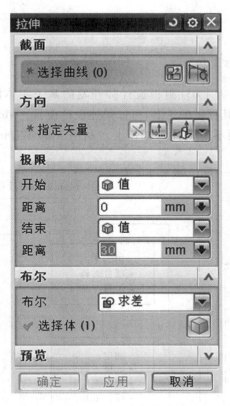

图 4-1-147 参数设置

深度为 55 mm,设置布尔运算为"求差",最终完成定模板拉杆的避开位设计,如图4-1-148所示。

(7)以同样的方式,相同的长宽尺寸,以动模板上表面为草绘平面绘制四个 $\phi25$ mm 的圆截面,深度贯通动模板,切割动模板,完成切割后如图 4-1-149 所示。

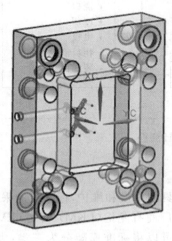

图 4-1-148 完成避开位的定模板图

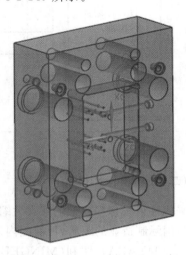

图 4-1-149 完成避开位的动模板

四、相关理论知识

(一)UG 模具设计基本流程

MoldWizard 是 UGS 专门为注射模设计师开发的基于实体的以模具设计过程为向导的应用工具。设计师利用其提供的工具,可以快速设计模具。MoldWizard 可以让设计师把精力集中在模具设计上,而不是软件的操作上。利用 MoldWizard 进行注射模具设计的一般流程如图 4-1-150 所示。

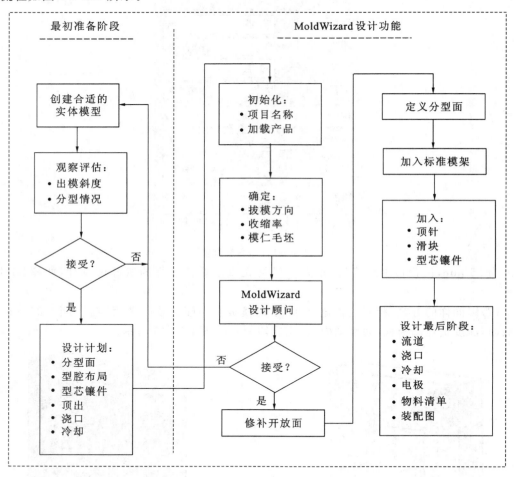

图 4-1-150 MoldWizard 模具设计流程

(二)注射模标准模架

采用注射模标准模架能够大大缩短制模周期,方便模具的修模和维护,标准化的采用,缩短了与国际制造业的距离,目前国内采用最多的标准模架厂商有龙记(LKM)、环胜(EVER)、富得巴(FUTABA)、明利(MINGEE)等。根据模具结构可以将标准模架分为三类:大水口模架、细水口模架、简化细水口模架。下面以龙记(LKM)标准模架为例进行介绍。

1. 大水口模架

大水口模架常用于单分型面二板模,有以下几种型号。

(1)工字模　工字模与其他同类模架最大的区别,在于定模座板与动模座板宽度方向尺寸大于定模板和动模板宽度的尺寸,如图 4-1-151 所示为常见的工字模模架示意图。

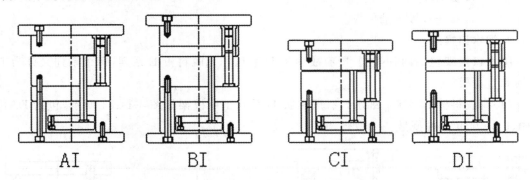

图 4-1-151　大水口工字模

(2)直身有面板模　直身有面板模的特点为有定模座板,且定模座板与动模座板宽度方向的尺寸与定模板、动模板的宽度尺寸一致,如图 4-1-152 所示。

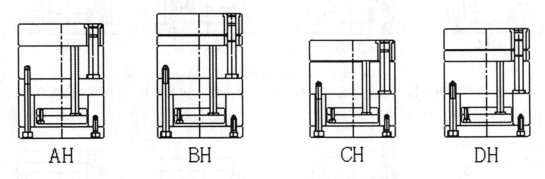

图 4-1-152　大水口直身有面板模

(3)直身无面板模　直身无面板模的特点是没有定模座板,动模座板的宽度尺寸与定模板、动模板的宽度尺寸一致,如图 4-1-153 所示。

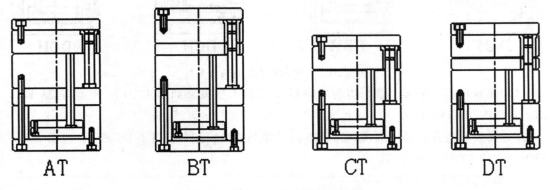

图 4-1-153　大水口直身无面板模

在上述三种大水口模架型号中,分别有 A、B、C、D 四种型号,其含义为:

A——A 板＋B 板＋支撑板;

B——A 板＋B 板＋支撑板＋推件板;

C——A 板＋B 板;

D——A 板＋B 板＋推件板。

2. 细水口模架

细水口模架包括两种类型,即有脱料板 D 系列和无脱料板 E 系列,每个系列又分为工字模和直身模。

(1)有脱料板工字模　细水口有脱料板 D 系列工字模架如图 4-1-154 所示,包括 DAI、DBI、DCI、DDI 四种型号。

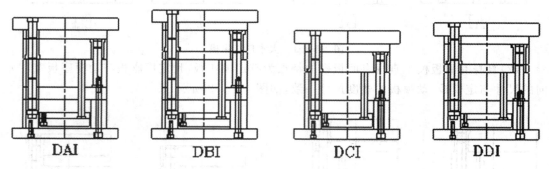

图 4-1-154　细水口有脱料板工字模

(2)有脱料板直身模　细水口有脱料板 D 系列直身模架如图 4-1-155 所示,包括 DAH、DBH、DCH、DDH 四种型号。

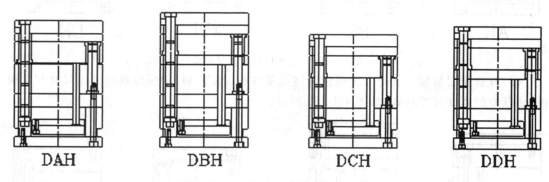

图 4-1-155　细水口有脱料板直身模

(3)无脱料板工字模　细水口有脱料板 E 系列工字模架如图 4-1-156 所示,包括 EAI、EBI、ECI、EDI 四种型号。

(4)无脱料板直身模　细水口无脱料板 E 系列直身模架如图 4-1-157 所示,包括 EAH、EBH、ECH、EDH 四种型号。

3. 简化型细水口模架

简化型细水口模架包括两种类型,即有脱料板 F 系列和无脱料板 G 系列,每个系类又分为工字模和直身模。但四种类型根据结构仅分 A、C 两种类型。

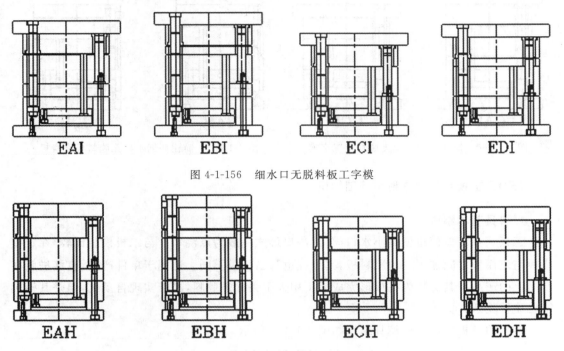

图 4-1-156　细水口无脱料板工字模

图 4-1-157　细水口无脱料板直身模

（1）有脱料板工字模　如图 4-1-158 所示为 F 系列有脱料板工字模架示意图，包括 FAI、FCI 两种类型。

（2）有脱料板直身模　如图 4-1-159 所示为 F 系列有脱料板直身模架示意图，包括 FAH、FCH 两种类型。

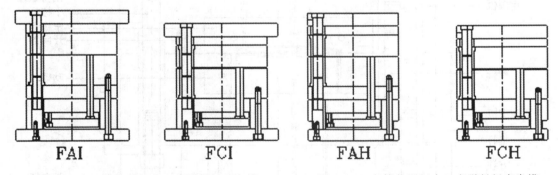

图 4-1-158　简化型细水口有脱料板工字模　　　图 4-1-159　简化型细水口有脱料板直身模

（3）无脱料板工字模　如图 4-1-160 所示为 G 系列无脱料板工字模架示意图，包括 GAI、GCI 两种类型。

（4）无脱料板直身模　如图 4-1-161 所示为 G 系列无脱料板直身模架示意图，包括 GAH、GCH 两种类型。

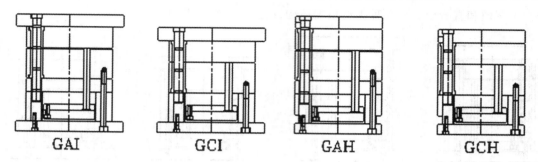

GAI   GCI   GAH   GCH

图 4-1-160 简化型细水口无脱料板工字模   图 4-1-161 简化型细水口无脱料板直身模

(三)三板模点浇口注射模基础知识

1. 模具基本结构

三板式点浇口模也就是小水口模,其浇口形式一般为点浇口。与二板模相比较,在定模座板与定模板之间加了一块脱料板,其导柱也与二板模不同。适用于单件产品、直接进胶在产品上的产品。其优势为在成形完成后不用人工去除进胶料,易于实现自动化,但是其模具结构比较复杂。

典型的三板式点浇口模具结构如图 4-1-162 所示。

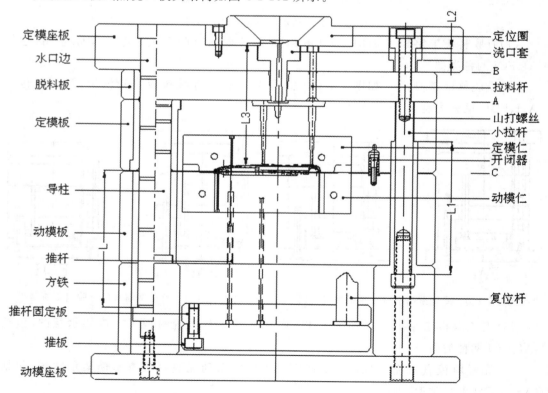

图 4-1-162 三板式点浇口模具基本结构

2. 模具动作原理

一般来说三板式点浇口模具分三次开模,图 4-1-162 所示为合模状态,具体的开模过程如下。

开模时,在开闭器的作用下,首先在脱料板与定模板之间分开,如图 4-1-163 所示的分型面 A 处,在拉料杆的作用下,浇注系统凝料留在定模侧,当小拉杆与定模板接触时,第一次分型结束。

继续开模,在开闭器的作用下,定模板与动模板仍然处于结合状态,在小拉杆的作用下,脱料板与定模座板脱开,如图 4-1-164 所示的分型面 B 处,实现模具的第二次分型,直至山打螺丝与定模座板相接触,将浇注系统凝料从浇口套中拉出。

继续开模,当开模力大于开闭器的作用力时,在动模板与定模板之间分开,如图 4-1-165 所示的分型面 C 处,实现模具的第三次分型,其分型距离取决于塑件的取出距离。

最后,在顶出机构的作用下,将塑件顶出。

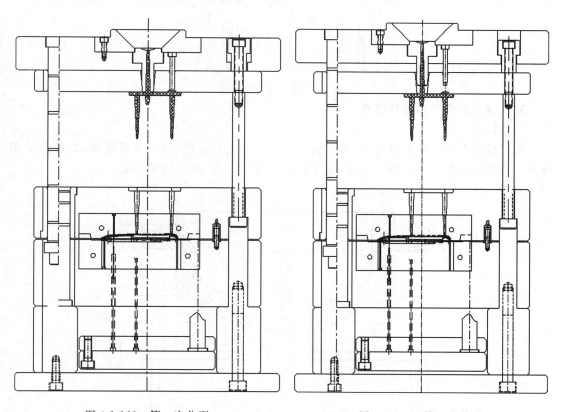

图 4-1-163　第一次分型　　　　　　　　　图 4-1-164　第二次分型

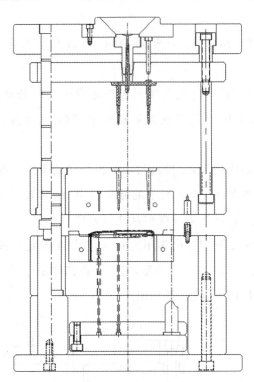

图 4-1-165　第三次分型

3. 三板式点浇口模设计要点

1)浇口套

在三板式点浇口注射模具中,为了缩短浇注系统凝料长度,缩短开模距离,并且为了实现浇口套与脱料板之间的开合动作,通常使用如图 4-1-166 所示的浇口套。

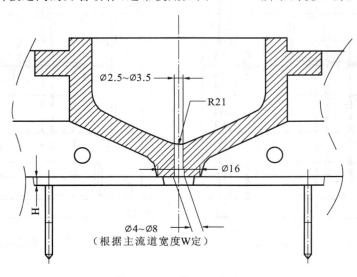

图 4-1-166　浇口套形式 1

当浇口位置离浇口套距离较近,不能布置拉料杆时也可使用如图 4-1-167 所示的浇口套。

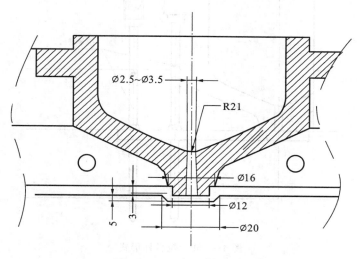

图 4-1-167 浇口套形式 2

2)浇口

三板式模具使用的浇口形式为点浇口,该浇口形式开模时能自动剪断,浇口处残余应力小,浇口痕迹小,可实现自动化生产,但是压力损失大,需要较高的注塑压力。具体的浇口尺寸及形式如图 4-1-168 所示。

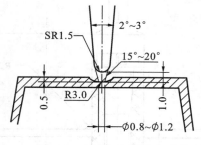

图 4-1-168 点浇口形式

3)拉料杆

模具开模时,为了能够将浇注系统凝料从定模板中脱出,需要在每个浇口的上方设置一个拉料杆,常用的拉料杆形式如图 4-1-169 所示。

4)开闭器

在三板式点浇口模具中为了保证正确的开模顺序,通常在定模板与动模板之间加设开闭器。开闭器是利用树脂本身的摩擦阻力起作用的,力的大小可以通过螺丝松紧来调节。所有开闭器要沉入动模 2～3 mm,定模侧要做直径为 5 mm 的排气孔,定模孔边要做 R2 的圆角,以免破坏开闭器。具体如图 4-1-170 所示。

5)分型距离

如图 4-1-162 所示的三板式点浇口模具,在开模过程中需要满足以下关系:

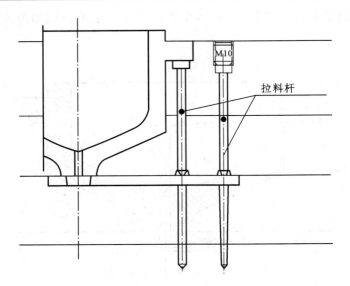

图 4-1-169　拉料杆形式

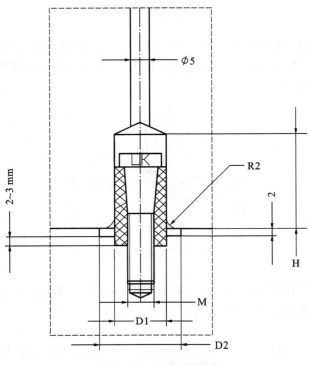

图 4-1-170　开闭器形式

$$L = L_1 + 10 \text{ mm}$$
$$L_1 = L_3 + 30 \sim 40 \text{ mm}$$
$$L_2 = 8 \sim 10 \text{ mm}$$

L_3 为浇注系统凝料长度。

五、相关练习

完成如图 4-1-171 所示塑件的模具设计。

图 4-1-171　旋钮图

任务二　电源开关按钮注塑模具工程图的创建

一、教学目标

(1)掌握创建物料清单的方法。

(2)掌握创建模具装配图的方法。

二、工作任务

正确完成电源开关按钮的注射模具三维装配图后,在 UG 软件中继续完成该模具的装配工程图及物料清单,以指导模具零件的采购以及生产装配。

三、相关实践知识

(一)创建 BOM 表(物料清单)

BOM 表是现代企业利用计算机辅助企业生产管理的一种数据文件,也称物料清单。是企业编制计划的依据,是采购和外协的依据,是成本计算的依据,利用 BOM 表能够实现设计系列化、标准化以及通用化。下面详细介绍 BOM 表的创建过程。

1.添加 BOM 表

(1)在"注塑模向导"工具栏中单击"物料清单" 按钮,系统弹出"物料清单"对话框,如图 4-2-1 所示。

(2)在"物料清单"对话框中,单击任意一行,在图形窗口中高亮显示选中的物料图形。

2.新添物料

(1)在"物料清单"对话框中单击"选择组件"选项,使其处于拾取状态。

(2)在图形窗口中选择浇口套,系统弹出"物料清单"消息提示栏,如图 4-2-2 所示。

(3)单击"确定"按钮,系统在"物料清单"对话框中添加了新的一行。

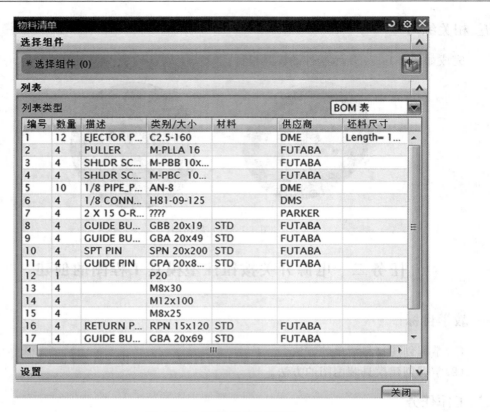

图 4-2-1 "物料清单"对话框

图 4-2-2 "物料清单"消息提示栏

(4)在"描述"一栏输入"SPRUEBUSHING",其他栏均为默认值。

(5)根据需要双击对话框中的相关项目进行数据的修改或者添加。

3. 隐藏组件

(1)在"物料清单"对话框中选中"NO."为 14 的物料,在图形窗口中高亮显示为定模座板,属标准模架范畴。

(2)单击鼠标右键,弹出如图 4-2-3 所示的快捷菜单。

(3)单击"隐藏组件"选项,列表中的组件隐藏。

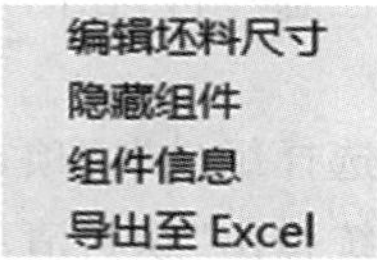

编辑坯料尺寸
隐藏组件
组件信息
导出至 Excel

图 4-2-3 快捷菜单

4.导出 BOM 表

（1）在"物料清单"对话框中单击鼠标右键，弹出快捷菜单。

（2）单击"导出至 Excel"选项，弹出"选择对话框"。

（3）在文件名一栏输入"BOM"，单击"OK"按钮，如图 4-2-4 所示。

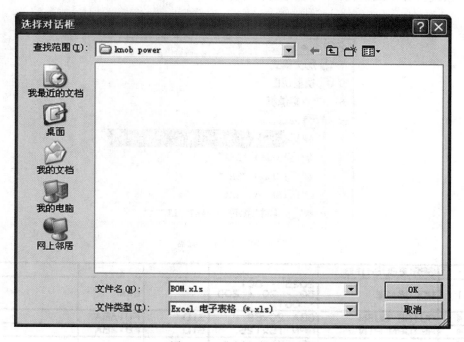

图 4-2-4　"选择对话框"

（4）软件自动打开 Excel 软件，可以进行组件名称、数据信息的编辑，完成后保存，如图 4-2-5 所示。

	A	B	C	D	E	F	G	H
	编号	数量	描述	类别_大小	材料	供应商	坯料尺寸	
1								
2	CALLOUT		DESCRIPT	CATALOG	MATERIAL	SUPPLIER	MW_STOCK_SIZE	
3	1	12	EJECTOR	C2.5-160		DME	Length= 120.000	
4	2	4	PULLER	M-PLLA 16		FUTABA		
5	3	4	SHLDR SC	M-PBB 10x16		FUTABA		
6	4	4	SHLDR SC	M-PBC 10x130x15		FUTABA		
7	5	10	1/8 PIPE_	AN-8		DME		
8	6	4	1/8 CONN	H81-09-125		DMS		
9	7	4	2 X 15 O-F	????		PARKER		
10	8	4	GUIDE BU	GBB 20x19	STD	FUTABA		
11	9	4	GUIDE BU	GBA 20x49	STD	FUTABA		
12	10	4	SPT PIN	SPN 20x20	STD	FUTABA		
13	11	4	GUIDE PII	GPA 20x87	STD	FUTABA		
14	12	1		P20				
15	13	4		M8x30				

MOLDWIZARD_BOM_TEMPLATE　Merge_Catalog　BOM_of_knob_power

图 4-2-5　物料清单

5. 查看 BOM 表

(1)在"部件导航器"的"Drawing"项目下，双击 `Sheet "SH1" (工作的-活动的)` 图纸模板文件，如图 4-2-6 所示。

(2)系统打开图纸模板，即可看见编辑并保存的物料清单，如图 4-2-7 所示。

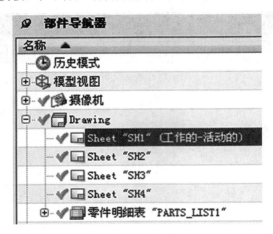

图 4-2-6   部件导航器

NO.	QTY	DESCRIPTION	CATALOG/SIZE	MATERIAL	SUPPLIER	STOCK SIZE
21	1	SPRUE BUSHING				
20	1	MOLDBASE	2025 - DCI - 50 - 70 - 200 - OUT		LKM	
19	4	GUIDE BUSH	GBA 20×69	STD	FUTABA	
18	4	RETURN PIN	RPN 15×125	STD	FUTABA	
17	4		M8×25			
16	4		M12×100			
15	4		M8×30			
14	8	DOWEL PIN	8 × 50			
13	4	GUIDE PIN	GPA 20×87×39	STD	FUTABA	
12	4	SPT PIN	SPN 20×200	STD	FUTABA	
11	4	GUIDE BUSH	GBA 20×49	STD	FUTABA	
10	4	GUIDE BUSH	GBB 20×19	STD	FUTABA	
9	4	2 × 8 O-RING	????	BUNA	PARKER	
8	4	1/8 CONNECTOR PLUG	N 6-1/8" A	BRASS	DME	
7	10	1/8 PIPE PLUG	AN-8	BRASS	DME	
6	4	SHLDR SCREW	M-PBC 16×130×15	STD	FUTABA	
5	3	SHLDR SCREW	M-PBB 10×16	STD	FUTABA	
4	1	SHLDR SCREW	M-PBB 10×13	STD	FUTABA	
3	4	PULLER	M-PLL 16	STD	FUTABA	
2	24	-				
1	12	-	C2.5-160	NITRIDED	DME	(...)

图 4-2-7   物料清单

(二)创建模具工程图

MoldWizard 模块提供了快速、自动化、标准的模具工程图纸的创建和管理功能。下面详细介绍工程图的创建过程。

1. 创建装配图纸

(1)设置 knob_power_010 为工作部件,显示动定模的所有模具元件。

(2)在"注塑模向导"工具栏中单击"装配图纸"  按钮,弹出"装配图纸"对话框,如图 4-2-8 所示。

(3)保持对话框的默认设置,选择公制 template_A0_asy_fam_mm.prt 图纸模板。

(4)单击"应用"按钮,系统自动完成模具装配图纸的创建。

2. 指派组件属性

(1)在"装配图纸"对话框中单击"可见性"选项卡,如图 4-2-9 所示。

图 4-2-8 "装配图纸"对话框

图 4-2-9 "可见性"选项卡

(2)在"属性值"下拉列表中显示 A 时,模具装配体中属于"属性 A"的组件在图形窗口中红色高亮显示,如图 4-2-10 所示。

(3)查看"属性值 A"和"属性值 B"的所属组件。在图形窗口中查看高亮显示的组件中是否有未将属于定模或动模的组件包含进去。

(4)在"所有组件"列表中选择定模侧组件,确保"属性值 A",单击"指派属性"按钮,将该组件指派给定模侧"属性值 A"。同样完成其他定模侧零件属性的指派。

(5)按同样的方式,将所有动模侧的零件都指派给"属性值 B"。

3.创建装配视图

(1)在"装配图纸"对话框中单击"视图"选项卡,如图 4-2-11 所示。

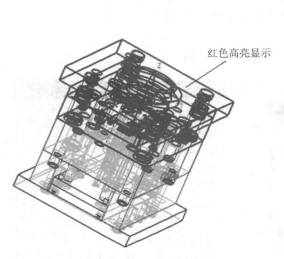

红色高亮显示

图 4-2-10　组件高亮显示状态

图 4-2-11　"视图"选项卡

(2)创建动模视图。在"视图"列表中选择 CORE,程序自动勾选"显示 B"复选框,单击"应用"按钮,程序自动创建出动模部分视图,如图 4-2-12 所示。

(3)创建定模视图。在"视图"列表中选择 CAVITY,程序自动勾选"显示 A"复选框,单击"应用"按钮,程序自动创建出定模视图,如图 4-2-13 所示。

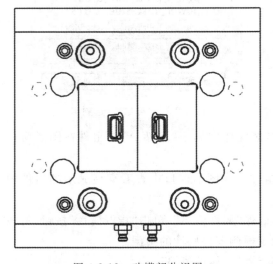

图 4-2-12　动模部分视图

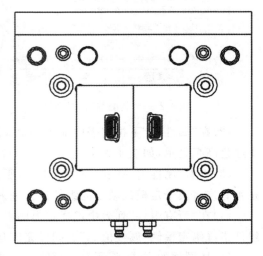

图 4-2-13　定模部分视图

（4）创建前剖视图。在"视图"列表中选择 FRONTSECTION，程序自动勾选"显示 A"和"显示 B"复选框。

（5）单击"应用"按钮，弹出"截面线创建"对话框，如图 4-2-14 所示。

（6）保留动模视图中默认的剖切方向，系统根据选择的参考对象，自动判断剖切位置，如图 4-2-15 所示。

图 4-2-14　"截面线创建"对话框

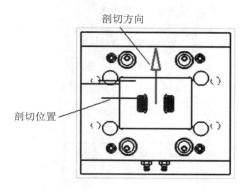

图 4-2-15　剖切位置

（7）单击"截面线创建"对话框中的"确定"按钮，系统自动生成前剖视图。如图 4-2-16 所示，同时在动模视图中添加剖切位置，如图 4-2-17 所示。

（8）在前剖视图中双击截面线，弹出"截面线"对话框，可以根据实际情况选择移动段、删除段以及添加段，如图 4-2-18 所示。

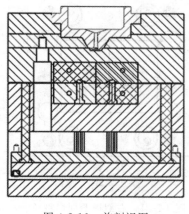

图 4-2-16　前剖视图

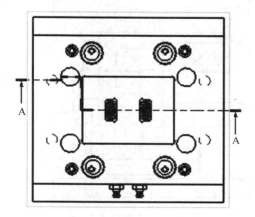

图 4-2-17　前剖视图剖切路径

（9）创建右剖视图。在"视图"列表中选择 RIGHTSECTION，程序自动勾选"显示 A"和"显示 B"复选框。

(10)单击"应用"按钮,弹出"截面线"对话框,保留动模视图中默认的剖切方向,系统根据选择的参考对象,自动判断剖切位置,如图 4-2-19 所示。

图 4-2-18 "截面线"对话框

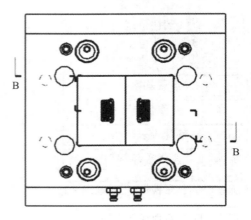

图 4-2-19 剖切位置

(11)单击"截面线"对话框中的"确定"按钮,系统自动生成右剖视图。如图 4-2-20 所示,同时在动模视图中添加剖切位置,如图 4-2-21 所示。

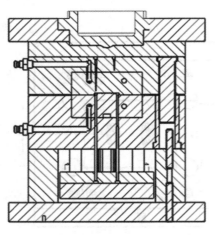

图 4-2-20 右剖视图

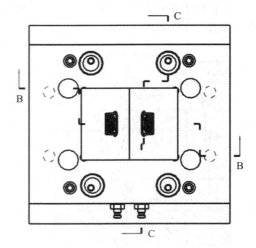

图 4-2-21 右剖视图剖切路径

(12)同样,在右剖视图中双击剖切线,弹出"截面线"对话框,可以根据实际情况移动段、删除段以及添加段。

（13）在"装配图纸"对话框中单击"取消"按钮，完成模具装配图的创建。

4. 编辑装配视图

（1）在图纸页中双击动模视图边框，弹出"视图样式"对话框，在该对话框的"隐藏线"选项中，设置其显示样式为虚线，然后单击"确定"按钮。同理完成对定模视图的设置。

（2）创建零件明细表。在制图模式下，单击"表格"工具栏中的"零件明细表"图标 ⊞ 按钮，在图纸右下角的标题栏空白处单击鼠标左键，放置并生成零件明细表，如图 4-2-22 所示（注：如不能生成，需将其他图纸页中的 BOM 表删除后再创建）。

（3）完善零件明细表。在零件明细表中，选中重复的行，单击鼠标右键，在弹出的快捷菜单中选择"删除"，双击数量单元格修改组件数量。

PC NO	PART NAME	QTY
71	KNOB_POWER_MOLDBASE_MM_019	1
70	KNOB_POWER_GBA_2_018	4
69	KNOB_POWER_RPN_013	4
68	KNOB_POWER_SCREW_EJ_006	4
67	KNOB_POWER_SCREW_PLL_016	4
66	KNOB_POWER_CL_SCREW_008	4
65	KNOB_POWER_DP_1_031	8
64	KNOB_POWER_GPA_1_028	4
63	KNOB_POWER_SPN_029	4
62	KNOB_POWER_GBA_SPN_025	4
61	KNOB_POWER_GBB_SPN_022	4
60	KNOB_POWER_COOL_HOLE_029	2
59	KNOB_POWER_O_RING_020	2
58	KNOB_POWER_COOL_HOLE_028	2
57	KNOB_POWER_CONNECTOR_031	2
56	KNOB_POWER_COOL_HOLE_023	2
55	KNOB_POWER_COOL_HOLE_022	1
54	KNOB_POWER_PIPE_PLUG_027	1
53	KNOB_POWER_COOL_HOLE_021	1
52	KNOB_POWER_PIPE_PLUG_026	1
51	KNOB_POWER_COOL_HOLE_020	1
50	KNOB_POWER_PIPE_PLUG_024	1
49	KNOB_POWER_COOL_HOLE_019	2

PC NO	PART NAME	QTY
48	KNOB_POWER_PIPE_PLUG_025	2
47	KNOB_POWER_COOL_HOLE_012	1
46	KNOB_POWER_O_RING_018	1
45	KNOB_POWER_COOL_HOLE_011	1
44	KNOB_POWER_O_RING_017	1
43	KNOB_POWER_COOL_HOLE_010	1
42	KNOB_POWER_CONNECTOR_015	1
41	KNOB_POWER_COOL_HOLE_004	1
40	KNOB_POWER_CONNECTOR_016	1
39	KNOB_POWER_COOL_HOLE_009	1
38	KNOB_POWER_COOL_HOLE_008	1
37	KNOB_POWER_COOL_HOLE_007	1
36	KNOB_POWER_PIPE_PLUG_016	1
35	KNOB_POWER_COOL_HOLE_006	1
34	KNOB_POWER_PIPE_PLUG_014	1
33	KNOB_POWER_COOL_HOLE_005	1
32	KNOB_POWER_PIPE_PLUG_013	1
31	KNOB_POWER_COOL_HOLE_002	1
30	KNOB_POWER_PIPE_PLUG_011	1
29	KNOB_POWER_COOL_HOLE_001	1
28	KNOB_POWER_PIPE_PLUG_015	1
27	KNOB_POWER_COOL_SIDE_B_018	1
26	KNOB_POWER_COOL_SIDE_A_017	1
25	KNOB_POWER_SPRUEBUSHING	1
24	KNOB_POWER_SHSB_005	1
23	KNOB_POWER_SHSB_004	1
22	KNOB_POWER_SHSB_003	1

PC NO	PART NAME	QTY
21	KNOB_POWER_SHSB_002	1
20	KNOB_POWER_SHSB_045	3
19	KNOB_POWER_SHSB_044	1
18	KNOB_POWER_PULLER_041	1
17	KNOB_POWER_PULLER_038	1
16	KNOB_POWER_PULLER_035	1
15	KNOB_POWER_PULLER_032	1
14	KNOB_POWER_POCKET_033	1
13	KNOB_POWER_POCKET_032	1
12	KNOB_POWER_MISC_SIDE_B_020	1
11	KNOB_POWER_MISC_SIDE_A_019	1
10	KNOB_POWER_COMB_WP_015	2
9	KNOB_POWER_EJPIN_003_5	2
8	KNOB_POWER_EJPIN_003_4	2
7	KNOB_POWER_EJPIN_003_3	2
6	KNOB_POWER_EJPIN_003_2	2
5	KNOB_POWER_EJPIN_003_1	2
4	KNOB_POWER_EJPIN_003	2
3	KNOB_POWER_PROD_SIDE_B_008	2
2	KNOB_POWER_PROD_SIDE_A_007	2
1	KNOB_POWER_CORE_006	2

图 4-2-22　零件明细表

5. 工程图导出

（1）单击菜单"文件"→"导出"→"2D Exchange"命令，弹出"2D Exchange 选项"对话框，

如图 4-2-23 所示。

(2)在"文件"选项的"导出至"选项中设置导出文件的存放位置。

(3)单击"要导出的数据"选项卡,在"导出"下拉列表中选择"选定的图纸"选项,在图纸列表中选中"SH2",如图 4-2-24 所示。

图 4-2-23　"2D Exchange 选项"对话框　　　　图 4-2-24　"要导出数据"选项卡

(4)单击对话框中的"确定"按钮,经过一段时间运算后,即可导出需要的工程图。

四、相关理论知识

装配图纸创建,模具图纸功能用于创建模具的工程图,可以创建装配图纸。

(1)装配图纸,在"注塑模向导"工具栏中,单击"装配图纸"图标 ，系统弹出如图 4-2-25所示的"装配图纸"对话框。系统根据模具的尺寸,会高亮显示合适的模板,用户也可自己设置模板、图纸类型等参数。单击"应用"按钮,系统即创建图纸。

(2)在"装配图纸"对话框中,单击"可见性"选项卡,弹出如图 4-2-26 所示模具图纸可见性对话框。在该对话框的"可见性属性"中的 MW_SIDE 选项中,属性值下拉列表分别有"A"、"B"和"隐藏"选项,其中,型腔一侧组件定义为 A 属性,型芯一侧组件定义为 B 属性,既有型腔又有型芯一侧组件的属性定义为隐藏。单击"应用"按钮,系统确认组件可见性。

(3)选择"视图"选项卡,如图 4-2-27 所示,模具装配图显示四种视图:型芯部分顶视图、型腔部分仰视图、前剖视图和右剖视图。创建型芯时"可见性控制"选项中选择"显示 B";创建型腔部分时选择"显示 A"选项;创建前剖视图或右剖视图时将"显示 A"和"显示 B"一起选择。

在列表框选择要显示的视图,单击"应用"按钮,该视图会在图纸上创建。但 FRONT-SECTION 和 RIGHTSECTION 视图必须要 CORE 视图创建后才能生成。

(4)创建剖切线,创建 CORE 视图后,再选择 FRONTSECTION 和 RIGHTSECTION 视图,单击"应用"按钮,打开如图 4-2-28 所示"截面线创建"对话框,在 CORE 视图上选择剖切位置,可依次选择不同位置,形成阶梯剖。

图 4-2-25　"图纸"选项卡

图 4-2-26　"可见性"选项卡

图 4-2-27　"视图"选项卡

图 4-2-28　"截面线创建"对话框

五、相关练习

完成如图 4-2-29 所示塑件的模具设计及其工程图。

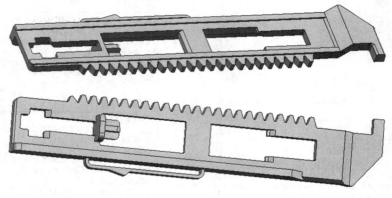

图 4-2-29　齿条塑件图

项目五 仪表外壳注塑模具设计

任务一 仪表外壳注塑模具设计

一、教学目标

(1)掌握内抽芯机构创建方法。
(2)掌握外抽芯机构创建方法。

二、工作任务

图 5-1-1 所示仪表外壳零件材料为 ABS,中等批量生产,分析其结构特点,建立正确的模具设计思路,做好设计前的各项准备工作,具体如表 5-1-1 所示。然后在 UG 8.0 Mold-Wizard 模块中依次完成型腔型芯创建、浇注系统设计、顶出系统设计、抽芯机构设计等操作,最终完成仪表外壳的注塑模具设计。

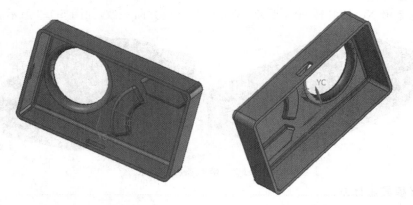

图 5-1-1 仪表外壳零件图

表 5-1-1 设计前的项目分析

序号	分析项目	说　　明
1	型腔数目	根据产品的外形尺寸及生产批量,模具采用一模两腔的布局
2	分型面	该产品属于平板类结构,选择最大轮廓处作为模具分型面,采用平面类分型面以便于加工制造
3	浇注系统	分流道采用圆形,浇口采用扇形
4	模架	采用 LKM_SG A 类型工字模架

续表

序号	分析项目	说　　明
5	顶出系统	根据产品的结构,在产品四周分布 6 根圆柱形顶杆直接将产品顶出
6	抽芯机构	产品内壁有,需要内抽芯机构来成形,产品侧壁有一长方形孔,需要外抽芯机构来成形
7	冷却系统	根据型芯、型腔结构和壁厚以及抽芯机构位置等,分别在定模和动模创建冷却回路

三、相关实践知识

(一)加载产品

启动 UG NX 8.0,打开"yibiaowaike. part"文件,进入 UG 建模模块,然后打开"注塑模向导"模块,单击"初始化项目" 命令,在"材料"下拉列表中选择"ABS",其他全部采用默认设置,单击"确定"按钮完成产品加载。

(二)定位模具坐标系

1.旋转坐标系

将坐标系沿 XC 轴旋转 90°,使 ZC 轴方向与开模方向一致,如图 5-1-2 所示。

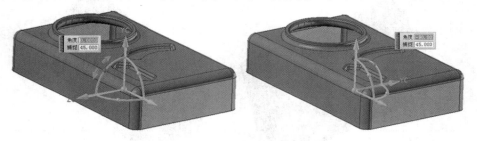

图 5-1-2　坐标系旋转结果

2.定义模具坐标系

单击"模具 CSYS" 命令,弹出"模具 CSYS"对话框,如图 5-1-3 所示,选择"当前 WCS",单击"确定"按钮,完成模具坐标系的设置。

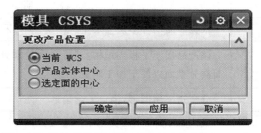

图 5-1-3　"模具 CSYS"对话框

(三)设置收缩率

单击"收缩率" 命令,弹出"缩放体"对话框,如图 5-1-4 所示,在"类型"下拉列表中选取"均匀",在"比例因子"选项下的"均匀"文本框中输入 1.006,其他各项参数采用默认设置,单击"确定"按钮完成模具收缩率的设置。

图 5-1-4 "缩放体"对话框

(四)定义工件

单击"工件" 命令,采用系统默认的参数,确定后完成工件创建,如图 5-1-5 所示。

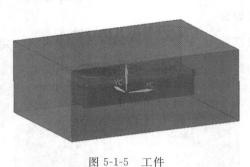

图 5-1-5 工件

(五)创建型芯型腔

1. 曲面补片

在"模具分析工具"对话框中,单击"曲面补片" 命令,在"类型"选项中选择"体",单击"确定"按钮自动修补各个孔,如图 5-1-6 所示。

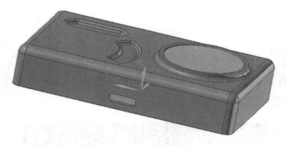

图 5-1-6　曲面补片

2. 检查区域

在"模具分型工具"对话框中,单击"区域分析"  命令,采用默认设置,单击"计算",选择单击区域,定义型腔区域和型芯区域,单击"确定"按钮退出,如图 5-1-7 所示。

图 5-1-7　型腔区域和型芯区域

3. 定义区域和创建分型线

在"模具分析工具"对话框中,单击"定义区域"命令,在"定义区域"选项中选择"型腔区域",在"设置"选项中勾选创建区域和创建分型线,然后单击"应用"按钮,完成型腔区域和分型线创建,结果如图 5-1-8 所示。型芯区域和分型线创建方法与此相同。

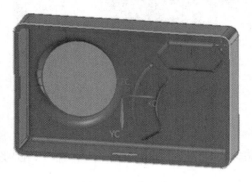

图 5-1-8　分型线

4. 创建分型面

在"模具分析工具"对话框中,单击"创建/编辑分型面" 命令,采用系统默认设置,单击"确定"按钮完成分型面创建,如图 5-1-9 所示。

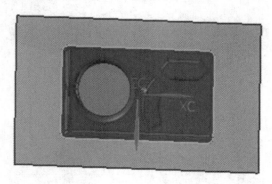

图 5-1-9 分型面

5. 创建型芯和型腔

在"模具分析工具"对话框中,单击"创建型腔和型芯" 命令,单击"确定"按钮完成型芯、型腔创建,如图 5-1-10 所示。

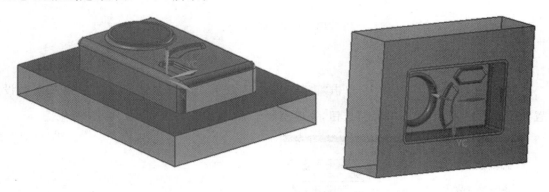

图 5-1-10 型芯和型腔

(六)型腔布局

1. 型腔布局

在"注塑模向导"工具栏中,单击"型腔布局" 命令,在"布局类型"选项中选择"矩形"、"平衡",在"指定矢量"选项中选择"－YC 轴",单击"确定"按钮完成一模两腔的型腔布局,如图 5-1-11 所示。

2. 插入腔体

在"型腔布局"对话框中,单击"编辑插入腔体" 命令,在"R"选项中选择"5"mm,在"类型"选项中选择"1",单击"确定"按钮,完成插入腔体创建,如图 5-1-12 所示。

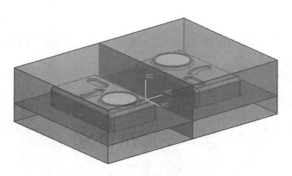

图 5-1-11　型腔布局

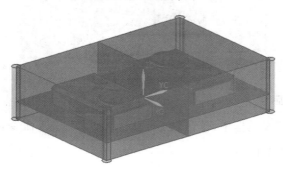

图 5-1-12　插入腔体

(七)添加模架

在"注塑模向导"工具栏中,单击"模架库" 命令,选择 LKM_SG 模架,各项参数设置如图 5-1-13 所示,单击"确定"按钮,完成模架添加,如图 5-1-14 所示。

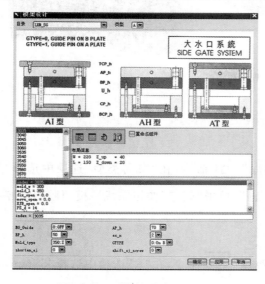

图 5-1-13　"模架设计"对话框

图 5-1-14　模架

(八)创建内抽芯结构

1. 调整坐标系

将坐标系原点调整到内壁倒扣边界的中点上,使＋YC轴方向背离产品体,如图 5-1-15 所示。

图 5-1-15 调整后的坐标系

2. 创建内抽芯机构

1)添加浮升销

在"注塑模向导"工具栏中,单击"滑块和浮升销设计" 命令,在"分类"选项中选择"浮升销",各项参数设置如图 5-1-16 所示,单击"确定"按钮后完成浮升销添加,如图 5-1-17 所示。

图 5-1-16 浮升销参数设置

图 5-1-17 浮升销

2)创建内抽芯体成形部分

在"注塑模向导"工具栏中,单击"模具修剪" 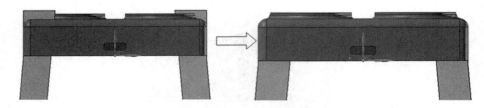命令,选择内抽芯体,确定后完成内抽芯体成形部分创建,如图 5-1-18 所示。

图 5-1-18　内抽芯体成形部分

按上述相同的方法和步骤,完成另一个内抽芯机构创建,如图 5-1-19 所示。

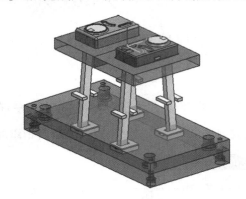

图 5-1-19　内抽芯机构

(九)创建外抽芯结构

1. 调整坐标系

将坐标系原点调整到型芯边界的中点上,使＋YC 轴方向指向产品体,如图 5-1-20 所示。

图 5-1-20　调整后的坐标系

2. 创建外抽芯机构

1)添加滑块

在"注塑模向导"工具栏中,单击"滑块和浮升销设计" 命令,在"分类"选项中选择"滑动",各项参数设置如图 5-1-21 所示,单击"确定"按钮,完成浮升销添加,如图 5-1-22 所示。

图 5-1-21　滑块参数设置

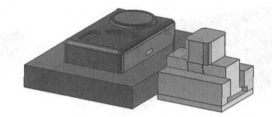

图 5-1-22　滑块

2)创建外抽芯体成形部分

第一,将滑块体转为工作部件,利用装配模块中"WAVE 几何链接器" 命令,将产品体(仪表外壳)复制到当前工作部件中。完成后退出"工作部件"状态。

第二,将滑块体转为显示部件。单击"注塑模工具"工具栏中"创建方块" 命令,选择产品体(仪表外壳)侧壁孔的面创建方块,确定后如图 5-1-23 所示;单击"注塑模工具"工具栏中"分割实体" 命令,选择产品体(仪表外壳)的内侧面和底面对方块进行修剪,修剪后如图 5-1-24 所示;单击"特征操作"工具栏中"求差" 命令,目标体选择修剪后的方块,刀具体选择产品体(仪表外壳),确定后如图 5-1-25 所示;单击"注塑模工具"工具栏中"延伸实体" 命令,选择求差后的方块的侧面进行延伸,确定后如图 5-1-26 所示;单击"特征操作"工具栏中"拔模" 命令,"拔模角度"选择"10°",确定后如图 5-1-27 所示。完成后退出"显示部件状态",如图 5-1-28 所示。

图 5-1-23　创建方块

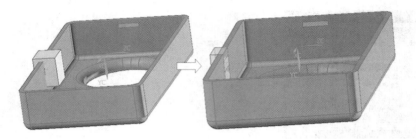

图 5-1-24　修剪方块

图 5-1-25　方块布尔运算结果

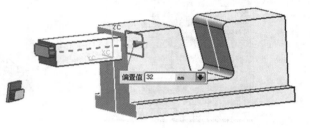

图 5-1-26　延伸实体结果

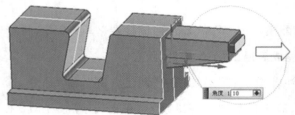

图 5-1-27　拔模

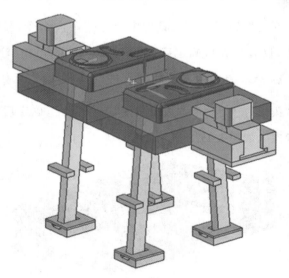

图 5-1-28　内抽芯和外抽芯机构

(十)创建浇注系统

1. 添加定位环

在"注塑模向导"工具栏中,单击"标准件"  命令,在"名称"→"MW Standard Part Library"下拉列表中选取"DME_MM",其他各项参数设置如图 5-1-29 所示,单击"确定"按钮,完成定位环添加,如图 5-1-30 所示。

图 5-1-29　定位环参数设置

图 5-1-30　定位环

2. 添加浇口套

在"注塑模向导"工具栏中,单击"标准件" 命令,在"名称"→"MW Standard Part Library"下拉列表中选取"DME_MM",其他各项参数设置如图 5-1-31 所示,单击"确定"按钮,完成浇口套添加,如图 5-1-32 所示。

3. 添加流道

在"注塑模向导"工具栏中,单击"流道" 命令,设置流道长度 A＝35 和流道直径＝8 mm,确定后完成流道添加,如图 5-1-33 所示。

4. 添加浇口

在"注塑模向导"工具栏中,单击"浇口" 命令,在"类型"下拉列表中选择"fan",各项参数设置如图 5-1-34 所示,"浇口点"选择产品体(仪表外壳)边界中点,确定后如图 5-1-35 所示。

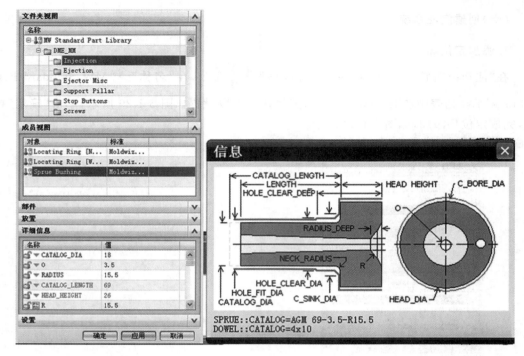

图 5-1-31　浇口套添加

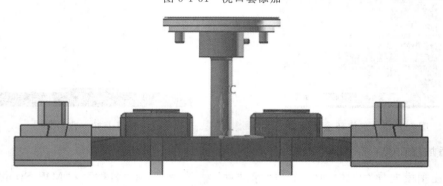

图 5-1-32　浇口套

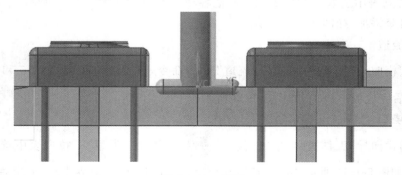

图 5-1-33　流道

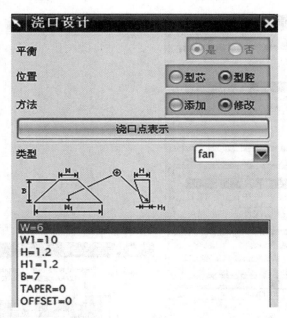

图 5-1-34 浇口参数设置

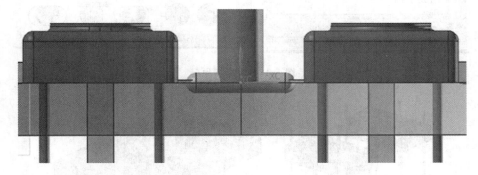

图 5-1-35 浇口

(十一)创建顶出系统

1. 添加顶杆

在"注塑模向导"工具栏中,单击"标准件" 命令,在"目录"下拉列表中选取"DME_MM",其他各项参数设置如图 5-1-36 所示,6 个放置点坐标值为(32,44,0)、(32,−44,0)、(32,−4,0)、(77,44,0)、(77,−44,0)、(77,−4,0),确定后完成顶杆添加,如图 5-1-36 所示。

2. 修剪顶杆

在"注塑模向导"工具栏中,单击"顶杆后处理" 命令,采用系统默认设置,确定后完成顶杆修剪,如图 5-1-37 所示。

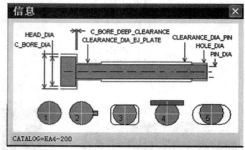

图 5-1-36　添加顶杆

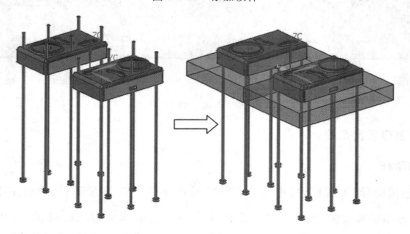

图 5-1-37　顶杆

(十二)定模冷却系统

1. 创建型腔冷却水道

1)创建 4 根长度 130 mm 冷却水道

在"注塑模向导"工具栏中,单击"冷却"　命令,选择"冷却标准部件库"　命令,弹出如图 5-1-38 所示对话框。在"成员视图"中选择"COOLING HOLE",设置"PIPE_ THREAD"为"M10",设置 HOLE_1_DEPTH＝HOLE_2_DEPTH＝130 mm,其他采用系统默认设置。

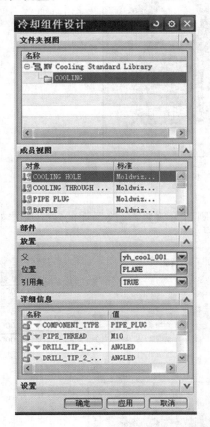

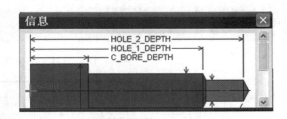

图 5-1-38　冷却组件设计

选择型腔两个侧面为放置面,每个放置面的定位尺寸如图 5-1-39 所示,确定后完成冷却水道创建,如图 5-1-40 所示。

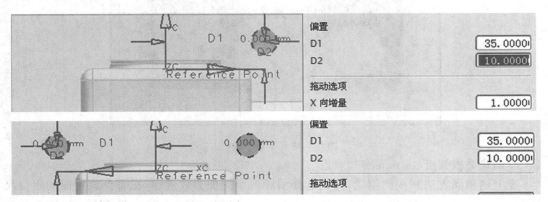

图 5-1-39　定位尺寸(1)

图 5-1-40　冷却水道(1)

2)创建 2 根长度 155 mm 冷却水道

按上述相同方法和步骤创建,分别选择型腔两个侧面为放置面,放置面的定位尺寸如图 5-1-41 所示,确定后完成冷却水道创建,如图 5-1-42 所示。

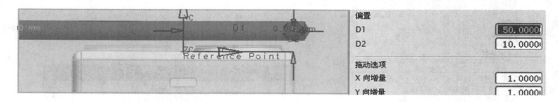

图 5-1-41　定位尺寸(2)

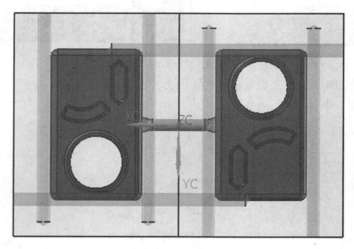

图 5-1-42　冷却水道(2)

3)创建 2 根长度 45 mm 冷却水道

按上述相同方法和步骤创建,分别选择型腔两个侧面为放置面,在每个放置面的定位尺寸和如图 5-1-41 所示定位尺寸相同,单击"确定"按钮,完成冷却水路创建,如图 5-1-43 所示。

图 5-1-43　冷却水道(3)

4)创建 4 根长度 12mm 冷却水道

按上述相同方法和步骤创建,放置面选择型腔上端面,定位尺寸如图 5-1-44 所示,确定后完成冷却水道创建,如图 5-1-45 所示。

图 5-1-44　定位尺寸(3)

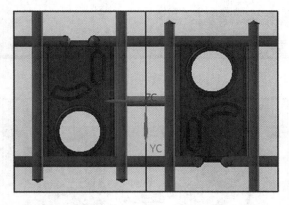

图 5-1-45　冷却水道(4)

5)添加喉塞

在"注塑模向导"工具栏中,单击"冷却" 命令,选择"冷却标准部件库" 命令,如图 5-1-46 所示。在"成员视图"中选择"PIPE PLUG",设置"PIPE_THREAD"为"M10",其他采用系统默认设置,分别选择型腔四个侧面为放置面,均选择冷却水道中心为放置点,确定后完成喉塞添加,如图 5-1-47 所示。

在"注塑模向导"工具栏中,单击"冷却"![icon]命令,选择"冷却标准部件库"![icon]命令,如图 5-1-47 所示。在"成员视图"中选择"DIVERTER",设置"FITTING_DIA"为"8"mm,设置"ENGAGE"为"117"mm,分别选择 2 根长 155 mm 的冷却水道放置,放置位置如图5-1-48所示,确定后完成堵塞添加,如图 5-1-49 所示。

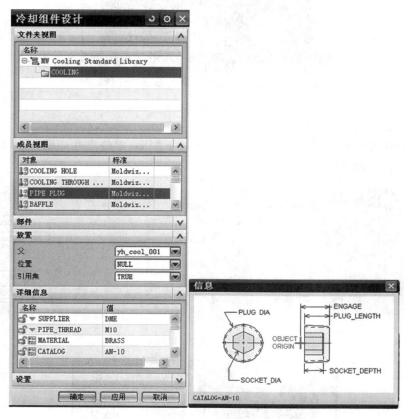

图 5-1-46　冷却组件设计(1)

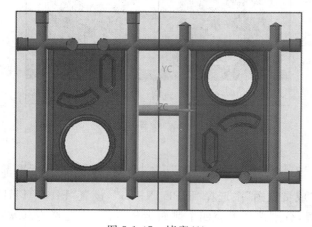

图 5-1-47　堵塞(1)

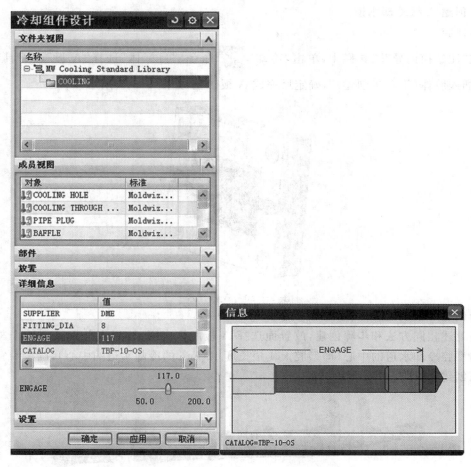

图 5-1-48　冷却组件设计（2）

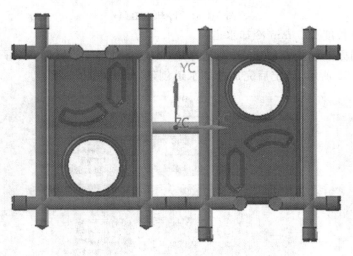

图 5-1-49　堵塞（2）

2. 创建 A 板冷却水道

1)建腔

在"注塑模向导"工具栏中,单击"冷却"[图标]命令,"目标体"选择"A 板","刀具"选择"编辑插入腔体(第六步创建)",确定后完成 A 板建腔,如图 5-1-50 所示。

图 5-1-50　A 板建腔

2)创建 4 根长度 12 mm 冷却水道

按上述相同方法和步骤创建,放置面选择 A 板腔体底面,放置点分别选择四个与之相连接的型腔冷却水道的中心(即型腔上 4 根长度 12 mm 的冷却水道的中心),确定后完成冷却水道创建,如图 5-1-51 所示。

图 5-1-51　冷却水道(1)

3)创建 4 根长度 105 mm 冷却水道

按上述相同方法和步骤创建,分别选择 A 板两个侧面位放置面,在每个放置面的定位尺寸均如图 5-1-52 所示,确定后完成冷却水道创建,如图 5-1-53 所示。

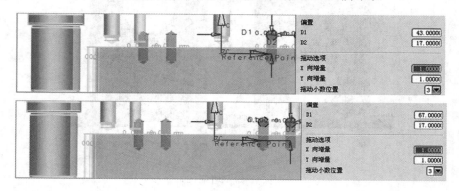

图 5-1-52　定位尺寸

图 5-1-53　冷却水道(2)

4)创建 4 个防水圈

在型腔冷却水道与 A 板冷却水道 4 个连接处添加防水圈。

在"注塑模向导"工具栏中,单击"冷却" 🔳 命令,单击选择"冷却标准部件库" 🔳 ,如图 5-1-54 所示。在"成员视图"中选择"O-RING",设置"FITTING_DIA"为"8",其他采用系统默认设置,放置面选择型腔上端面,放置点选择相应冷却水道的中心,确定后完成冷却水道添加,如图 5-1-55 所示。

图 5-1-54　冷却组件设计

图 5-1-55　防水圈

5)创建 4 个水管接头

在 A 板进水口和出水口分别添加水管接头。

在"注塑模向导"工具栏中,单击"冷却" 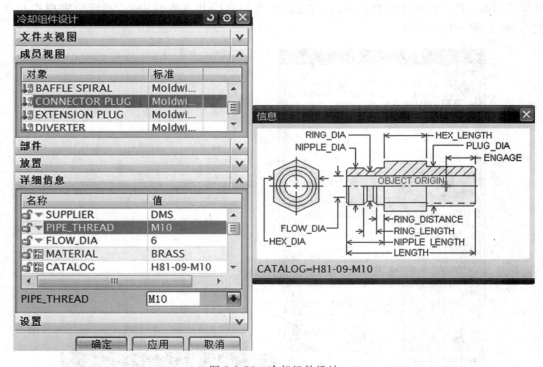 命令,选择"冷却标准部件库" 按钮,系统弹出如图 5-1-56 所示"冷却组件设计"对话框。在该对话框"成员视图"中选择"CONNECTOR PLUG",设置"PIPE_THREAD"为"M10",其他采用系统默认设置,放置面选择 A 板 2 个侧面(即进、出水口所在面),放置点选择相应进、出水口中心,确定后完成水管接头添加,如图 5-1-57 所示。

图 5-1-56　冷却组件设计

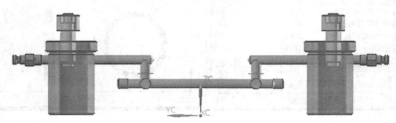

图 5-1-57　水管接头

动模冷却系统创建方法和步骤与定模冷却系统创建方法和步骤相同,这里就不再赘述,具体创建位置根据型芯、内抽芯等实际情况自行确定,如图 5-1-58 所示。

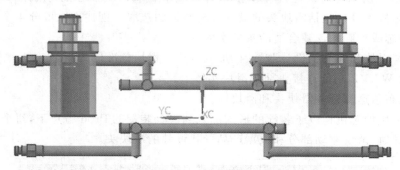

图 5-1-58 冷却系统

(十三)自动建腔

在"注塑模向导"工具栏中,单击"腔体" 命令,在"刀具"选项中选择顶杆、定位环、浇口套、浇口、内抽芯、外抽芯,六者高亮显示,然后单击"查找相交",系统自动搜寻与这六者相交的组件,确定后完成自动建腔,从而为顶杆、定位环、浇口套、浇口、内抽芯、外抽芯建立了安装使用的腔,如图 5-1-59 所示。

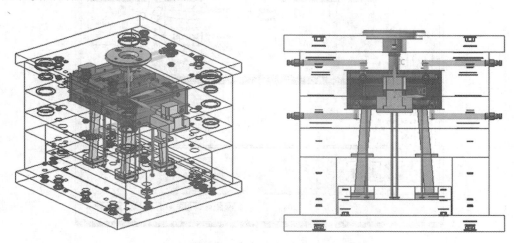

图 5-1-59 仪表外壳注塑模

四、相关理论知识

当塑件上具有与开模方向不一致的侧孔、侧凹或凸台时,在脱模之前必须先抽掉侧向成形零件侧型芯,否则无法脱模。在 MoldWizard 里面工具栏中"滑块/抽芯"中进行调用和修改。

1. 滑块抽芯机构

在"注塑模向导"工具栏中,单击"滑块和浮升销库"图标 ,系统弹出"滑块和浮升销设计"对话框,在"目录"中选择"Single Cam-pin Slide";单击"尺寸"选项卡按钮,打开如图 5-1-60 所示的对话框,在该对话框中设置和编辑滑块抽芯机构的组件尺寸。

滑块抽芯机构设计包括滑块头的设计和滑块体的选取。创建方法可分 4 个步骤。

(1)在型芯或型腔内创建合适的头部实体。

(2)使用"滑块和浮升销设计"对话框加入合适的滑块标准体。

(3)使用 WAVE 功能连接头部到滑块实体上。

(4)使用布尔运算合并滑块头和滑块体。

添加的滑块抽芯机构以子装配的形式加入到模具装配的 Prod 节点下,每个装配包括垫板、滑块体、导轨、滑块驱动部分和根据产品形状设计的滑块头。

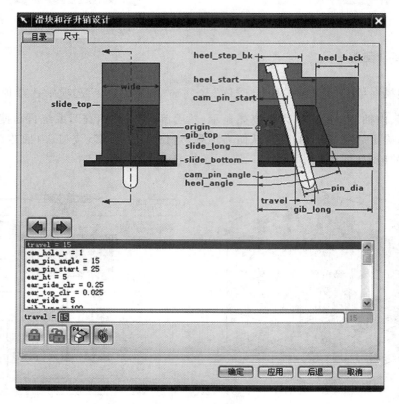

图 5-1-60 "滑块和浮升销设计"对话框

2. 斜顶抽芯设计

在"滑块和浮升销设计"对话框中选择"Dowel Lifer",该对话框变化为斜顶抽芯机构对话框,单击"尺寸"选项卡,如图 5-1-61 所示,在该对话框中对斜顶抽芯机构的尺寸进行编辑和修改。

添加的斜顶抽芯机构以子装配的形式加入到模具装配的 Prod 节点下。

在加入滑块和内抽芯机构之前,需先定义好坐标方位,因为滑块和内抽芯的位置是根据坐标的原点及轴的法向来定义的。WCS 的 YC 轴方向,必须沿着滑块和抽芯的移动方向,滑块和抽芯的 XC-YC 原点将与 WCS 原点相符,Y 轴将对准＋YC 轴。

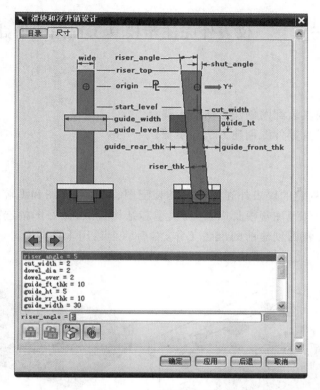

图 5-1-61　斜顶抽芯机构

五、相关练习

(1)完成玩具外壳零件模具设计,如图 5-1-62 所示(零件参照源文件 x:4\1\wanju-waike.prt)。

(2)完成电器壳体零件模具设计,如图 5-1-63 所示(零件参照源文件 x:4\1\dianqiketi.prt)。

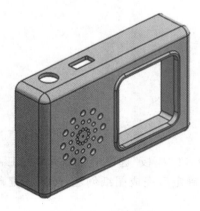

图 5-1-62　玩具外壳

图 5-1-63　电器壳体

任务二　仪表外壳注塑模具工程图的创建

一、教学目标

(1)掌握注塑模具装配图创建方法与步骤。

(2)掌握注塑模具零件图创建方法与步骤。

二、工作任务

首先确立主要创建的仪表外壳注塑模具装配图、型芯零件图和型腔零件图,如图 5-2-1 所示,然后分析仪表外壳注塑模具以及型腔、型芯结构特点,做好图幅选择、视图表达方式、比例、视图布局等工程图创建前的准备工作,然后综合运用 UG NX 8.0 MoldWizard 模块和制图模块功能依次完成模具装配图、型芯零件图和型腔零件图创建。

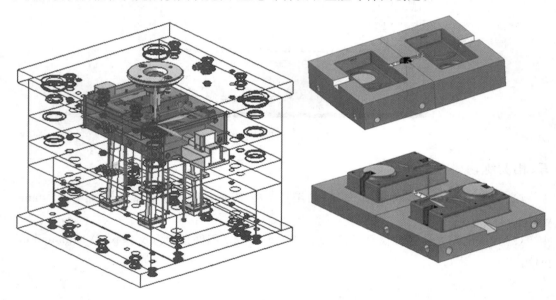

图 5-2-1　工程图创建对象

三、相关实践知识

(一)创建仪表外壳注塑模具装配图

1. 创建图纸

在"注塑模向导"工具栏中,单击"装配图纸"命令,在"模板"选项中选择所需的工程图模板,其他各项参数可采用默认设置,如图 5-2-2 所示,确定后完成图纸创建,然后在键盘上按"Ctrl＋Shift＋D"组合键,切换到"制图"模式下。

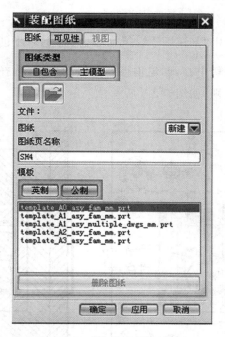

图 5-2-2　"装配图纸"对话框

2. 创建基本视图

　　在"图纸"工具栏中,单击"基本视图" 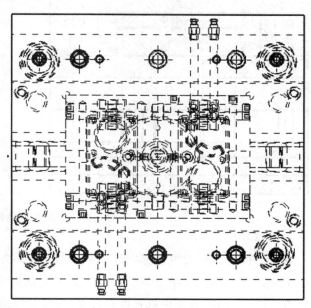 命令,在弹出的"基本视图"对话框中的"模型视图"→"要使用的模型视图"中选择"仰视图",其他各项参数可采用默认设置,如图 5-2-3 所示,确定后完成基本视图创建,如图 5-2-4 所示。

图 5-2-3　"基本视图"对话框

图 5-2-4　创建的基本视图

3. 创建其他视图

在"图纸"工具栏中,单击"剖视图" ![剖视图图标] 命令,选择上一步创建的基本视图为剖切初始图,选择定位环的中心为剖切中心,创建垂直方向的剖视图,选择任何一个斜顶的中心为剖切中心,创建水平方面的剖视,如图 5-2-5 所示。

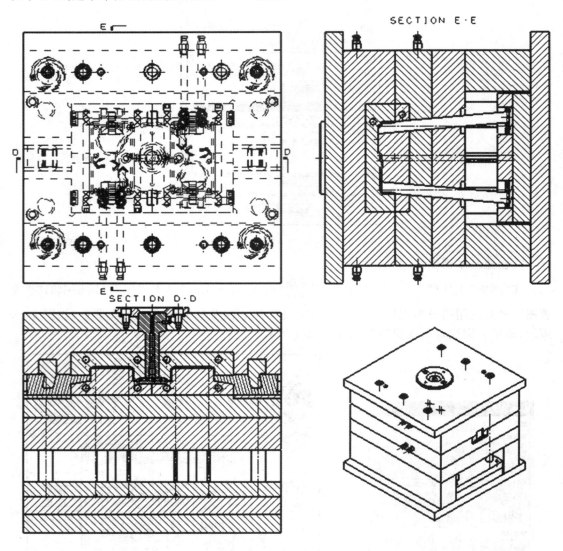

图 5-2-5　创建的其他视图

4. 图纸导出

在"文件"下拉列表中选择"导出",在"导出"下拉列表中选择"2D Exhange",弹出"2D Exhange 选项"对话框,在"2D Exhange 选项"对话框中"输出为"选项中选择输出"DWG 文件",在"DWG 文件"选项中选择保存位置,其他各项参数可采用默认设置,如图 5-2-6 所示。

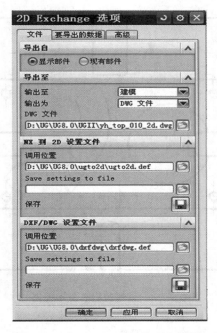

图 5-2-6 "2D Exchange 选项"对话框

(二)创建型芯零件图

1. 创建基本视图

首先进入"制图"模式,然后在"注塑模向导"工具栏中,单击"组件图纸"命令,弹出"组件图纸"对话框,如图 5-2-7(a)所示,在"全部"列表框中选择"CORE"(型芯)为要出工程图的组件,然后单击"图纸"切换"组件图纸"对话框,定义图纸名称、类型、大小等,如图 5-2-7(b)所示;然后单击鼠标右键,如图 5-2-7(c)所示,在快捷菜单中选择创建图纸,完成型芯组件图纸创建,如图 5-2-8 所示。

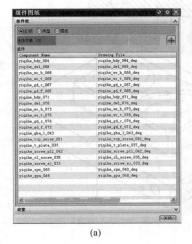

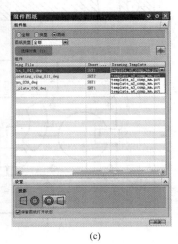

(a)   (b)   (c)

图 5-2-7 "组件图纸"对话框

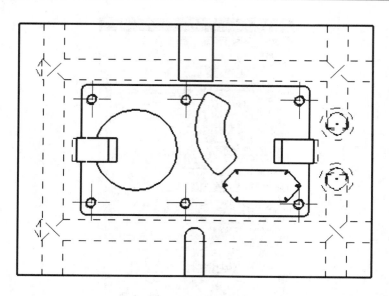

图 5-2-8　创建的型芯基本视图

2.创建其他视图

在"图纸"工具栏中,单击"剖视图" ![icon] 命令,选择上一步创建的基本视图为剖切初始图,创建两个阶梯剖视图。在"图纸"工具栏中,单击"基本视图" ![icon] 命令,在"模型视图"的下拉列表中选择"TFR-ISO",其他各项参数可采用默认设置,创建一个等轴测视图。 如图 5-2-9 所示。

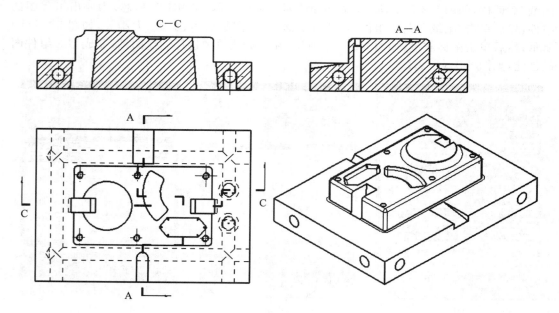

图 5-2-9　创建的其他视图

3. 图纸导出

导出方法与上述装配图导出方法与步骤相同。然后利用 AutoCAD 等二维绘图软件对导出的图纸文件进行适当调整和尺寸标注，从而完成型芯零件图绘制。

（三）创建型腔零件图

型腔零件图创建方法与步骤与上述型芯零件图创建方法与步骤相同，结果如图 5-2-10 所示。

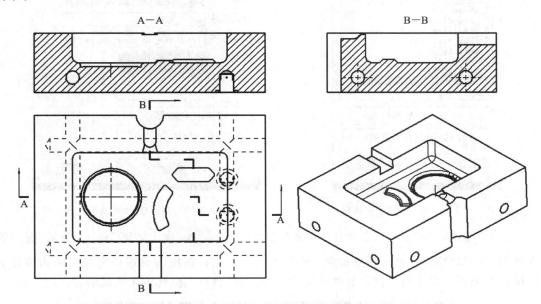

图 5-2-10　型腔零件图

A 板、B 板等其他组件的零件图创建方法与步骤与型芯零件图创建方法与步骤相同，这里就不再赘述了。

四、相关理论知识

1. 组件图纸

在"注塑模向导"工具栏中，单击"组件图纸" 图标，系统将弹出如图 5-2-11 所示"组件图纸"对话框，选择所需创建的一个或者多个组件名称，然后在该对话框中单击"确定"按钮，系统弹出如图 5-2-12 所示模具图纸可见性界面，在该界面中设置相应的参数后，单击"创建"按钮或者单击"创建全部"按钮，系统就会自动创建所选组件的图纸。

2. 视图管理器

视图管理器提供了模具构件的可见性控制、更新控制，以及打开或关闭文件的管理功能。视图管理功能可以和注塑模向导的其他功能一起使用。

图 5-2-11 "组件图纸"对话框

图 5-2-12 模具图纸可见性界面

在"注塑模向导"工具栏上单击"视图管理器"图标 ，弹出如图 5-2-13 所示"视图管理器浏览器"对话框。该对话框包含一个可查看部件结构树的滚动窗口和控制结构树显示的按钮及选项。滚动窗口包含部件的结构树，每列控制每个模具特征的显示。

图 5-2-13 "视图管理器浏览器"对话框

五、相关练习

(1)完成如图 5-2-14 所示型腔零件工程图(零件参照源文件 x:4\2\xingqiang. prt)。

(2)完成如图 5-2-15 所示型芯零件工程图(零件参照源文件 x:4\2\xingxin. prt)。

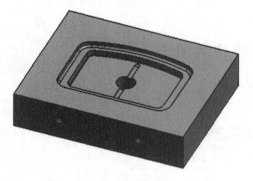 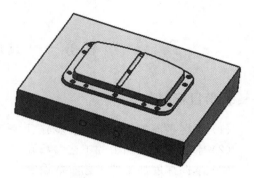

图 5-2-14　型腔零件　　　　　　　　　　图 5-2-15　型芯零件

项目六　模具零部件的数控加工

任务一　成形零件铣削加工

一、教学目标

（1）掌握平面铣加工的一般步骤、面铣削的主要参数。

（2）掌握型腔铣加工的工艺参数设定。

（3）掌握深度加工的工艺参数设定。

（4）掌握可变轮廓曲面铣机床坐标系设置方法、驱动方法、刀具轴的控制方式。

（5）掌握具有倾斜角度的侧壁外表面的加工方法。

二、工作任务

根据给定零件形状特点，制定数控加工方法，对如图 6-1-1 至图 6-1-4 所示零件的进行数控加工编程。

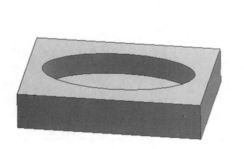

图 6-1-1　型腔零件

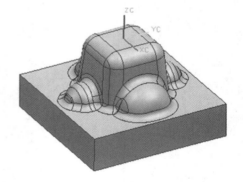

图 6-1-2　型芯零件

图 6-1-3　薄壁零件

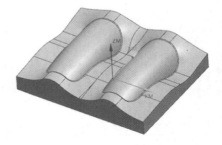

图 6-1-4　护膝型芯零件

三、相关实践知识

(一)型腔零件加工

1. 打开文件

打开源文件 x:6\1\01_example\6-1-1.prt,进入加工环境,查看零件,选择如图 6-1-1 所示型腔零件。

2. 进入加工模块

在工具栏上单击"开始"按钮,在弹出的下拉列表框中选择"加工"选项。系统弹出"加工环境"对话框,如图 6-1-5 所示。

3. 设置加工环境

在"加工环境"对话框中,选择"CAM 会话配置"与"要创建的 CAM 设置"选项,单击"确定"按钮。注意:选择将"要创建的 CAM"设置为"mill_planar",创建操作时默认的模板集将是平面铣操作 mill_planar。

4. 创建平面铣操作

单击工具条上的"创建工序"图标 ![icon],如图 6-1-6 所示。系统打开"创建工序"对话框,如图 6-1-7 所示。设置操作子类型为 ![icon],再设置位置参数后单击"确定"按钮,打开平面铣

图 6-1-5 "加工环境"对话框

图 6-1-6 "刀片"对话框

操作对话框,如图 6-1-8 所示。注意:选择操作子类型为 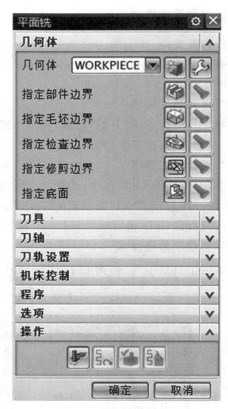,标准的平面铣操作为 mill_
planar。

图 6-1-7 "创建工序"对话框

图 6-1-8 "平面铣"对话框

5. 指定部件边界

在平面铣操作对话框中单击"指定部件边界" 按钮,系统打开"边界几何体"对话
框,如图 6-1-9 所示,"模式"选择为"曲线/边…"。注意:选择型腔边界时,应该使用"曲线/
边…"方式。

单击"确定"按钮,系统弹出"创建边界"对话框,如图 6-1-10 所示,在此对话框中设置边
界参数。注意:选择部件几何体的材料侧为"外部"。

移动鼠标依次选取型腔周边的所有边界,形成封闭曲线后连续单击鼠标中键确定,完成
部件边界几何体选择,如图 6-1-11 所示。再次单击鼠标中键返回到操作对话框。注意:选
择边界时一定要依次序逐个选择。

6. 指定界面

在"平面铣"对话框中单击"指定底面" 按钮。系统弹出"平面"对话框,在图形上选
择型腔的底平面,如图 6-1-12 所示,再单击鼠标中键确定并返回操作对话框。在图形上将
以虚线三角形显示底平面的位置,如图 6-1-13 所示。

图 6-1-9　"边界几何体"对话框

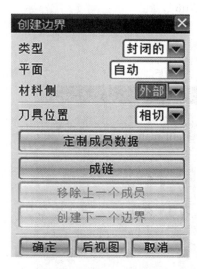

图 6-1-10　"创建边界"对话框

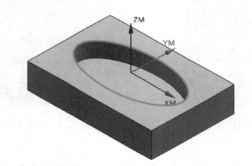

图 6-1-11　选取型腔边界

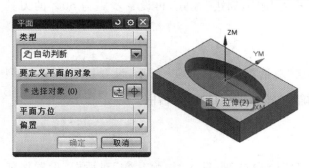

图 6-1-12　选择底平面

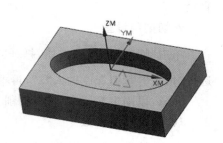

图 6-1-13　显示底平面

7. 新建刀具

单击"刀具"选项将其展开,选取刀具后单击 按钮,打开"新建刀具"对话框,如

图 6-1-14所示,选择类型和子类型并输入名称创建平面铣刀"d6",单击"确定"按钮,进入"铣刀-5 参数"对话框。在"铣刀-5 参数"对话框中设定直径为"6",如图 6-1-15 所示,在图形上将显示预览的刀具。单击"确定"按钮完成刀具的创建。返回到操作对话框,在刀具选项上将显示为"d6"。

图 6-1-14 "新建刀具"对话框

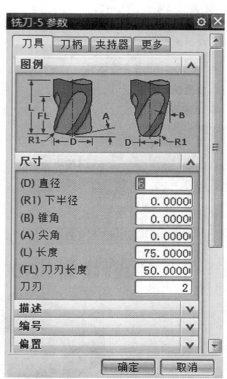

图 6-1-15 "铣刀-5 参数"对话框

8. 刀轨设置

在"平面铣"对话框中单击"刀轨设置"选项,弹出"刀轨设置"对话框,在该对话框中进行参数设置。如图 6-1-16 所示选择切削模式为"跟随周边"模式,再设置步距为 60% 的刀具直径。

9. 切削层设置

单击"切削层" ▤ 按钮,打开"切削层"对话框,如图 6-1-17 所示,设置切削深度,类型选择"恒定",每刀深度输入"3",再单击"确定"按钮,返回操作对话框。

注意:以固定深度"3"进行切削。

10. 设置切削参数

在"刀轨设置"对话框中单击"切削参数" ▱ 按钮,进入"切削参数"对话框,设置切削参数如图 6-1-18 所示。再单击鼠标中键返回"刀轨设置"对话框。注意:添加精加工刀路,一次性完成粗加工与精加工。

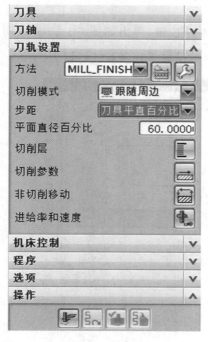

图 6-1-16　"刀轨设置"对话框

图 6-1-17　"切削层"对话框

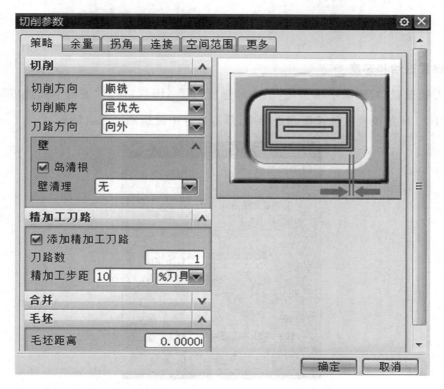

图 6-1-18　"切削参数"对话框

11. 设置非切削移动

在"刀轨设置"对话框中单击"非切削移动"  按钮,弹出如图 6-1-19 所示对话框,设置进刀参数。注意:封闭区域采用螺旋式进刀,开放区域采用圆弧式进退刀。

图 6-1-19 "非切削移动"对话框

12. 设置进给和速度

在"刀轨设置"对话框中单击"进给率和速度" 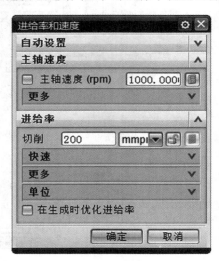 图标,弹出"进给率和速度"对话框,按如图6-1-20 所示设置主轴速度和进给率,单击鼠标中键返回操作对话框。

图 6-1-20 "进给率和速度"对话框

13.生成操作

确认各个选项参数设置。在"平面铣"对话框中单击"生成" 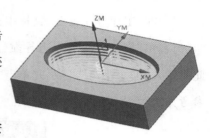 图标,计算生成刀路轨迹。产生的刀路轨迹如图 6-1-21 所示。

14.确定操作

确认刀轨后单击"平面铣"对话框底部的"确定"按钮,关闭"平面铣"对话框。

图 6-1-21 刀路轨迹

(二)型芯零件加工

(1)启动 UG NX 8.0,单击"打开文件" 按钮,然后打开源文件 x:6\1\01 example\6-1-2.prt,单击"OK"按钮。

(2)在"标准"工具栏单击"开始"按钮,并在打开的下拉菜单中选择"加工"选项,将打开"加工环境"对话框。此时选取如图 6-1-22 所示的选项,并单击"确定"按钮,即可进入加工操作环境。

(3)在"工序导航器"工具栏中单击"程序顺序视图" 按钮,可将当前工序导航器切换至程序视图。然后在"刀片"工具栏单击"创建程序" 按钮,打开"创建程序"对话框。此时按照图 6-2-23 所示的步骤创建程序父节点,新创建的节点将位于导航器中。

图 6-1-22 "加工环境"对话框

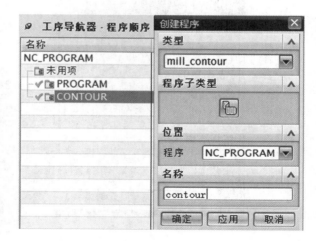

图 6-1-23 "创建程序"对话框

（4）在"工序导航器"工具栏中空白处右击,选择"几何视图" 按钮,切换视图模式为"几何视图"模式。然后双击导航器中按钮 MCS_MILL ,将打开如图 6-1-24 所示的对话框。此时输入"安全距离"参数,并单击"指定" 按钮。接下来在打开的对话框中选择坐标系参考方式为 WCS。

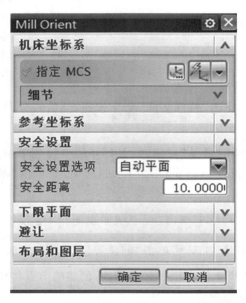

图 6-1-24　确定安全平面

（5）双击"WORKPIECE"选项,在打开的对话框中单击"指定部件" 按钮,并在新打开的对话框后,单击全选选取如图 6-1-25 所示的模型为几何体。

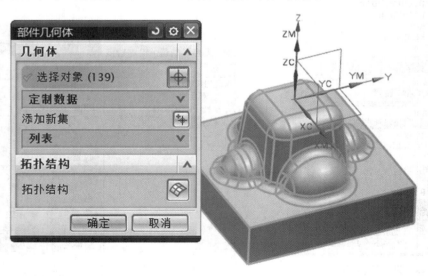

图 6-1-25　定义几何体

　　(6)选取零件几何体后返回"铣削几何体"对话框。此时单击"指定毛坯" 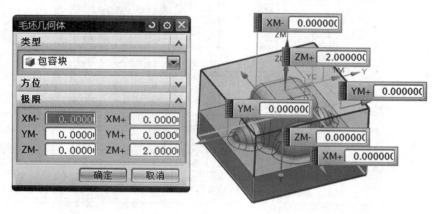 按钮,并在打开的"毛坯几何体"对话框的"类型"下拉列表中选中"包容块"单选按钮,右侧显示自动块箭头,如图 6-1-26 所示。

图 6-1-26　指定毛坯

　　(7)在"工序导航器"工具栏中单击"机床视图" 按钮,切换导航器中的视图模式。然后在"刀片"工具栏中单击"刀具" 按钮,打开"创建刀具"对话框。按照如图 6-1-27 所示的步骤新建名称为 D12R5 的刀具,并设置刀具参数。

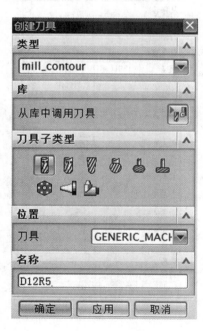
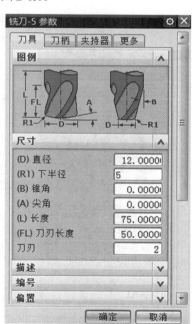

图 6-1-27　创建 D12R5 刀具

　　(8)继续单击"刀具" 按钮,并在打开的对话框中按照如图 6-1-28 所示的步骤新建名称为的 D12R0.4 的刀具,然后设置刀具参数。

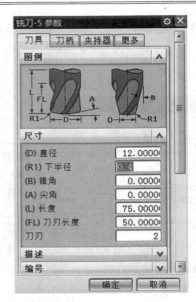

图 6-1-28　创建 D12R0.4 刀具

(9)在"刀片"工具栏中单击"创建工序"  按钮,打开"创建操作"对话框,参数设置如图 6-1-29 所示,单击"确定"按钮,打开如图 6-1-30 所示"型腔铣"对话框,设置加工参数。

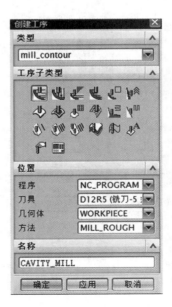

图 6-1-29　"创建工序"对话框　　　　图 6-1-30　"型腔铣"对话框

(10)设置完以上参数后,在"型腔铣"对话框的"几何体"面板中单击"指定修剪边界"

按钮,打开"修剪边界"对话框。按照如图 6-1-31 所示的步骤指定修剪边界。

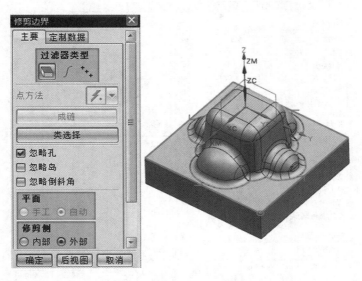

图 6-1-31　指定修剪边界

(11)在"型腔铣"对话框的"刀轨设置"对话框中单击"切削参数" 按钮,在打开的"切削参数"对话框中启用"策略"选项卡中的"添加精加工刀路"复选框,如图 6-1-32 所示。然后单击"非切削移动" 按钮,在打开的"非切削移动"对话框中分别设置"进刀"选项卡中的参数,如图 6-1-33 所示。

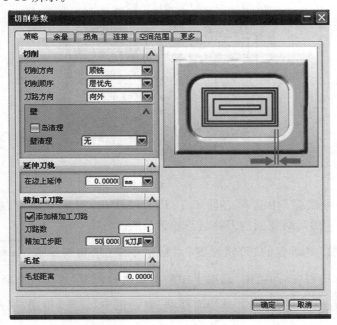

图 6-1-32　"切削参数"对话框

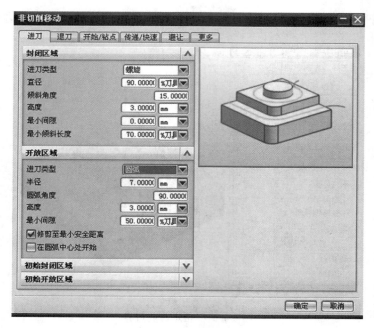

图 6-1-33 "非切削移动"对话框

(12)单击"型腔铣"对话框中的"生成" 按钮,将生成加工刀具路径,并单击"确认刀轨" 按钮,以实体的方式进行切削仿真,如图 6-1-34 所示。

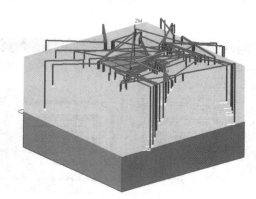

图 6-1-34 切削仿真

(13)在"工序导航器"中选择刀路 CAVITY_MILL,将该刀路复制一份,重命名为 CAVITY_MILL1。然后对复制的刀路进行参数设置。

(14)在"型腔铣"对话框的"刀轨设置"对话框中单击"切削参数" 按钮,在打开的 "切削参数"对话框中对"空间范围"选项卡中的参数进行设置,如图 6-1-35 所示。然后单击 "非切削移动" 按钮,在打开的"非切削移动"对话框中,设置"传递/快速"选项卡中的参数,如图 6-1-36 所示。

图 6-1-35 "切削参数"对话框

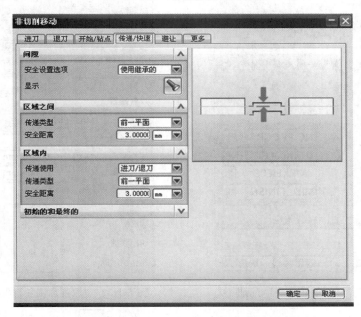

图 6-1-36 "传递/快速"选项卡

(15)在"型腔铣"对话框中,单击"生成" ![按钮] 按钮,将生成加工刀具路径,并单击"确认刀轨" ![按钮] 按钮,以实体的方式进行切削仿真,效果如图 6-1-37 所示。

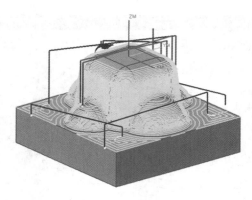

图 6-1-37　切削仿真

(16)在"刀片"工具栏中单击"创建工序" 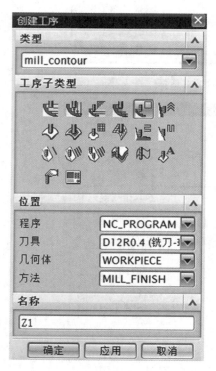 按钮,打开"创建工序"对话框设置参数,如图 6-1-38 所示。单击"确定"按钮,弹出"深度加工轮廓"对话框,按照如图 6-1-39 所示设置加工参数。

图 6-1-38　"创建工序"对话框　　　　图 6-1-39　"深度加工轮廓"对话框

(17)在该对话框的"刀轨设置"面板中单击"切削参数" 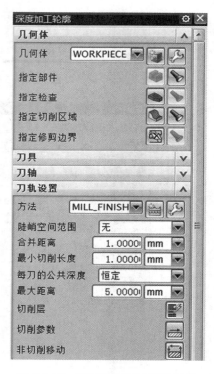 按钮,在打开的"切削参数"对话框中按照如图 6-1-40 所示进行参数设置,然后单击"非切削移动" 按钮,按照创建刀路 1 的方法对打开的对话框中的各选项卡中的参数进行设置。

图 6-1-40 "切削参数"对话框

(18)单击"生成" 按钮,将生成加工刀具路径,并单击"确认刀轨" 按钮,以实体的方式进行切削仿真,效果如图 6-1-41 所示。

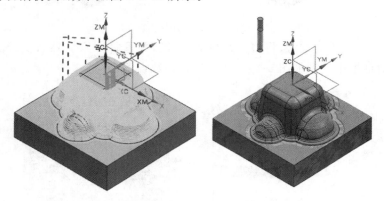

图 6-1-41 切削仿真

(19)按照第(13)步的方法,将刀具路径 Z1 复制,并重命名为 Z2,然后双击该新的刀路名称,在该对话框的"几何体"面板中单击"指定切削区域" 按钮,打开"切削区域"对话框,然后选取如图 6-1-42 所示的面围成的区域为切削区域。

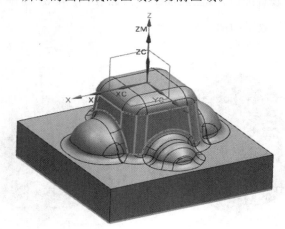

图 6-1-42 指定切削区域

(20)单击"生成" 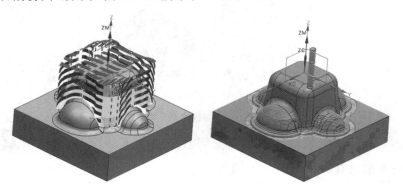 按钮,将生成加工刀具路径,并单击"确认刀轨" 按钮,以实体的方式进行切削仿真,效果如图 6-1-43 所示。

图 6-1-43　切削仿真

(21)按照第(13)步的方法,将刀具路径 Z1 复制,并重命名 Z3。然后双击该新的刀路名称,在打开的对话框中按照如图 6-1-44 所示进行参数设置。

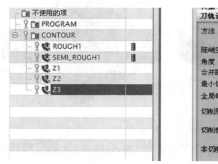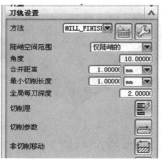

图 6-1-44　设置切削参数

(22)单击"生成" 按钮,将生成加工刀具路径,并单击"确认刀轨" 按钮,以实体的方式进行切削仿真,效果如图 6-1-45 所示。

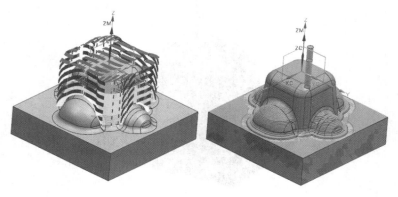

图 6-1-45　切削仿真

(三)顺序铣加工

1.打开文件

打开源文件 x:6\1\01_example\6-1-3.prt,加工模型如图 6-1-3 所示。顺序铣加工方式主要用来加工具有倾斜角度的侧壁。

2.操作步骤

打开本例文件,在"标准"工具条中单击"开始"→"加工"命令,在"加工环境"对话框中选择 mill_multi-axis 的 CAM 设置,单击"确定"按钮,进入加工环境。

使用"创建刀具"工具,创建直径为 6 mm、底面半径为 0.5 mm、长为 75 mm 的立铣刀。在操作导航器中显示几何视图,查看已建立好的机床坐标系,如图 6-1-46 所示。

3.创建"顺序铣"操作

(1)在"刀片"工具条上单击"创建工序" 按钮,程序弹出"创建工序"对话框,在"创建工序"对话框中选择如图 6-1-47 所示的选项,创建顺序铣操作。

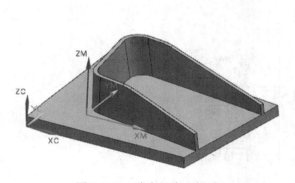

图 6-1-46 确定机床坐标系   图 6-1-47 "创建操作"对话框

(2)在弹出的"顺序铣"对话框中设置最小安全距离为 10 mm,如图 6-1-48 所示。单击"默认进给率"按钮,然后在弹出的"进给率和速度"对话框中设置主轴转速 2000 rpm,如图 6-1-49 所示,单击"确定"按钮,关闭该对话框。

4.设置进刀运动

(1)在"顺序铣"对话框中单击"确定"按钮,弹出"进刀运动"对话框,如图 6-1-50 所示。

图 6-1-48　"顺序铣"对话框

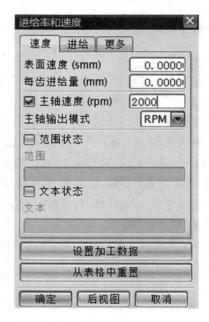

图 6-1-49　"进给率和速度"对话框

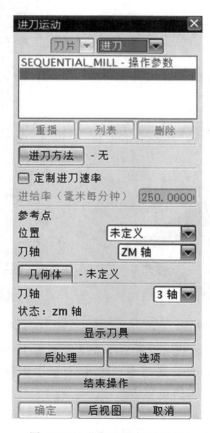

图 6-1-50　"进刀运动"对话框

（2）按图 6-1-50 所示的步骤来设置进刀速率、参考点、刀轴等参数。

（3）单击"进刀运动"对话框中的"进刀方法"按钮。在弹出的"进刀方法"对话框中"方法"下拉列表中选择"仅矢量"选项，指定进刀方向，如图 6-1-51 和图 6-1-52 所示。

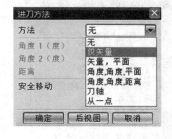

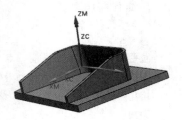

图 6-1-51　"进刀方法"对话框　　　　　　　　图 6-1-52　指定进刀方向

（4）在"进刀运动"对话框中，"参考点"位置选择"点"，如图 6-1-53 和图 6-1-54 所示。

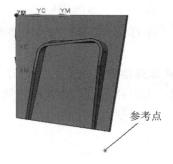

图 6-1-53　指定位置　　　　　　　　图 6-1-54　参考点位置

注意：在后续的连续运动刀轨中，进刀速率为 50。

（5）单击"几何体"按钮，然后在弹出的"进刀几何体"对话框中，按信息提示在模型中依次选择驱动曲面、部件表面和检查曲面，如图 6-1-55 所示。

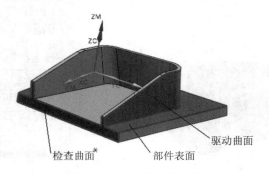

图 6-1-55　选择驱动曲面

（6）在"进刀运动"对话框的"刀轴"下拉列表中选择"5 轴"选项，然后在弹出的"五轴选项"对话框中设置刀轴方法为"平行于驱动曲面"，如图 6-1-56 和图 6-1-57 所示。

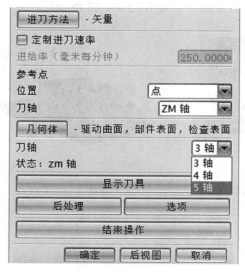

图 6-1-56　选择刀轴

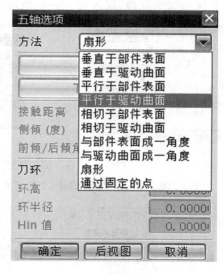

图 6-1-57　"五轴选项"对话框

（7）单击"进刀运动"对话框中的"确定"按钮，程序自动生成运动刀路，如图 6-1-58 所示。

5. 设置连续运动刀具轨迹

（1）生成进刀刀路后，进入"连续刀轨运动"对话框，如图 6-1-59 所示。

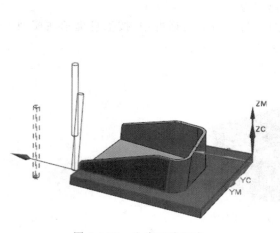

图 6-1-58　生成运动刀路

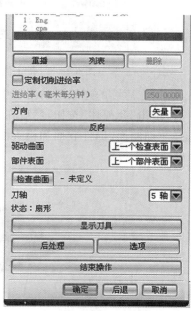

图 6-1-59　"连续刀轨运动"对话框

（2）在"连续刀轨运动"对话框中，单击"反向"按钮，再单击"检查曲面"按钮，弹出"检查曲面1"对话框，然后在模型上选择如图6-1-60所示的面作为第二个连续刀轨运动的检查曲面，并选择"驱动曲面-检查曲面相切"选项。

（3）单击"连续刀轨运动"对话框的"确定"按钮，生成第一个连续刀轨运动的刀路，如图6-1-61所示。在进行第二个连续运动刀轨设置时，保留部件表面和驱动曲面的默认指定，单击"检查曲面"按钮，在模型上指定如图6-1-62所示的面作为检查曲面。

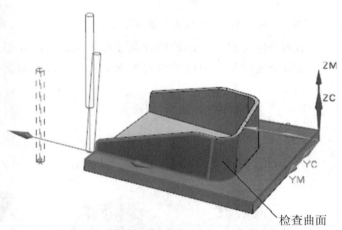

图 6-1-60　检查曲面

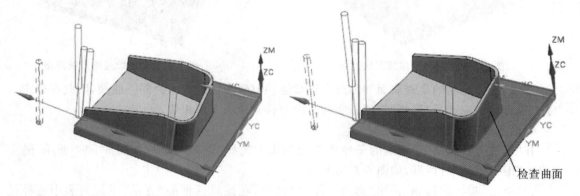

图 6-1-61　第一个连续刀轨运动的刀路　　　　　图 6-1-62　指定检查曲面

（4）单击"连续刀轨运动"对话框的"确定"按钮，生成第二个连续刀轨运动的刀路，如图6-1-63所示。第三个连续刀轨运动的检查曲面及生成的刀路如图6-1-64所示。

注意：单击对话框"反向"按钮，以此来检查刀轨运动方向，单击按钮一次可更改方向，连续单击此按钮，将返回原方向。

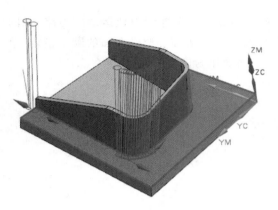

图 6-1-63　第二个连续刀轨运动刀路

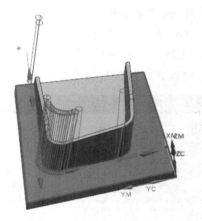

图 6-1-64　第三个连续刀轨运动刀路

第四个连续刀轨运动的检查曲面和生成的刀路如图 6-1-65 所示。

第五个连续运动刀轨的检查表面和生成的刀路如图 6-1-66 所示。

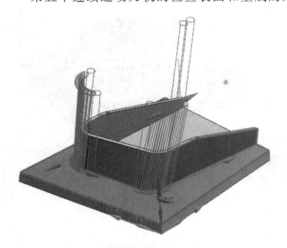

图 6-1-65　第四个连续刀轨刀路

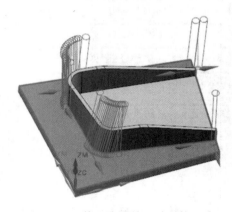

图 6-1-66　第五个连续运动刀轨刀路

注意：进刀运动的检查曲面和第五个连续运动刀轨的检查表面为同一曲面，因此在确定"停止位置"时，应选择"近侧"选项。驱动曲面和检查曲面不再相切。

6. 设置退刀运动

在"连续刀轨运动"对话框的子操作类型列表中选择"退刀"选项，如图 6-1-67 所示，随后进入"退刀运动"对话框，如图 6-1-68 所示。

(1)单击 退刀方法 按钮，弹出"退刀方法"对话框，在该对话框的"方法"下拉列表中选择"仅矢量"选项，再弹出"矢量"对话框，然后在图形区的矢量轴上选择如图 6-1-69 所示的矢量轴，再单击该对话框的"反向"按钮，最后关闭该对话框。

图 6-1-67 "连续刀轨运动"对话框

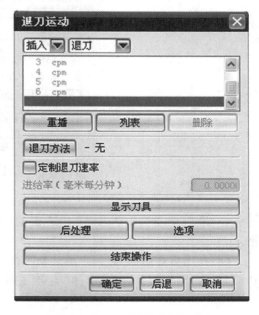

图 6-1-68 "退刀运动"对话框

（2）在"退刀方法"对话框中输入退刀距离值为 20 mm，然后单击"确定"按钮，关闭该对话框，如图 6-1-70 所示。在"退刀运动"对话框中输入退刀进给率的值为 1000 mm/min，如图 6-1-71 所示。

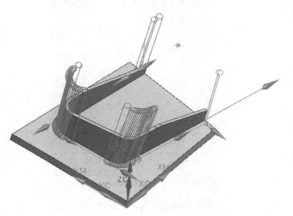

图 6-1-69 "矢量"选择

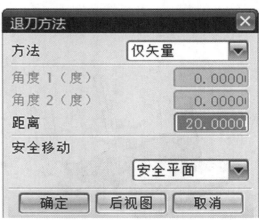

图 6-1-70 "退刀方法"对话框

图 6-1-71 "退刀运动"对话框

(3)最后单击"退刀运动"对话框的"确定"按钮,生成退刀运动的刀路,如图 6-1-72 所示。

(4)在随后弹出的"点到点的运动"对话框中单击"结束操作"按钮,再弹出"结束操作"对话框,单击"结束操作"对话框的"确定"按钮,结束顺序铣加工操作,如图 6-1-73 所示。

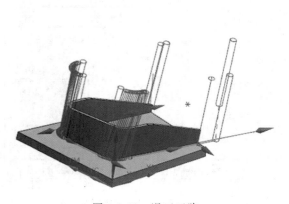

图 6-1-72 退刀刀路

图 6-1-73 "点到点的运动"对话框

(四)护膝型芯零件加工

(1)启动 UG NX 8.0,单击"打开文件" 按钮,然后打开源文件 x:6\1\01 example\ 6-1-4.prt,单击"OK"按钮,查看零件如图 6-1-4 所示。

(2)单击"开始"→"加工"选项,打开"加工环境"对话框,选择"mill_contour"选项,如图 6-1-74 所示,单击"确定"按钮进入加工操作环境。

(3)设定工序导航器。单击界面左侧资源条"工序导航器" 按钮,打开工序导航器, 单击右上角的"锁定"按钮 ,使它变为 ,这样就锁定了工序导航器,在工序导航器中 单击右键,在打开的快捷菜单中选择"几何视图"命令,则工序导航器如图 6-1-75 所示。

图 6-1-74 "加工环境"对话框

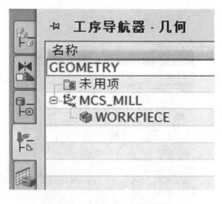

图 6-1-75 工序导航器

(4)设定坐标系和安全高度。在工序导航器中,双击坐标系 MCS_MILL,打开 "Mill Orient"对话框,接受默认的 MCS 加工坐标系,如图 6-1-76 所示,选择"安全设置选项" 中的"平面"选项,单击"确定"按钮,打开"平面"对话框,如图 6-1-77 所示,在"偏置与参考" 的"距离"文本框中输入 80 mm,即安全高度为 Z80,再单击两次"确定"按钮。

(5)创建刀具。单击"加工创建"工具条中的"创建刀具" 按钮,打开"创建刀具"对 话框,默认的"刀具子类型"为铣刀,在"名称"文本框中输入"D25",如图 6-1-78 所示。单击 "应用"按钮,打开"铣刀-5 参数"对话框,在"直径"文本框中输入"25",如图 6-1-79 所示。这 样创建了一把直径为 25 mm 的平铣刀。用同样的方法创建刀具名称为 BR10、BR1 的两把 刀具,即直径为 20 mm、2 mm 的球头铣刀。

图 6-1-76 "Mill Orient"对话框

图 6-1-77 "平面"对话框

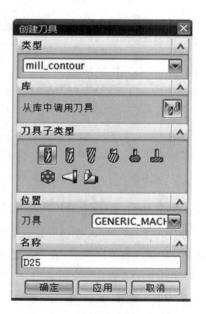

图 6-1-78 "创建刀具"对话框

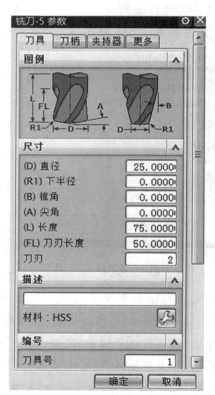

图 6-1-79 刀具参数

(6)创建方法。单击"加工创建"工具条中的"创建方法"按钮 ,打开"创建方法"对话框,在"名称"文本框中输入"MILL_0.5",如图 6-1-80 所示,单击"确定"按钮,打开"铣削方法"对话框,在"部件余量"文本框中输入"0.5",如图 6-1-81 所示,单击"确定"按钮。同理创建另一个加工余量为 0.3 mm 和 0 mm 的方法,名称为 MILL_0.3 和 MILL_0。

图 6-1-80 "创建方法"对话框

图 6-1-81 参数设置

(7)创建几何体。在"工序导航器"中单击 →MCS_MILL 前的"+"号,展开坐标系父节点,双击其下的 WORKPIECE,打开 MILL_GEOM 对话框。单击"选择"按钮,打开"铣削几何体"对话框,在绘图区选择护膝型芯作为工件几何体。

(8)创建毛坯几何体。单击"确定"按钮回到 MILL_GEOM 对话框,在对话框中单击"隐藏"按钮,再单击"选择"按钮,打开"毛坯几何体"对话框,在类型中选择"包容块",如图6-1-82 所示。单击两次"确定"按钮,返回主界面。

图 6-1-82 "毛坯几何体"对话框

(9)创建型腔铣。单击"创建工序" 按钮,打开"创建操作"对话框。选择型腔铣,其他参数的设置如图 6-1-83 所示,单击"确定"按钮。

(10)设定型腔铣参数。在如图 6-1-84 所示的"型腔铣"对话框中,设置"最大距离"为1 mm。单击"进给率和速度"按钮,弹出"进给率和速度"对话框,设置"主轴速度"为 600 rpm,如图 6-1-85 所示。

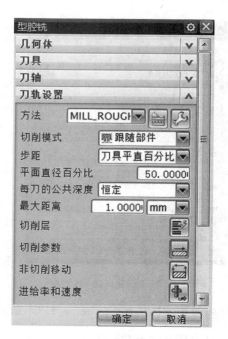

图 6-1-83　"创建工序"对话框　　　　　　　图 6-1-84　"型腔铣"对话框

单击"切削参数"按钮,弹出如图 6-1-86 所示的"切削参数"对话框,在"策略"选项卡的"切削顺序"中选择"深度优先",单击"确定"按钮。

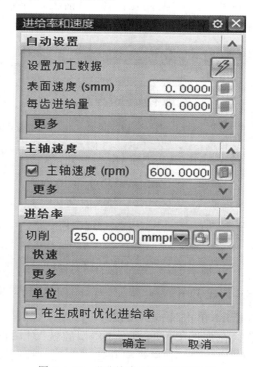

图 6-1-85　"进给率和速度"对话框

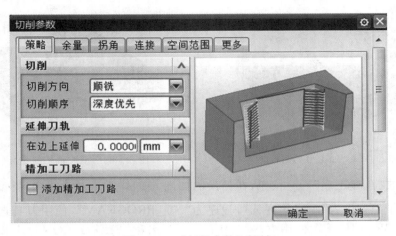

图 6-1-86　"切削参数"对话框

（11）单击"非切削移动" 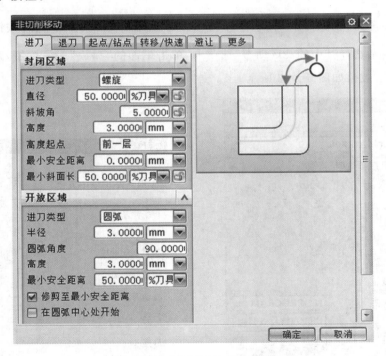 按钮，在"非切削移动"对话框中设置参数，如图 6-1-87 所示，单击"确定"按钮。

图 6-1-87　"非切削移动"对话框

（12）单击"生成" 按钮，生成加工刀具路径，如图 6-1-88 所示，单击"确认" 按钮，弹出"刀轨可视化"对话框，选择其中的"2D 动态"选项卡，单击下面的"播放" ▶ 按钮，系统开始模拟加工的全过程，效果如图 6-1-89 所示。

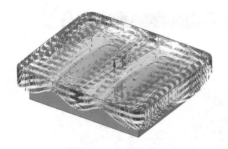

图 6-1-88　加工刀具路径

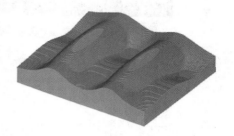

图 6-1-89　型腔铣切削仿真效果

（13）单击"创建工序" 按钮，在弹出的如图 6-1-90 所示对话框中，类型设为"mill_contour"，将子类型设为"固定轮廓铣"，程序为"NC_PROGRAM"，使用刀具选择"BR10"，几何体为"WORKPIECE"，使用方法"MILL_0.3"，名称"FIXED_CONTOUR"。单击"确定"按钮，弹出图 6-1-91 所示的"固定轮廓铣"对话框，在驱动方法中选择"区域铣削"，弹出"区域铣削驱动方法"对话框，修改相关参数，如图 6-1-92 所示，单击"确定"按钮。单击"进给率和速度" 按钮，在"主轴速度"中输入 1000 rpm，"进给率"中输入 800 mmpm，单击"确定"按钮。单击"生成" 按钮，生成加工刀具路径，单击"确认" 按钮，弹出"刀轨可视化"对话框，选择其中的"2D 动态"选项卡，单击下面的"播放" 按钮，系统开始模拟加工的全过程，效果如图 6-1-93 所示。

图 6-1-90　"创建工序"对话框

图 6-1-91　"固定轮廓铣"对话框(1)

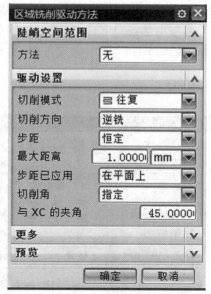

图 6-1-92　"区域铣削驱动方法"对话框(1)　　　　　图 6-1-93　固定轮廓铣仿真效果

(14)在"工序导航器"中复制刀路"FIXED_CONTOUR",并在其下粘贴,如图 6-1-94 所示,然后双击该刀路,在驱动方法中单击"编辑" 按钮,打开"区域铣削驱动方法"对话框,在"与 XC 的夹角"中输入 135,如图 6-1-95 所示,单击"确定"按钮。回到"固定轮廓铣"对话框,在"方法"中选择"MILL_0",单击"生成" 按钮,生成加工刀具路径,单击"确定"按钮。

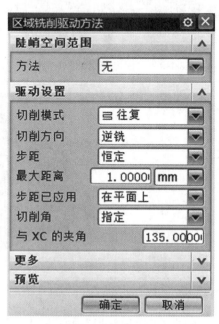

图 6-1-94　工序导航器　　　　　　　　　　图 6-1-95　"区域铣削驱动方法"对话框(2)

(15)在"工序导航器"中复制刀路"FIXED_CONTOUR_COPY",并在其下粘贴,然后双击该刀路,在弹出的"固定轮廓铣"对话框中的"刀具"选项中选择"BR1",如图 6-1-96 所示,"驱动方法"选择"清根",弹出"清根驱动方法"对话框,按图 6-1-97 所示设置参数,单击"确定"按钮,显示清根加工仿真效果如图 6-1-98 所示。

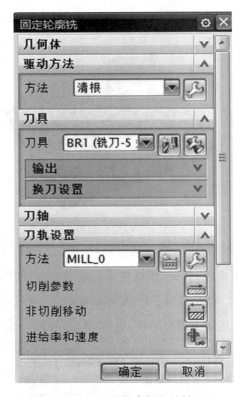

图 6-1-96 "固定轮廓铣"对话框(2)

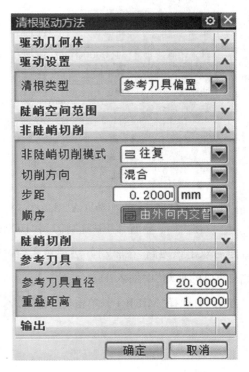

图 6-1-97 "清根驱动方法"对话框

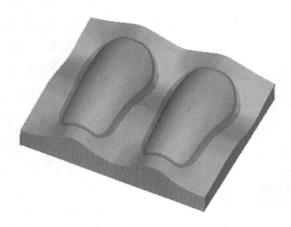

图 6-1-98 清根加工仿真效果

(16)在"工序导航器"中右击"WORKPIECE",选择"后处理"。弹出"后处理"对话框,如图 6-1-99 所示,在后处理器中选择"MILL_3_AXIS",单位选择"公制/部件",其余采用默认设置,单击"确定"按钮,即可弹出图 6-1-100 所示的含有后处理程序的信息框。

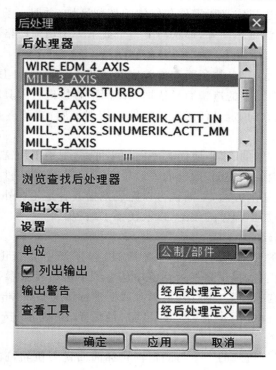

图 6-1-99　"后处理"对话框

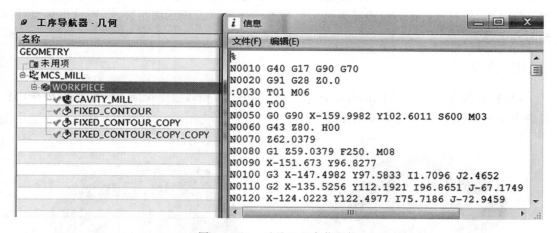

图 6-1-100　后处理程序信息框

四、相关理论知识

1. 平面铣的特点与应用

平面铣是一种 2.5 轴的加工方式,它在加工过程中产生在水平方向的 X、Y 两轴联动,而 Z 轴方向只在完成一层加工后进入下一层时才做单独的动作。平面铣的加工对象是边界,是以曲线/边界来限制切削区域的。

平面铣只能加工与刀轴垂直的几何体,所以平面铣的刀轨加工出的是直壁垂直于底面的零件。平面铣的平面边界定义了零件几何体的切削区域,并且一直切削到指定的底平面为止。每一层刀路除了深度不同外,形状与上一个或下一个切削严格相同,平面铣只能加工出直壁平底的工件。

平面铣用于直壁的加工,岛屿顶面和槽腔底面为平面的零件加工。平面铣有着它独特的优点,它可以无须做出完整的造型而只依据二维图形直接进行刀具路径的生成;它可以通过边界和不同的材料侧方向,定义任意区域的任一切削深度;它调整方便,能很好地控制刀具在边界上的位置。

一般情形下,对于直壁的、水平底面为平面的零件,常选用平面铣进行粗加工和精加工,如加工产品的基准面、内腔的底面、敞开的外形轮廓等,在薄壁结构件的加工中,平面铣使用广泛。通过设置不同的切削方法,平面铣可以完成挖槽或者是轮廓外形的加工。

平面铣可进行数控加工程序的编制,以取代手工编程。

2. 平面铣操作的创建

创建平面铣操作的步骤与创建型腔铣相似,选择类型为"mill_planar",子类型为PLANAR_MILL 的平面铣,接下来在对话框中从上到下进行设置参数。包括选择几何体、选择刀具、设置刀轨的选项参数,再打开下级对话框进行切削参数、非切削移动、进给率和速度等参数的设置,完成设置后生成刀轨并检验,最后单击"确定"按钮完成平面铣操作的创建。

可变轮廓曲面铣刀位轨迹的产生与固定轴轮廓曲面铣刀位轨迹的产生过程类似,首先从驱动几何体上产生驱动点,将驱动点沿着一个指定的投影矢量投影到零件几何体上,生成刀位轨迹点,同时检查该刀位点是否过切或超差。如果该刀位点满足要求,则输出该点,驱动刀具运动。

五、相关练习

(1)打开源文件 x:6\1\lianxi\1. prt 和 6\1\lianxi\2. prt,创建粗加工与精加工操作,完成如图 6-1-101 和图 6-1-102 所示零件加工。

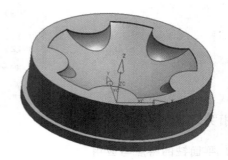

图 6-1-101　型腔零件　　　　　　　　图 6-1-102　型芯零件

(2)打开源文件 x:6\1\lianxi\3. prt 和 6\1\lianxi\4. prt,完成如图 6-1-103 和图 6-1-104 所示零件加工,创建粗加工与精加工操作。

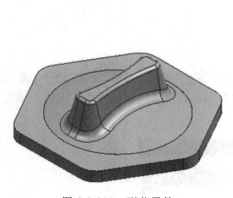

图 6-1-103 型芯零件

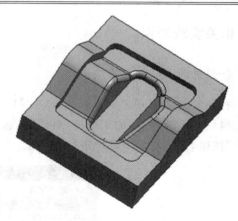

图 6-1-104 型腔零件

任务二 手机后模电极加工

一、教学目标

(1)能正确分析手机后模电极的加工工艺。

(2)能合理选择加工方法。

(3)能进行平面铣削主要参数设置。

(4)能进行型腔铣削主要参数设置。

(5)能进行等高轮廓铣削主要参数设置。

(6)能进行固定轴铣削主要参数设置。

(7)能进行 UG NX 8.0 的后处理。

二、工作任务

正确分析图 6-2-1 所示的某手机后模电极结构特点,进行数控加工工艺分析及刀路规划,编制合理的加工工艺,最终在 UG 加工模块中完成某手机后模电极的自动数控编程。

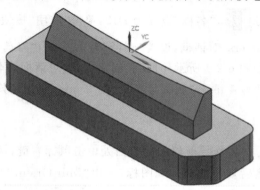

图 6-2-1 某手机后模电极

三、相关实践知识

(一)进入 UG 加工模块

打开源文件 x:6\2\01 example\6-2-1.prt,选择"开始"按钮,选择"加工"命令,进入 UG 加工模块。系统弹出"加工环境"对话框,选择 mill_planar 模板,如图 6-2-2 所示。单击"初始化"按钮,系统对加工环境进行初始化。

图 6-2-2 "加工环境"对话框

(二)创建刀具组、几何组、程序组和加工方法组

1. 创建刀具组

单击"加工创建"工具条中的"创建刀具" 按钮,弹出"创建刀具"对话框。在"刀具子类型"栏中选择平底刀 ,"名称"设置为 D12,单击"应用"按钮,如图 6-2-3 所示。弹出"Milling Tools-5 Parameters"对话框,设置"直径"为 12 mm,"刀具号"为 1,"长度调整"为 1 mm,单击"确定"按钮,如图 6-2-4 所示。回到"创建刀具"对话框,"名称"设置为 B4R2,单击"确定"按钮,设置"直径"为 4 mm,"底圆角半径"为 2 mm,"刀具号"为 2,"长度调整"为 2,单击"确定"按钮。

2. 创建几何组

(1)设置安全高度。在操作导航器中的空白处单击鼠标右键,接着在弹出的快捷菜单中选择"几何视图"命令,然后双击 MCS_MILL 图标,弹出"Mill Orient"对话框,然后设置安全距离为 15 mm,如图 6-2-5 所示。在机床坐标系栏中单击"CSYS 对话框" 按钮,弹出

CSYS 对话框,在"参考"下拉列表框中选择 WCS 选项,如图 6-2-6 所示,然后单击"确定"按钮两次。

图 6-2-3　"创建刀具"对话框

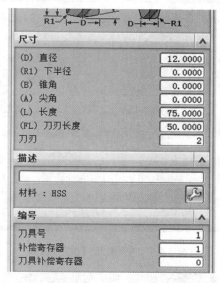

图 6-2-4　创建 D12 平底刀具

图 6-2-5　"Mill Orient"对话框

图 6-2-6　调整加工坐标系

(2)双击操作导航器中 WORKPIECE 图标,弹出"铣削几何体"对话框,如图 6-2-7 所示。单击"指定部件"中的 图标,系统进入"部件几何体"对话框,单击整个电极零件,然后单击"确定"按钮,如图 6-2-8 所示。

(3)设置毛坯。在"铣削几何体"对话框中单击"指定毛坯"按钮 ,进入"毛坯几何体"对话框,在类型中选择"包容块",然后设置如图 6-2-9 所示的毛坯参数,最后单击"确定"按钮两次。

图 6-2-7　"铣削几何体"对话框

图 6-2-8　"部件几何体"对话框

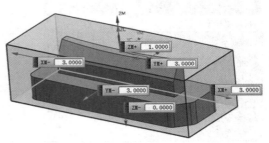

图 6-2-9　"毛坯几何体"对话框及显示结果

3. 创建程序组

建立 5 个空的程序组,用于编写电极程序。通过此方法可以清晰地管理编程刀路。

(1)在导航器空白处单击鼠标右键,在弹出的快捷菜单中选择"程序顺序视图"命令,这时操作导航器即切换到程序顺序视图。

(2)在导航器中已经有一个程序组 PROGRAM,选择此程序组并单击鼠标右键,在弹出的快捷菜单中选择"重命名"命令,改名为 R01。

(3)选取上述程序组 R01,单击鼠标右键,在弹出的快捷菜单中选择"复制"命令。

(4)再次选取上述程序组 R01,单击鼠标右键,在弹出的快捷菜单中选择"粘贴"命令。

(5)在目录树中产生了一个程序组 R01_COPY,选择此程序组并单击鼠标右键,在弹出的快捷菜单中选择"重命名"命令,改名为 S01。

(6)按同样的方法建立另外 3 个程序组,分别为 S02、F01、F02,如图 6-2-10 所示。

（7）以上程序组的命名说明：R、S、F 分别为粗加工、半精加工、精加工英文首字母。

4. 创建加工方法组

在操作导航器中的空白处单击鼠标右键，接着在弹出的快捷菜单中选择"加工方法视图"，双击 MILL_ROUGH 图标，弹出"铣削方法"对话框，然后设置如图 6-2-11 所示的参数；双击 MILL_SEMI_FINISH 图标，弹出"铣削方法"对话框，然后设置如图 6-2-12 所示的参数；双击 MILL_FINISH 图标，弹出"铣削方法"对话框，然后设置如图 6-2-13 所示的参数。

图 6-2-10　创建程序组

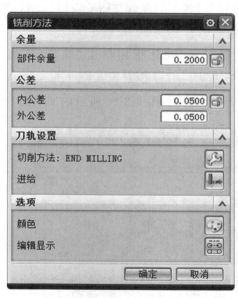

图 6-2-11　设置粗加工公差

图 6-2-12　设置半精加工公差

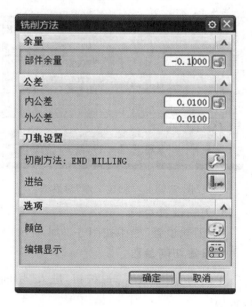

图 6-2-13　设置精加工公差

(三)创建电极上半部分粗加工工序

1. 创建工序

在"加工创建"工具条中单击"创建工序" 按钮,进入"创建工序"对话框。在"创建工序"对话框中,"类型"选择"mill_contour","工序子类型"选择 CAVITY_MILL(型腔铣削) ,"位置"栏中的参数按图 6-2-14 所示设置。

2. 选择加工面

在"创建工序"对话框中单击"确定"按钮,进入"型腔铣"对话框。由于在父节点 WORKPIECE 中已经定义了加工部件和毛坯,此处不用重复定义。单击"指定切削区域" 按钮,然后选择如图 6-2-15 所示的加工面,选择完成后单击"确定"按钮。

图 6-2-14　"创建工序"对话框

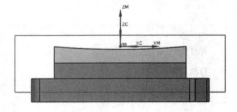

图 6-2-15　选择加工面

3. 刀轨设置

在"刀轨设置"栏中按图 6-2-16 所示设置参数。

4. 设置切削参数

单击"切削参数" 按钮,进入"切削参数"对话框,"策略"选项卡按图 6-2-17 所示进行设置。

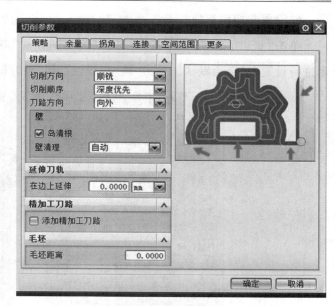

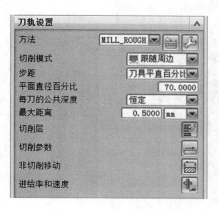

图 6-2-16 设置刀轨参数

图 6-2-17 设置"切削参数"的"策略"参数

5. 设置余量

在"切削参数"对话框中选择"余量"选项卡,取消选中"使底面余量与侧面余量一致"复选框,并设置"部件侧面余量"为 0.2,"部件底部面余量"为 0.15,如图 6-2-18 所示。其余为默认。单击"确定"按钮返回"型腔铣"对话框。

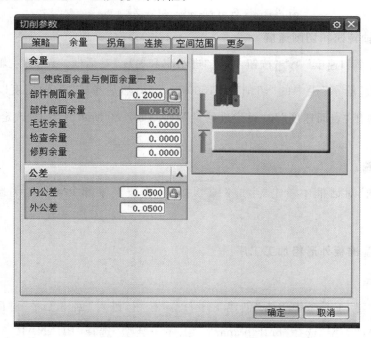

图 6-2-18 设置"切削参数"的"余量"参数

6. 设置非切削参数

单击"非切削移动" ![] 按钮,进入"非切削移动"对话框,"进刀"选项卡按图 6-2-19 所示进行设置,其余为默认。单击"确定"按钮返回"型腔铣"对话框。

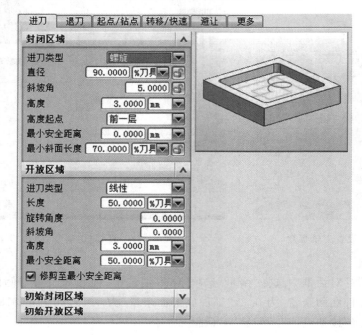

图 6-2-19 设置"非切削移动"的"进刀"参数

7. 设置主轴转速和切削速度

单击"进给率和速度" ![] 按钮,进入"进给率和速度"对话框。设置"主轴速度"为 3000 rpm(转/分),"进给率"栏中的"切削"为 1500 mmpm,然后单击"主轴速度"栏中最后一个 ![] 按钮,计算出"表面速度"和"每齿进给量",如图 6-2-20 所示。单击"确定"按钮返回"型腔铣"对话框。

8. 生成刀路

在"型腔铣"对话框中单击"生成" ![] 按钮,生成上半部分粗加工刀路,如图 6-2-21 所示。

(四)创建基准板外形粗加工工序

1. 创建工序

在"加工创建"工具条中单击"创建工序" ![] 按钮,进入"创建工序"对话框。在"创建工序"对话框中,"类型"选择"mill_planar","工序子类型"选择"PLANAR_MILL"(平面铣削) ![],"位置"栏中的参数按图 6-2-22 所示进行设置。

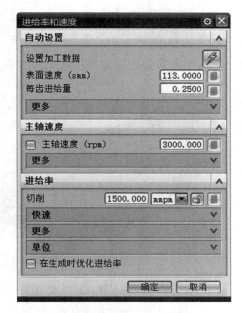

图 6-2-20　设置进给和速度

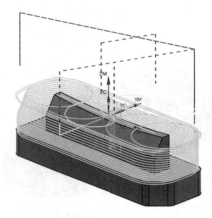

图 6-2-21　生成上半部分粗加工刀路

2. 设置加工区域

　　单击如图 6-2-22 所示的"创建工序"对话框中"确定"按钮,进入"平面铣"对话框。单击"指定部件边界" 按钮,进入"边界几何体"对话框,如图 6-2-23 所示。在"模式"下拉列表框中选择"面"方式,在图形中选择台阶面。"材料侧"选择"内部"为保留材料,其他选择项按默认设置,所选的边界如图 6-2-24 所示。单击"确定"按钮返回"平面铣"对话框。

图 6-2-22　"创建工序"对话框

图 6-2-23　"边界几何体"对话框

3. 指定底面

"指定底面"参数是平面铣将要加工的最低面。单击 ![button] 按钮进入"平面构造器"对话框,选择台阶底面,即此平面作为加工的最低面。这时在图形的底面出现用三角符号表示的最低平面,如图 6-2-25 所示。

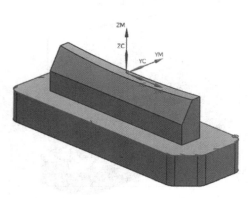

图 6-2-24　通过面选边界

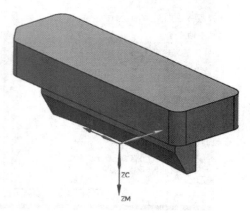

图 6-2-25　通过选择面定义底面

4. 刀轨设置

"刀轨设置"中的参数可按如图 6-2-26 所示设置。

5. 设置吃刀量

单击"切削层" ![button] 按钮进入"切削层"对话框,"类型"选择"恒定","每刀深度"中"公共"值设定为 0.5,如图 6-2-27 所示。单击"确定"按钮返回"平面铣"对话框。

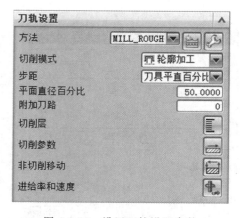

图 6-2-26　设置刀轨设置参数

图 6-2-27　设置切削层参数

6. 设置切削参数

单击"切削参数" ![button] 按钮,进入"切削参数"对话框。选择"余量"选项,设置"部件余量"为 0.2 mm,其余为默认。单击"确定"按钮返回"平面铣"对话框。

7. 设置非切削参数

单击"非切削移动"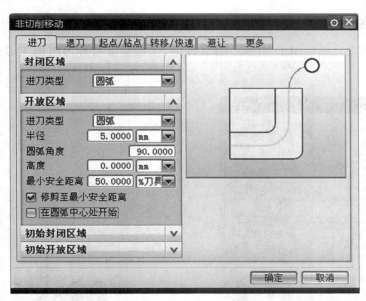按钮,进入"非切削移动"对话框,在"开放区域"栏中的"进刀"选项卡中设置"进刀类型"为"圆弧","半径"为 5.0 mm,"高度"为 0 mm,其余为默认,如图6-2-28所示。"转移/快速"选项卡中设置"转移类型"为"直接",其余参数为默认,如图6-2-29所示。单击"确定"按钮返回"平面铣"对话框。

图 6-2-28　设置"非切削移动"的"进刀"参数

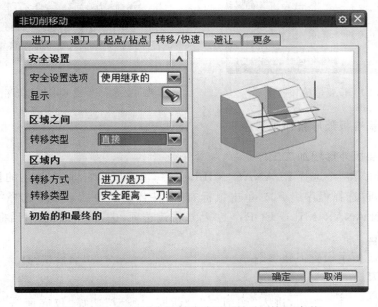

图 6-2-29　设置"非切削移动"的"转移/快速"参数

8. 设置主轴转速和切削速度

单击"进给率和速度" 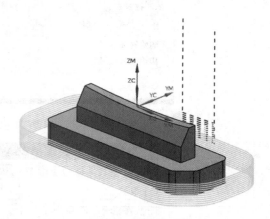 按钮,进入"进给率和速度"对话框。设置"主轴速度"为 3000 rpm(转/分),"进给率"栏中的"切削"为 1500 mmpm,然后单击"主轴速度"栏中最后一个 按钮,计算出"表面速度"和"每齿进给量",如图 6-2-30 所示。单击"确定"按钮返回"平面铣"对话框。

9. 生成刀路

在"平面铣"对话框中单击"生成" 按钮,生成基准板外形粗加工刀路,如图 6-2-31 所示。

图 6-2-30　设置进给和速度

图 6-2-31　生成基准板外形粗加工刀路

（五）创建基准板外形精加工工序

1. 复制基准板外形粗加工工序

在"工序导航器"中选择 PLANAR_MILL 工序,单击鼠标右键,在弹出的快捷菜单中选择"复制"命令,再选择程序组 F01,单击鼠标右键,在弹出的快捷菜单中选择"内部粘贴"命令,这时出现 PLANAR_MILL_COPY 工序,双击该选项,进入"平面铣"对话框。

2. 刀轨设置

按图 6-2-32 所示设置刀轨参数。

3. 设置吃刀量

单击"切削层" 按钮,进入"切削层"对话框,"类型"选择"仅底面",如图 6-2-33 所示。单击"确定"按钮返回"平面铣"对话框。

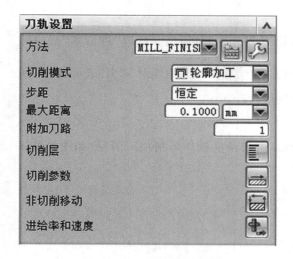

图 6-2-32　设置刀轨参数

图 6-2-33　设置切削深度参数

4.设置切削参数

单击"切削参数" 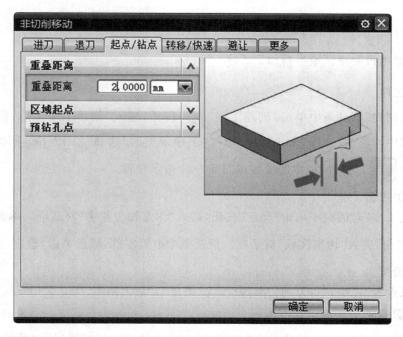 按钮,进入"切削参数"对话框。选择"余量"选项,设置"部件余量"为 0,其余为默认。单击"确定"按钮返回"平面铣"对话框。

5.设置非切削参数

单击"非切削移动" 按钮进入"非切削移动"对话框,在"起点/钻点"选项卡中设置"重叠距离"为 2,如图 6-2-34 所示。单击"确定"按钮返回"平面铣"对话框。

图 6-2-34　设置重叠距离

6. 设置主轴转速和切削速度

单击"进给率和速度" ![icon]按钮,进入"进给率和速度"对话框。修改"进给率"栏中的"切削"为 250 mmpm,然后单击"切削"栏中最后一个 ![icon]按钮,重新计算出"表面速度"和"每齿进给量"。单击"确定"按钮返回"平面铣"对话框。

7. 生成刀路

在"平面铣"对话框中单击"生成" ![icon]按钮,生成基准板外形精加工刀路,如图 6-2-35所示。

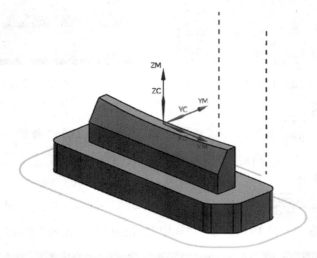

图 6-2-35　生成基准板外形精加工刀路

(六)创建电极陡峭区域半精加工工序

1. 创建工序

在"加工创建"工具条中单击"创建工序" ![icon]按钮,进入"创建工序"对话框。在"创建工序"对话框中,"类型"选择"mill_contour","工序子类型"选择"ZLEVEL_PROFILE"(等高轮廓铣削) ![icon],"位置"栏中的参数按图 6-2-36 所示设置。

2. 选择加工面

在"创建工序"对话框中单击"确定"按钮,进入"深度加工轮廓"对话框。单击"指定切削区域" ![icon]按钮,进入"切削区域"对话框。框选整个电极零件,然后单击"确定"按钮。

3. 刀轨设置

在"刀轨设置"栏中,"每刀的公共深度"为"恒定","最大距离"为 0.2 mm。

4. 设置切削层

在"深度加工轮廓"对话框中单击"切削层" ![icon]按钮,弹出"切削层"对话框,选中"范围定义"栏的"列表"中的"范围 2",单击"删除当前范围" ![X] 按钮,结果如图 6-2-37 所示。单击"确定"按钮。

图 6-2-36 "创建工序"对话框

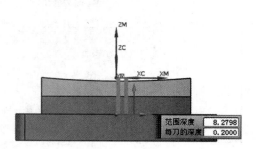

图 6-2-37 修改切削层

5. 设置切削参数

单击"切削参数" ![按钮] 按钮,进入"切削参数"对话框。在"策略"选项卡中设置"切削方向"为"混合","切削顺序"为"深度优先",如图 6-2-38 所示。在"余量"选项卡中设置"部件侧面余量"为 0.05,"部件底部面余量"为 0.15,如图 6-2-39 所示。在"连接"选项卡中设置"层到层"为"直接对部件进刀",如图 6-2-40 所示。单击"确定"按钮返回"深度加工轮廓"对话框。

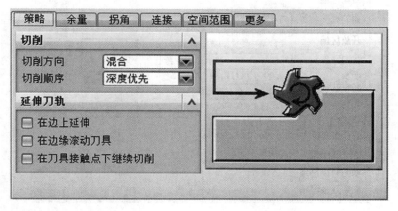

图 6-2-38 设置"切削参数"的"策略"参数

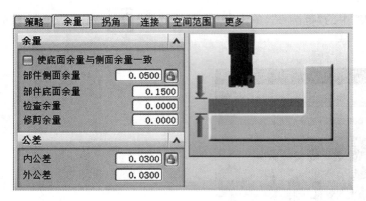

图 6-2-39　设置"切削参数"的"余量"参数

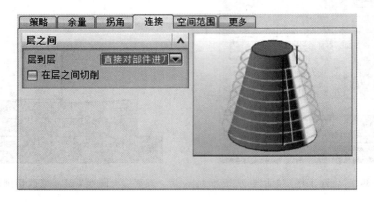

图 6-2-40　设置"切削参数"的"连接"参数

6. 设置非切削参数

单击"非切削移动" 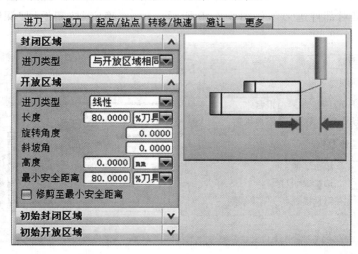 按钮,进入"非切削移动"对话框,"进刀"选项卡参数设置按如图 6-2-41 所示。单击"确定"按钮返回"深度加工轮廓"对话框。

图 6-2-41　设置"非切削参数"的"进刀"参数

7. 设置主轴转速和切削速度

单击"进给率和速度" 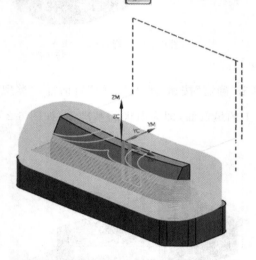 按钮，进入"进给率和速度"对话框。设置"主轴速度"为 2500 rpm（转/分），"进给率"栏中的"切削"为 2000 mmpm，然后单击"主轴速度"栏中最后一个按钮，计算出"表面速度"和"每齿进给量"，单击"确定"按钮返回"深度加工轮廓"对话框。

8. 生成刀路

在"深度加工轮廓"对话框中单击"生成" 按钮生成加工刀路，如图 6-2-42 所示。

图 6-2-42　生成电极陡峭区域半精加工刀路

(七)创建电极陡峭区域精加工工序

电极陡峭区域精加工工序分为台阶面及有效型面最大外形精加工，陡峭侧壁区域精加工。

1. 采取复制平面铣工序修改参数的方法生成台阶面及有效型面最大外形精加工

1）复制基准板外形半精加工工序

在"工序导航器"中选择 PLANAR_MILL_COPY 工序，单击鼠标右键，在弹出的快捷菜单中选择"复制"命令，再选择程序组 F01，单击鼠标右键，在弹出的快捷菜单中选择"内部粘贴"命令，这时出现 PLANAR_MILL_COPY_COPY 工序，双击该选项，进入"平面铣"对话框。

2）设置加工区域

单击"指定部件边界" 按钮，出现"编辑边界"对话框，单击"全部重选"按钮，再单击"确定"按钮，进入"边界几何体"对话框，取消选中"忽略岛"复选框。选择图形的台阶面，单击"确定"按钮返回"编辑边界"对话框，图形中出现两个边界。单击 ◀ 或 ▶ 按钮，使图中红线出现在外圈线上，即外圈线条为激活状态，这时单击"移除"按钮，将外圈线删除，保留内部线条，如图 6-2-43 所示。"类型"选择"封闭的"，"平面"选"自动"，"材料侧"选择"内部"。单击"确定"按钮返回"平面铣"对话框。

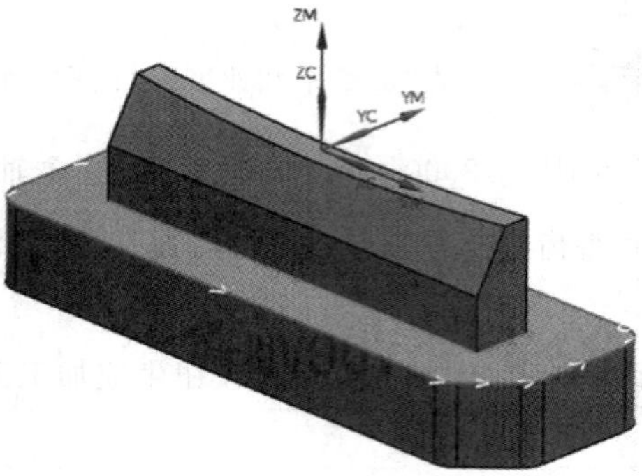

图 6-2-43　指定边界

3)重新设定指定底面

单击按钮,再单击“确定”按钮,进入“平面”对话框,“类型”改为“自动判断”,选择台阶面,即此平面作为加工的最低面,即为电极的基准面,如图 6-2-44 所示。单击“确定”按钮返回“平面铣”对话框。

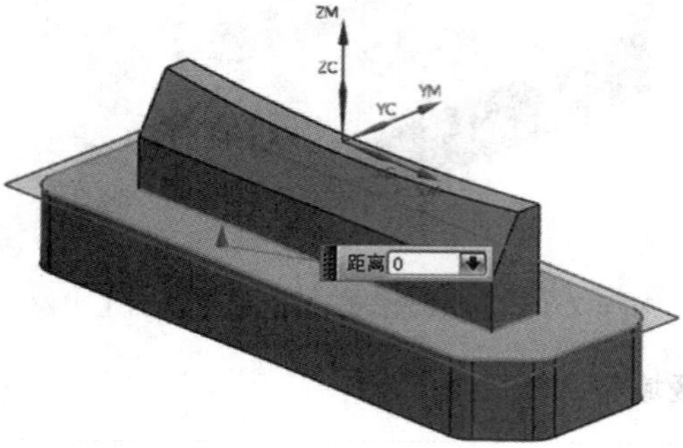

图 6-2-44　通过选择面指定底面

4)设置切削参数

单击“切削参数”按钮,进入“切削参数”对话框。选择“余量”选项,设置“部件余量”为－0.1,“最终底部面余量”为 0,内外公差均为 0.01,其余为默认。单击“确定”按钮返回“平面铣”对话框。

5)生成刀路

在“平面铣”对话框中单击“生成”按钮生成台阶面及有效型面最大外形精加工刀路,如图 6-2-45 所示。

2. 采取固定轴曲面轮廓铣工序生成陡峭侧壁区域精加工

(1)创建工序。在“加工创建”工具条中单击“创建工序”按钮,进入“创建工序”对话框。在“创建工序”对话框中,“类型”选择 mill_contour,“工序子类型”选择“CONTOUR_AREA”(固定轴区域轮廓铣削),“位置”栏中的参数按图 6-2-46 所示进行设置。

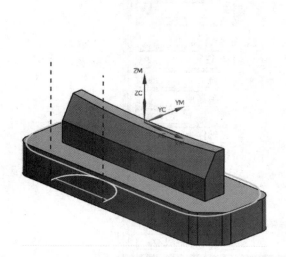

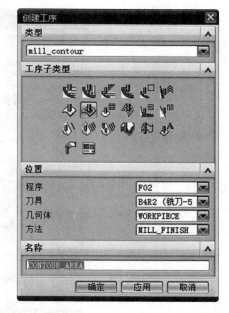

图 6-2-45　生成台阶面及有效型面最大外形精加工刀路　　　　图 6-2-46　"创建工序"对话框

（2）选择加工面。在"创建工序"对话框中单击"确定"按钮，进入"轮廓区域"对话框。单击"指定切削区域" 按钮，进入"切削区域"对话框。在图形上选择加工面，如图 6-2-47 所示。单击"确定"按钮返回"轮廓区域"对话框。

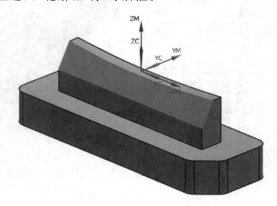

图 6-2-47　选择加工面

（3）设置驱动参数。在"驱动方法"栏中单击"编辑" 按钮，进入"区域铣削驱动方法"对话框，参数按图 6-2-48 所示进行设置。

（4）设置余量。单击"切削参数" 按钮，进入"切削参数"对话框。选择"余量"选项，设置"部件余量"为－0.1。

（5）设置安全参数。在"切削参数"对话框中选择"安全设置"选项卡，设置"过切时"为"跳过"，如图 6-2-49 所示。

图 6-2-48　设置驱动方法参数

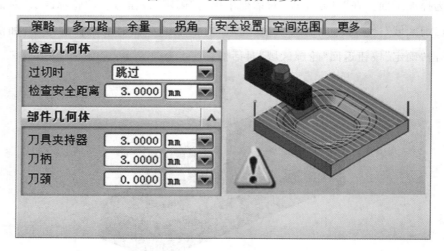

图 6-2-49　设置安全参数

(6)设置主轴转速和切削速度。单击"进给率和速度" 按钮,进入"进给率和速度"对话框。设置"主轴速度"为 4500 rpm(转/分),"进给率"栏中的"切削"为 800 mmpm,然后单击"主轴速度"栏中最后一个 按钮,计算出"表面速度"和"每齿进给量",单击"确定"按钮返回"轮廓区域"对话框。

(7)生成刀路。在"轮廓区域"对话框中单击"生成" 按钮生成陡峭侧壁区域精加工刀路,如图 6-2-50 所示。

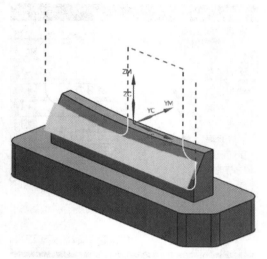

图 6-2-50 生成陡峭侧壁区域精加工刀路

(八)创建电极平缓区域半精加工工序

(1)复制电极陡峭侧壁区域精加工工序。在"工序导航器"中选择 CONTOUR_AREA 工序,单击鼠标右键,在弹出的快捷菜单中选择"复制"命令,再选择程序组 S02,单击鼠标右键,在弹出的快捷菜单中选择"内部粘贴"命令,这时出现 CONTOUR_AREA_COPY 工序,双击该选项,进入"轮廓区域"对话框。

(2)重新选择加工面。单击"指定切削区域" 按钮,进入"切削区域"对话框,单击"列表"栏右侧 按钮,删除原来的对象,单击选择顶部平缓区域面,如图 6-2-51 所示。单击"确定"按钮,回到"轮廓区域"对话框。

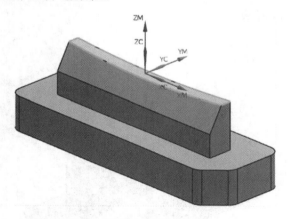

图 6-2-51 选择加工面

(3)设置驱动参数。在"驱动方法"栏中单击"编辑" 按钮,进入"区域铣削驱动方法"对话框,参数按图 6-2-52 所示进行设置。

图 6-2-52　设置驱动方法参数

(4)设置余量。单击"切削参数" 按钮,进入"切削参数"对话框。选择"余量"选项,设置"部件余量"为 0.05。

(5)设置主轴转速和切削速度。单击"进给率和速度" 按钮,进入"进给率和速度"对话框。设置"主轴速度"为 4500 rpm,"进给率"栏中的"切削"为 1500 mmpm,然后单击"切削"栏中最后一个 按钮,计算出"表面速度"和"每齿进给量",单击"确定"按钮返回"轮廓区域"对话框。

(6)生成刀路。在"轮廓区域"对话框中单击"生成" 按钮生成电极顶部平缓区域半精加工刀路,如图 6-2-53 所示。

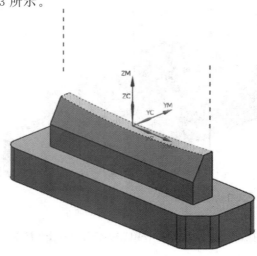

图 6-2-53　生成电极顶部平缓区域半精加工刀路

（九）创建电极平缓区域精加工工序

（1）将上述工序复制一份，选择程序组 F02，右击，在弹出的快捷菜单中选择"内部粘贴"命令，双击刚粘贴的工序，进入"轮廓区域"对话框。

（2）设置驱动参数。在"驱动方法"栏中单击"编辑" 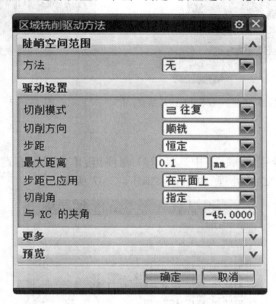 按钮，进入"区域铣削驱动方法"对话框，按图 6-2-54 所示进行设置。单击"确定"按钮返回"轮廓区域"对话框。

图 6-2-54　设置驱动方法参数

（3）设置余量。单击"切削参数" 按钮，进入"切削参数"对话框。选择"余量"选项，设置"部件余量"为 −0.1，部件内、外公差为 0.01。

（4）设置主轴转速和切削速度。单击"进给率和速度" 按钮，进入"进给率和速度"对话框。设置"进给率"栏中的"切削"为 1200 mmpm，然后单击"切削"栏中最后一个 按钮，计算出"表面速度"和"每齿进给量"，单击"确定"按钮返回"轮廓区域"对话框。

（5）生成刀路。在"轮廓区域"对话框中单击"生成" 按钮，生成电极顶部平缓区域精加工刀路，如图 6-2-55 所示。

（十）实体模拟验证

（1）在工序导航器中选择 NC_PROGRAM。

（2）在"操作"工具条上单击"确认刀轨" 按钮，进入"刀轨可视化"对话框。在"刀轨可视化"对话框中选择"2D 动态"选项，然后单击"播放" 按钮，系统开始实体模拟，模拟结果如图 6-2-56 所示。

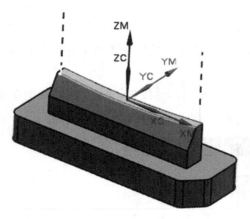

图 6-2-55　生成电极顶部平缓区域精加工刀路

图 6-2-56　模拟刀轨的结果

(十一)后处理

(1)在"工序导航器-程序顺序"中选择 R01 程序组,单击鼠标右键,在弹出的快捷菜单中选择"后处理"命令,进入"后处理"对话框,如图 6-2-57 所示。

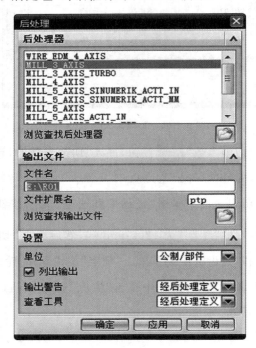

图 6-2-57　"后处理"对话框

(2)在"后处理"对话框中,选择三轴数控机床的后处理 MILL_3_AXIS 或其他特定的机床后处理。

(3)"文件名"是指后处理后生成的用于机床加工的文本文件名,UG 默认的扩展名为 ptp。这里给定 E:\R01,与所在的程序组同名。

(4)"单位"选择"公制/部件"。

（5）以上参数设置完成后，单击"应用"按钮，再单击"确定"按钮，则出现"信息"窗口，如图 6-2-58 所示。

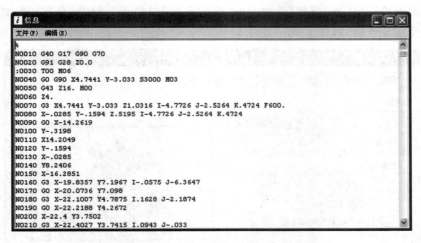

图 6-2-58　后处理生成的数控加工程序

（6）在 E 盘生成了 R01. ptp 的文本文件，为数控程序。

（7）同理，后处理生成其他数控程序。

四、相关理论知识

（一）等高轮廓铣

等高轮廓铣是一种特殊的型腔铣操作，它解决了型腔铣不能区别加工陡峭曲面与非陡峭曲面的问题，是一种特殊的单线条分层型腔铣。它与平面铣的原理相同，都是 2.5 轴加工，通过多次富有变化的单线条轮廓铣逐层对工件进行加工，以完成复杂零件的加工。等高轮廓铣主要对于曲面或有斜度的壁和轮廓的型腔、型芯进行半精加工及精加工。

等高轮廓铣的大部分参数与型腔铣相同，下面主要对与型腔铣不同的选项进行说明。

1. 陡峭空间范围

对于等高轮廓铣，可以对图形的加工区域分为陡峭区域和非陡峭区域。所谓陡峭区域是指零件的陡峭角大于指定的角度（如 65°）的区域；否则为非陡峭区域。而陡峭角是指刀轴与零件表面该点处法向矢量所形成的夹角。

2. 合并距离

通过设定合并距离可以把一些小的、不连贯的刀路连接起来，进一步消除零件表面的缝隙。但此值不能太小，否则会过切一些本不该切的部分，一般按默认的 3 mm 来确定。

3. 最小切削深度

用于输入生成刀具路径时的最小段长度值。指定合适的最小切削长度，可消除零件中一些孤岛区域内的较小段刀具路径，因为当切削运动的距离比指定的最小切削长度小时，系统不会在该处创建刀具路径。

4. 切削参数

1)切削方向

在"切削参数"对话框"策略"选项卡的"切削方向"中多了一种"混合"选项,此方法可以减少提刀,使加工连续,如图 6-2-59 所示。

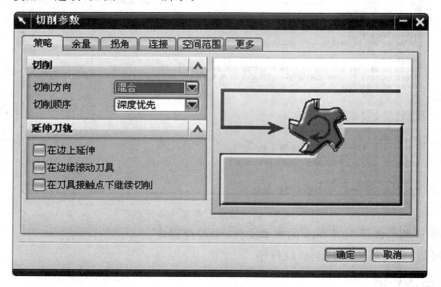

图 6-2-59 "切削参数"中的"策略"选项

2)连接

"切削参数"对话框中的"连接"选项卡主要用来确定刀具从一层到下一层的过渡方式,专用于等高轮廓铣,它可切削所有的层而无须抬刀至安全平面,是一个非常高效的工具。

(1)层到层 定义层至层切削参数,决定刀具从一个切削层进入下一个切削层的时候如何运动,层到层有以下四种方式。

①使用传递方法:使用传递方法是使用进/退刀对话框中所指定的任何方式决定层与层之间的运动方式,是系统默认选项,如图 6-2-60 所示。

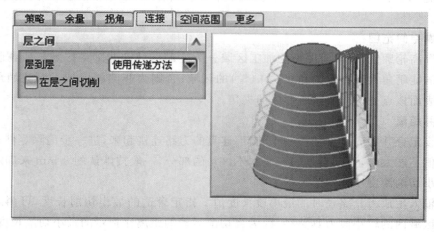

图 6-2-60 使用传递方法

②直接对部件进刀:选择该选项,在进行层间运动时,刀具在完成一切削层后,直接在零件表面运动至下一切削层,刀路间没有抬刀运动,大大减少了刀具空运动的时间,如图 6-2-61所示。

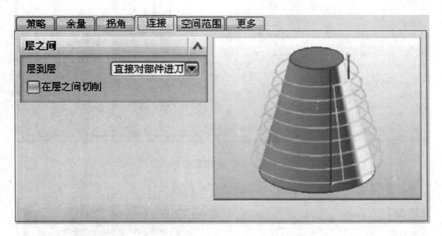

图 6-2-61 直接对部件进刀

③沿部件斜进刀:跟随部件从一个切削层到下一个切削层。切削角度为"进刀和退刀"参数中指定的斜角,如图 6-2-62 所示。这种切削具有更恒定的切削深度和残余波峰,并且能在部件顶部和底部生成完整刀路。减少了很多不必要的退刀,特别适合高速加工。

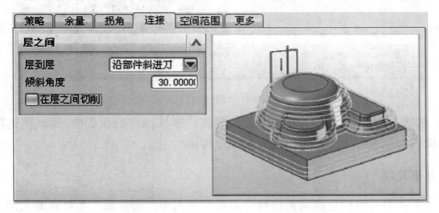

图 6-2-62 沿部件斜进刀

④沿部件交叉斜进刀:刀具从一个切削层进入下一个切削层的运动是一个斜式运动,与沿部件斜进刀相似,且所有斜式运动首尾相接,同样减少了很多不必要的抬刀,特别适用于高速加工,如图 6-2-63 所示。

(2)在层之间切削 勾选"在层之间切削"复选框后,就会增加"层之间"选项框,如图 6-2-64所示。适用该选项就等于同时适用等高轮廓铣和表面铣来加工部件。在平面区域使用平面铣,在陡峭区域使用等高轮廓铣。

勾选"在层之间切削"复选框后,就可以同时创建等高轮廓铣好平面铣。通过下面的"步距"选项,可以对平面区域的步进距离进行单独指定,具体指定方法有四种。其中选择"使用

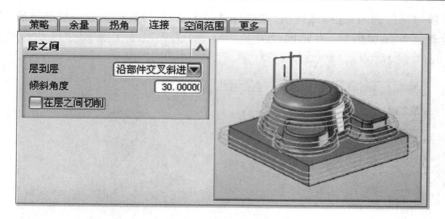

图 6-2-63   沿部件交叉斜进刀

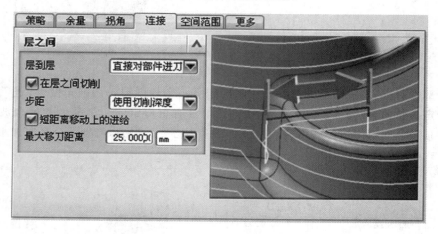

图 6-2-64   "层之间"选项框

切削深度"选项,平面区域的步进距离将使用等高轮廓铣操作的深度值,而其他选项的指定方法与平面铣和型腔铣中指定步距的方法完全相同。

(二)清根处理

清根加工是刀具沿面之间凹角运动的曲面加工类型。清根加工主要针对大的刀具不能进入的部位进行残料加工。因此清根加工的刀具直径小,且使用在精加工之后。

在"轮廓区域"对话框中,选择"驱动方法"下拉列表框中的"清根"选项,打开"清根驱动方法"对话框,如图 6-2-65 所示。该对话框上部选项用于定义陡峭约束,中部选项用于设置切削参数,下部选项用于指定刀具路径输出参数和手动组合功能。

1. 陡峭

陡峭是根据输入的陡峭角控制操作的切削区域。如果刀轨的某些部分与刀具轴的垂直平面所成的角大于指定的陡峭角,那么这部分的刀轨被定义为陡峭,而其余的刀轨部分被视为非陡峭。因此,刀轨分为陡峭部分和非陡峭部分,陡峭角允许的范围是 0~90°。

通过设置"陡峭"方式,可以将刀具路径分为陡峭和非陡峭部分。它包含三个选项:无、陡峭和非陡峭。该驱动方法与上述区域铣削驱动对应的陡峭方式稍有不同。

1）"无"选项

"无"选项功能对整个零件的所有区域进行清根切削,在选择该选项时,可以在下方的切削方向中指定为混合、高到低或低到高,如图 6-2-66 所示。

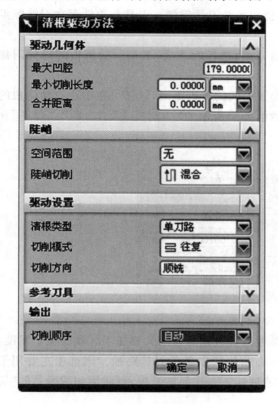

图 6-2-65 "清根驱动方法"对话框   图 6-2-66 "陡峭切削"选项

①混合铣:刀具路径在由高到低和由低到高之间交替产生,由系统自动计算,以使产生的刀具路径最短。

②由高到低铣:刀具严格从高的一端向低的一端加工刀具路径的陡峭部分。

③由低到高铣:刀具严格从低的一端向高的一端加工刀具路径的陡峭部分。

2）"陡峭"选项

"陡峭"选项功能仅输出刀轨的陡峭部分,并且将"陡峭切削方向"应用到刀轨的这些部分,该选项只对大于指定陡峭角的区域进行清根切削。使用陡峭时,可以选择混合、高到低或低到高切削方向。

3）"非陡峭"选项

该选项只加工小于指定陡峭角的区域,即在非陡峭切削方向加工非陡峭部分,生成的刀具路径只包含非陡峭部分。选择该选项,可以在下方的"角度"框中输入陡峭角度值,还可以指定切削方向为混合铣、顺铣和逆铣。

2. 驱动设置

驱动设置主要用来设置清根类型,并根据不同的清根类型设置对应参数值,其中包括切削模式和切削方向等。

1)清根类型

自动清根类型有 3 种形式:单路、多个偏置和参考刀具偏置。刀具与工件存在双接触点是自动清根的必要条件。

①单路:单刀路将沿着凹角产生一个切削刀路,选择此选项,不会激活清根的任何附加刀具输出参数选项。

②多个偏置:该选项允许指定偏置数和偏置之间的步进距离,这样可在中心自动清根的任意侧产生多个切削路径。选择该选项,可激活如图所示的"切削模式"、"步距"、"顺序"和"偏置数"选项,如图 6-2-67 所示。

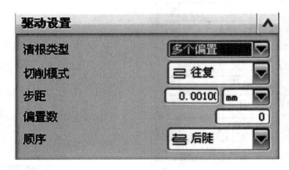

图 6-2-67　多个偏置清根

③参考刀具偏置:该选项可以指定一个参考刀具直径从而定义要加工区域的整个宽度,再定义刀路之间的步进距离,这样便可以在中心两侧产生多条刀具路径。该选项主要用于在使用大(参考)刀具对区域进行粗加工后的清理加工。选择该选项,可激活如图所示的"切削模式"、"步距"和"顺序"选项。

2)偏置数

偏置数指定要在中心自动清根每一侧生成的刀路的数目。偏置数必须大于 0,而且在凹角两边进行相同数量的偏置,该值导致系统只能计算并输出中心清根。只有在指定了多个偏置的情况下,偏置数才可用。

3)顺序

该选项用于决定执行往复和往复提升时刀具路径的顺序。只有在选择多个偏置或参考刀具偏置选项时该选项才可用。

①由内向外:从中心开始向某个外部刀路移动,然后刀具移回中心切削,接着再向另一侧移动。可以选择中心的任一侧开始清根。

②由外向内:从某个外侧刀路开始向中心清根移动,然后刀具选取另一侧的外部切削,接着再向中心切削移动。可以选择中心的任一侧开始清根。

③陡峭最后:刀具从非陡峭最外侧开始,向陡峭面进行切削。陡峭面最后切削,刀具路径是一种单向切削方式。

④陡峭最先:刀具从陡峭面最外侧开始,向非陡峭面进行切削。陡峭面最先加工,这也

是一种单向走刀方式。

⑤由内向外变化：刀具从中心刀具路径开始，切削至下一个内侧刀路，接着向另一侧的内侧刀具路径切削；然后刀具移动至第一侧的下一对刀路，接着移动至第二侧的同一对刀路。如果某一侧有更多的偏置刀路，系统将在加工完两侧成对的刀路后对所有的额外刀路进行加工。

⑥由外向内变化：该类型与由内向外变化选项类似，也可以产生交替的刀具路径，只是该选项刀具首先从侧边开始切削，向中心切削，然后移动另一侧最外边向中心开始切削，以此类推加工完所有刀具路径。

3. 驱动几何体

系统根据部件曲面之间的双切点和凹角决定应用清根的位置能够以任何顺序选择曲面。需要时，可以选择部件的所有表面。

1）最大凹腔

用于输入创建自动清根操作的最大凹腔值，也就是只在凹角小于或等于输入参数值的区域产生自动清根操作刀具路径。刀具在凹角大于指定的最大凹角处自动退刀，并跨越到另一个小于最大凹角值的地方，再进行进刀切削。

2）最小切削深度

用于输入产生刀具路径的最小切削长度，也就是如果系统计算的刀具路径长度小于该值，则此刀具路径将被忽略。在去除可能发生在圆角相交处的非常短的切削路径时，该选项非常有用，这样可以减少刀具路径的计算时间。

3）连接距离

用于输入连接刀具路径的最小距离，也就是如果两条刀具路径之间的距离小于或等于该值，则把这两条刀具路径连接起来，这样可以去除刀具路径中小的不连续性或不需要的缝隙。

4. 参考刀具

只有在清根类型为"参考刀具偏置"类型时，该面板才能被激活，在该面板中可定义参考刀具的直接和重叠距离，如图 6-2-68 所示。

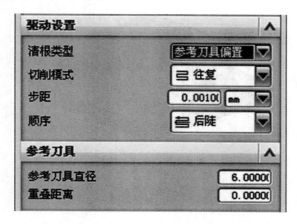

图 6-2-68 参考刀具偏置清根

1)参考刀具直径

"参考刀具直径"是根据粗加工球刀的直径来指定精加工切削区域宽度的选项,用于指定一个参考刀具(先前粗加工的刀具),系统根据指定的参考刀具直径计算双切点,然后用这些点来定义精加工操作的切削区域。输入的参考刀具直径必须大于当前操作所使用的刀具直径。

2)重叠距离

定义沿着相切曲面延伸由参考刀具直径定义的区域宽度。

五、相关练习

(1)打开源文件 x:6\2\lianxi\1.prt,如图 6-2-69 所示。根据本章所学电极加工知识,使用型腔铣、等高轮廓铣、固定轴曲面轮廓铣和平面铣等加工方法加工电极,加工时要注意电极加工参数与模具加工参数的区别。

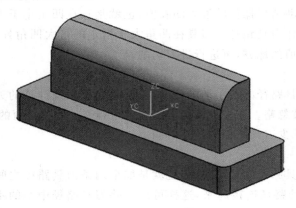

图 6-2-69   1.prt 模型

(2)打开源文件 x:6\2\lianxi\2.prt,如图 6-2-70 所示。根据本章所学电极加工知识,使用型腔铣、等高轮廓铣、固定轴曲面轮廓铣和平面铣等加工方法加工电极,加工时要注意电极加工参数与模具加工参数的区别。

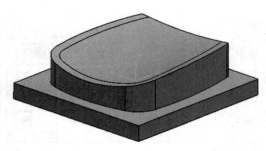

图 6-2-70   2.prt 模型

参 考 文 献

[1] 查韬,刘大慧.UG NX 6 模具设计[M].北京:清华大学出版社,2009.

[2] 李丽华,赵娟,唐宏伟.UG NX 6.0 入门与提高[M].北京:电子工业出版社,2010.

[3] 麓山文化.UG NX 7 从入门到精通[M].北京:机械工业出版社,2010.

[4] 王泽鹏,等.UG NX 6.0 中文版数控加工从入门到精通[M].北京:机械工业出版社,2009.

[5] 野火科技.精通 UG NX 6.0 产品模具设计[M].北京:清华大学出版社,2009.

[6] 周华,等.UG NX 6.0 数控编程基础与进阶[M].北京:机械工业出版社,2009.

[7] 杨培中.UG NX 7.0 实例教程[M].北京:机械工业出版社,2011.